선사시대부터 인류를 위협해온 식물병

에피데믹과 팬데믹

Plant Disease Epidemic & Pandemic

선사시대부터 인류를 위협해온 식물병

에피데믹과 팬데믹

Plant Disease Epidemic & Pandemic

고영진 지음

🍊 농민신문사

머
리
말

사람과 동물 그리고 식물도 생로병사를 겪는다. 인류가 지구상에 처음 출현한 선사시대부터 인체병과 식물병은 이미 존재하고 있었다. 사람들이 야생식물을 채취하거나 짐승을 사냥하면서 식량을 조달하는 유목 생활을 하던 시절에는 인체병과 식물병이 그리 문제가 되지는 않았을 것이다.

그러다가 사람들이 특정 지역에서 논밭을 경작하고 가축을 사육하는 정착 생활을 하면서 인구가 증가함에 따라 인체병과 식물병이 문제가 되기 시작했다. 더구나 인간 문명의 발달에 따른 도시화로 인구가 폭증하면서 인체병 발병이 급증하고, 식량문제를 해결하기 위해 집약적 농업으로 전환하고 자연 생태계를 파괴하면서까지 농작물을 재배하면서 식물병도 더욱 심각해지고 있다.

페스트와 스페인독감이 지구촌에서 수많은 사람들의 목숨을 빼앗았듯이 감자역병과 벼 깨씨무늬병도 기근을 초래해서 수많은 사람들의 목숨을 빼앗았다. 그래서 인체병과 전쟁만큼이나 식물병 에피데믹(epidemic)과 팬데믹(pandemic)이 사람들에게 두려움을 주었다는 사실은 놀라운 일이 아니다.

옛날 사람들은 작물에 발생하는 식물병을 사람들이 저지른 잘못과 죄에 대한 신의 벌과 응징으로 간주했다. 그러나 현미경의 발명으로 눈에 보이지 않던 병원체의 존재를 알아낸 후부터, 식물병의 원인을 밝혀내고 식물병을 예방하며 병든 나무를 치료하려는 과학적인 노력이 이루어지고 있다. 그럼에도 불구하고 여전히 수많은 식물병이 발생해서 인간의 건강을 위협하고 자연경관을 해치며 심지어 농업인의 생계마저도 위협하고 있다.

이 책에는 순천대학교 교수로 33년 재직하는 동안 식물의학에 대해 제자들에게 강의했던 과정에서 소개된 수많은 식물병 중에서 20가지 대표적인 식물병 에피데믹과 팬데믹 사례를 정리했다. 필자가 지난해 같은 학교 총장에 취임하면서 더 이상 학생들에게 강의를 할 수 없게 됐고, 그 아쉬움은 학생들뿐만 아니라 일반인들에게도 이러한 사례를 소개하면서 식물의학의 중요성을 널리 알리고자 하는 동기가 됐다.

특히 키위나무 궤양병에 대해서는 30년 가까이 연구하면서 농업인들에게 현장컨설팅을 해왔는데, 지금은 현장 방문을 할 수 없기에 키위나무를 재배하는 농업인들에게 간접적으로나마 작은 도움을 드리고자 80쪽 정도의 분량에 지금까지 수행한 연구 내용에다 방제 방법까지 자세하게 담았다.

코로나19 사태에서 경험하고 있듯이 인간이 지구 생태계를 파괴하면 할수록 참혹한 대가를 치러야 할지도 모른다. 지구 생태계에서 자연과 조화를 이루며 살아가는 현명함과 지혜로움을 발휘해야 할 때다. 이 책에서 다뤄진 20가지 식물병 에피데믹과 팬데믹 사례가 식물병에 대한 독자들의 이해의 폭을 넓히고 식물의학을 공부하는 학생들의 자긍심을 높이는 데 도움이 되기를 갈망해본다.

2020년 10월

고영진(순천대학교 총장)

차례

머리말 ———————————————————————————— 004

제1부
인체병과 팬데믹 ————————————————————— 011

•병이란 무엇일까? •감염병의 종류 •감염병의 경보 단계 •페스트 팬데믹

•스페인독감 팬데믹 •신종플루 팬데믹 •코로나19 팬데믹

제2부
식물병과 식물의학 ————————————————— 033

•식물병이란 무엇일까? •옛날 사람들은 식물병을 어떻게 생각했을까?

•대나무 꽃은 병일까? •식물병은 인체병과 어떻게 다를까? •'겨우살이'의 정체

•세계 100대 발명품 '현미경' •'미생물병원설'의 정립 •식물병원체의 종류

•진핵미생물 '곰팡이' •무궁무진한 곰팡이의 변신 •단세포 원핵미생물 '세균'

•세포벽이 없는 미생물 '파이토플라스마' •생명체가 아닌 병원체 '바이러스'

•가장 작은 식물병원체 '바이로이드' •뇌질환을 일으키는 단백질 분자 '프라이온'

•식물병원체는 사람에게 전염될까? •동물병원체는 사람에게 전염될까?

•식물도 상처를 입으면 고통을 느낄까? •식물병은 왜 해마다 되풀이될까?

•식물병은 어떻게 진단할까? •감염성 식물병은 어떻게 진단할까?

•식물병원체는 어떻게 동정할까? •'코흐의 원칙'이란 무엇일까?

•위궤양병균은 어떻게 동정했을까? •식물병은 어떻게 방제할까?

•식물병은 어떻게 치료할까?

제3부
식물병 에피데믹과 팬데믹 ⸺⸺⸺⸺ 095

제1장 악마의 저주, '곡류(호밀과 수수) 맥각병' 097

•곡류 맥각병의 원인 •곡류 맥각병의 증상 •맥각중독증

제2장 케네디 가문을 탄생시킨 '감자 역병' 106

•감자의 기원 •감자의 재배 역사 •'아일랜드 대기근'의 발생

•영국의 자유방임 정책이 빚은 비극 •'제1차 세계대전'의 종식 배경

•'케네디 가문'의 탄생 비화 •감자 역병의 원인 •감자 역병균의 정체

•감자 역병의 증상 •감자 역병균의 기원 •제1차 감자 역병 팬데믹

•제2차 감자 역병 팬데믹 •감자 역병균 교배형의 변화

•역병균에 대한 감자 품종의 저항성 역전 •우리나라 감자 역병균 집단 분포

제3장 포도나무에 한꺼번에 찾아온 '세 가지 재앙' 144

•포도의 기원 •첫 번째 재앙-포도나무 흰가루병 에피데믹

•두 번째 재앙-필록세라진딧물 대발생 •세 번째 재앙-포도나무 노균병 에피데믹

•최초의 살균제 보르도액

제4장 두 집 살림하는 '잣나무 털녹병' 157

•잣나무의 기원 •잣나무 털녹병의 원인 •잣나무 털녹병의 증상

•잣나무 털녹병 팬데믹

제5장 스리랑카 산업을 바꾼 '커피나무 녹병' 163

•커피의 기원 •커피나무 녹병의 원인 •커피나무 녹병의 증상 •커피의 전파

•커피 대국 브라질의 탄생 일화 •커피나무 녹병 팬데믹 •스리랑카 커피나무 녹병 에피데믹

제6장 미국밤나무 숲을 황폐화시킨 '밤나무 줄기마름병' 175

•밤나무의 기원 •밤나무 줄기마름병의 원인 •밤나무 줄기마름병의 증상

•밤나무 줄기마름병 팬데믹 •밤나무 줄기마름병의 미생물적 방제

•밤나무 줄기마름병균의 저병원성 증명

제7장 남산 위에 저 소나무를 위협하는 '소나무재선충병' 187

•소나무의 기원 •이상한 명칭 '소나무재선충병' •소나무재선충병의 원인

•소나무재선충병의 증상 •소나무재선충병 팬데믹 •우리나라 소나무재선충병 에피데믹

제8장 미국 검역망을 뚫은 '감귤나무 궤양병' 197

•감귤나무의 기원 •감귤나무 궤양병의 원인 •감귤나무 궤양병의 증상

•감귤나무 궤양병 팬데믹

제9장 진딧물이 옮기는 '감귤나무 트리스테자병' 205

•감귤나무 트리스테자병의 원인 •감귤나무 트리스테자병의 증상

•감귤나무 트리스테자병 팬데믹

제10장 로마의 신으로 군림했던 '밀 줄기녹병' 211

•밀의 기원 •밀 줄기녹병의 원인 •밀 줄기녹병의 증상 •밀 줄기녹병 팬데믹

•노벨평화상을 안겨준 '앉은뱅이 밀'

제11장 나무좀과 공생하는 '느릅나무 시들음병' 223

•느릅나무의 기원 •느릅나무 시들음병의 원인 •느릅나무 시들음병의 전파

•느릅나무 시들음병의 증상 •느릅나무 시들음병 팬데믹

제12장 코코야자나무를 넘어뜨리는 '코코야자나무 카당카당병' 233

•코코야자나무의 기원 •코코야자나무 카당카당병의 원인

•코코야자나무 카당카당병의 증상 •코코야자나무 카당카당병 에피데믹

제13장 코코야자나무 킬러 '코코야자나무 치사누렁병' 238

•코코야자나무 치사누렁병의 원인 •코코야자나무 치사누렁병의 증상

•코코야자나무 치사누렁병 팬데믹

제14장 '벵골 대기근'을 일으킨 '벼 깨씨무늬병' 242

•벼의 기원 •벼 깨씨무늬병의 원인 •벼 깨씨무늬병의 증상 •벵골 대기근

제15장 통일벼를 몰락시킨 '벼 도열병' 250

•벼 도열병의 원인 •이상한 명칭 '벼 도열병' •기적의 볍씨 •통일벼의 몰락

•고난의 행군 •유전자 대 유전자 가설 •저항성의 분류

•도열병에 대한 벼 품종의 저항성 역전 •도열병에 대한 성체식물저항성 연구 일화

제16장 바나나 멸종설을 만든 '바나나 시들음병' | 276

•바나나의 기원 •바나나 시들음병의 원인 •바나나 시들음병의 증상 •바나나 멸종설

제17장 사과나무와 배나무를 불태우는 '과수 화상병' 287

•사과나무의 기원 •배나무의 기원 •과수 화상병의 원인 •과수 화상병의 증상

•과수 화상병 팬데믹 •우리나라의 과수 화상병 에피데믹

제18장 미국 옥수수밭을 휩쓴 '옥수수 깨씨무늬병' 298

• 옥수수의 기원 • 옥수수 깨씨무늬병의 원인 • 옥수수 깨씨무늬병의 증상

• 미국의 옥수수 깨씨무늬병 에피데믹

제19장 늙은 나무만 공격하는 '참나무 시들음병' 307

• 참나무의 종류 • 참나무 시들음병의 원인 • 참나무 시들음병의 증상

• 미국의 참나무 시들음병 에피데믹 • 우리나라의 참나무 시들음병 에피데믹

제20장 상처에서 피가 흐르는 '키위나무 궤양병' 314

• 키위의 기원 • 키위의 재배 역사 • 키위의 종류 • 키위와 다래

• 키위나무 궤양병의 발생 • 키위나무 궤양병의 원인 • 키위나무 궤양병의 육안진단

• 키위나무 궤양병의 분자생물적 진단 • 키위나무 궤양병균의 최초 동정

• 우리나라 키위나무 궤양병균의 동정 • 키위나무 궤양병균의 종류

• 키위나무 궤양병의 병환 • 키위나무 궤양병 팬데믹 • 우리나라의 Psa2 에피데믹

• 우리나라 Psa2 에피데믹의 발생 원인 • 호트16A에서 Psa2 에피데믹의 발생

• 뉴질랜드의 Psa3 에피데믹 • 이탈리아의 Psa3 에피데믹 • 우리나라의 Psa3 에피데믹

• Psa3의 국내 유입 경로 • Psa3 1차감염에 의한 에피데믹

• Psa3 2차감염에 의한 에피데믹 • 키위나무 궤양병의 예방 • 키위나무 궤양병의 방제

• 키위나무 궤양병의 내과적 치료 • 키위나무 궤양병의 외과적 치료

• 키위나무 궤양병의 장기적인 관리 방안 • 키위나무 질병 진단 및 처방 보급

참고문헌 및 자료 ⸺⸺⸺ 391

제1부
인체병과 팬데믹

병이란 무엇일까?

사람과 동물은 물론 식물도 생로병사를 겪는다

사람은 누구나 불로장생을 꿈꿀 수 있지만, 사람과 동물은 물론 식물도 생로
병사를 겪는다. '병(病, disease)' 또는 '질병(疾病)'은 생명체가 내부 또는 외
부 요인에 의해 신체적, 정신적 기능이 비정상으로 된 상태를 일컫는다. 넓은
의미에서는 극도의 고통을 비롯해 스트레스, 사회적인 문제, 신체 기관의 기
능장애와 죽음까지를 포괄한다. 더 넓게는 사고(事故, accident), 장애(障礙,
disorder), 증후군(症候群, syndrome), 감염(感染, infection) 등을 모두 나타낼
수 있다.

감염병의 종류

한 개체에서 발생해 다른 개체로 전염되고 확산되는 감염병은
풍토병, 외래병, 에피데믹, 팬데믹으로 나뉜다

인체뿐만 아니라 동물이나 식물에서 보통 한 개체에서 발생해 다른 개체로
전염되고 확산되는 '감염병(感染病)' 또는 '전염병(傳染病)' 중에서 '풍토병
(風土病, endemic)'은 제한된 지역에 정착해 유행을 반복하는 병이고, '외래
병(外來病, exotic)'은 그 지역이나 국가에는 없던 감염병이 유입돼 유행하는

병을 일컫는다. '에피데믹(epidemic)'은 특정 지역에서 비교적 넓은 영역에 퍼지는 감염병을 일컫는데, 이러한 감염병이 광범위한 지역에 발생해 막대한 피해를 초래할 때 '팬데믹(pandemic)' 또는 '세계적 유행'이라고 부른다.

보통 특정 지역의 사람들 사이에서 주기적으로 발생하는 풍토병은 에피데믹이나 팬데믹으로 발달하지 않으며, 엄청난 피해를 주지도 않는다. 예컨대 인체병 중에서 동남아시아, 남아메리카, 아프리카 등에서 많이 발생하는 '말라리아(Malaria)'나 '뎅기열(Dengue Fever)' 등이 풍토병에 속한다.

그러나 풍토병이 다른 지역이나 국가로 전파되면 그곳에서는 새롭게 유입된 외래병이 되기 때문에 빠르게 확산되고 에피데믹이나 팬데믹으로 발달해 엄청난 피해를 주는 경우가 많다. 예컨대 인류 최초의 감염병으로 부르는 '천연두(天然痘, Smallpox)'는 스페인 정복자들이 유럽에서 아메리카 대륙으로 옮겨 온 대표적인 외래병이다.

당시 확산된 천연두 바이러스는 아메리카 원주민들에게 치명적이어서 1519년 스페인의 코르테스(Don Hernándo "Hernán" Cortés de Monroy)가

천연두에 감염된 방글라데시 어린이
(출처: Wikipedia)

600명 정도의 인원으로 멕시코의 아스테카 왕국을 무너뜨리는 데 결정적인 역할을 했으며, 남아메리카 페루 잉카제국의 몰락도 초래했다.

천연두는 영국 의사 제너(Edward Jenner)가 1796년 우두 접종법 종두법(種痘法)을 발견하기 전까지 최대 치사율이 90%에 달했고, 천연두에 감염된 사람은 간신히 살아남게 되더라도 실명이 되거나 지체 부자유, 곰보 등

심각한 천연두 후유증이 남았다.

그러나 천연두는 백신(vaccine) 접종이 이뤄지면서 서서히 줄어들었고, 1977년 소말리아에서의 마지막 환자를 끝으로 더 이상 발생하지 않았다. 이에 1980년 5월 WHO(World Health Organization, 세계보건기구)는 천연두가 지구상에서 완전히 사라졌다고 공식 발표했고, 이로써 천연두는 지구상에서 사라진 첫 바이러스 감염병으로 기록됐다.

Edward Jenner (출처: Wikipedia)

또한 급성 열성 감염병인 '페스트(Plague)'는 세균의 일종인 '페스트균(*Yersinia pestis*)'에 의해 감염된 후 살이 썩어 검게 변하기 때문에 '흑사병(黑死病, Black death)'이라고도 부른다. 페스트는 1300년대 초 중앙아시아의 건조한 평원지대에서 시작돼 실크로드(silk road)를 통해 1340년대 말 유럽에 상륙한 외래병이다. 유럽에 확산된 페스트는 1351년까지 유럽 전체 인구의 30~40%를 몰살시키면서 중세 유럽을 초토화시켰다. 2세기가 지난 16세기가 돼서야 유럽의 인구가 페스트 창궐 이전 수준으로 회복된 것으로 알려질 만큼 페스트는 당시 유럽에 엄청난 영향을 미쳤다.

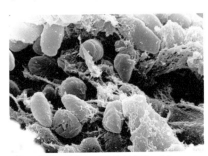

페스트균(*Yersinia pestis*) (출처: Wikipedia)

페스트는 19세기 말 파스퇴르(Louis Pasteur)가 발병 원인과 치료법을 개발하면서 역사 속으로 사라지는 듯했으나, 현재도 아프리카와 중국 네이멍구자치구(內蒙古自治區) 등 아시아 일부 지역에서 발생 사례가 나오고 있어 그 지역의 풍토병으로 전락한 셈이다.

수인성(水因性) 감염병인 '콜레라
(Cholera)'는 본래 인도의 벵골(Bengal)
지방에서 또 다른 세균인 '콜레라균
(*Vibrio cholerae*)'에 의해 발생하고 유
행하던 풍토병이었다. 그러나 1817년
인도를 침략한 영국군을 통해 콜카타

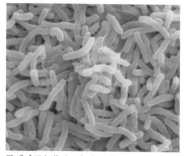

콜레라균(*Vibrio cholerae*)
(출처: Wikipedia)

(Kolkata)로 옮겨진 뒤 전 세계로 확산된 외래병이다. 콜레라는 이후 팬데믹
으로서 7번의 세계적 대유행을 거치며 남극대륙을 제외한 전 대륙으로 퍼져
나가 전 세계에서 수백만 명이 콜레라로 죽음을 맞았다.

감염병의 경보 단계

감염병의 경보 단계를 위험도에 따라 6단계까지 나누는데,
팬데믹은 최고 경고 등급인 6단계에 해당한다

WHO는 감염병의 위험도에 따라 감염병 경보 단계를 6단계까지 나누는데,
팬데믹은 최고 경고 등급인 6단계에 해당한다. 팬데믹은 특정 질병이 전 세
계적으로 유행하는 것으로, 이를 충족시키려면 감염병이 특정 권역 창궐을
넘어 2개 대륙 이상으로 확산돼야 한다.

6단계에 앞서 1단계는 동물에만 감염된 상태, 2단계는 동물 간 전염을 넘어

소수의 사람에게 감염된 상태, 3단계는 사람들 사이에서 감염이 증가된 상태, 4단계는 사람들 간 감염이 급속히 확산되면서 세계적 유행병이 발생할 수 있는 초기 상태, 5단계는 감염이 널리 확산돼 최소 2개국에서 병이 유행하는 상태다. 그리고 6단계인 팬데믹은 5단계를 넘어 다른 대륙의 국가까지 추가 감염이 발생한 상태다.

인류 역사상 팬데믹에 속한 질병은 14세기 중세 유럽을 거의 전멸시킨 페스트, 1918년 전 세계에서 5천만 명 이상의 사망자를 발생시킨 '스페인독감(Spanish Flu)', 1968년 100만 명 이상이 사망한 '홍콩독감(Hong Kong Flu)' 등이 있다. 특히 WHO가 1948년 설립된 이래 지금까지 팬데믹을 선언한 경우는 1968년 홍콩독감과 2009년 '신종플루(Novel Swine-origin Influenza)', 그리고 2020년 '코로나19(Corona Virus Disease 2019, COVID-19)' 등 세 차례뿐이다.

페스트 팬데믹

1347년부터 1351년 사이에 페스트는 당시 유럽 인구의 3분의 1, 전 세계에서 7,500만 명의 목숨을 빼앗았다

중세에 창궐했던 페스트는 감염 후 살이 썩어 검게 변하면서 죽기 때문에 흑사병으로도 부르는데, 원래 중국 윈난성(云南省)의 풍토병이었다. 페스트에 걸리면 불에 데었을 때 생기는 수포(水疱)처럼 생긴 종기가 몸 구석구석에 생

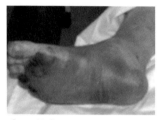
페스트 증상 (출처: Wikipedia)

기면서 고열과 발작을 일으키고, 종기가 커지면서 극심한 고통과 함께 피를 토하며, 사나흘이 지나면 온몸이 곪아 죽는다.

13세기 중반에 몽골 몽케(Monke) 칸(Kahn)이 서남아시아 이슬람 국가들을 정복한 후 고려를 항복시키고, 1259년 남송(南宋)을 공격하기에 앞서 교두보를 확보하기 위해 윈난성을 정벌할 때 몽골군에게 페스트가 전염됐다. 1331년 페스트는 몽골군에 의해 베이징(北京)에서 대발생해 베이징 인구의 3분의 2가 사망했다. 그리고 페스트는 유라시아 실크로드를 타고 유럽으로 확산됐다.

1346년 페스트가 흑해 연안 크림반도의 항구도시인 카파(Kaffa)에 도착했다. 당시 카파는 3년 동안 몽골 킵차크한국(Kipchak Khanate)의 자니베크(Jani Beck) 칸에게 포위돼 있는 상태여서 카파에 머물고 있던 제노바(Genova) 상인들도 갇히게 됐다. 그러나 몽골 군사들이 페스트에 감염돼 계속 죽어가자 자니베크 칸은 카파 정벌을 포기하고 살아남은 군사들과 철수하면서 투석기(投石機)로 페스트에 감염된 시체들을 성벽 안으로 던져 넣어 카파에 페스트가 확산되게 만들었다.

이듬해 몽골군이 철수한 뒤 카파에서 빠져나와 배를 타고 이탈리아로 향한 제노바 상인들이 페스트를 지중해의 다른 항구도시로 전파시켰다. 그 결과 페스트는 1347년부터 1351년 사이에 맹렬하게 전 유럽으로 확산됐다. 당시 페스트는 유럽 인구의 3분의 1, 그리고 전 세계에서 7,500만 명의 목숨을 빼앗았다.

스페인독감 팬데믹

**1918년 초 발발한 스페인독감에 의해 당시 전 세계 인구의 약 30%가
감염됐고, 5천만 명에서 1억 명 정도가 사망했다**

오스트리아-헝가리제국과 세르비아 왕국의 전쟁으로 촉발돼 1914년 7월 28
일부터 1918년 11월 11일까지 전 세계적으로 전개된 '제1차 세계대전'이 막바
지에 다다르던 1918년 초, 프랑스 국경과 닿아 있는 스페인 북부 해안 마을인
산세바스티안(San Sebastian)에 스페인독감이 유행했다.

전염 경로가 불분명했지만 독감은 거의 동
시에 군인들에게 확산됐다. 그리고 3월이 되
자 유럽에 주둔한 미군 부대로 확산돼 프랑스
에 주둔한 미군 병사들이 앓기 시작했다. 독
감은 급속하게 확산돼 스페인에서는 국왕을
비롯해 800만 명이 감염됐으며, 영국 등 유럽

스페인독감에 걸려 야전병원에 입원한
미군 환자들 (출처: Wikipedia)

여러 나라와 미국, 중국과 일본 등 아시아 국가로도 확산됐다.

당시 사람들은 이 독감을 '3일 열병'이라 불렀다. 대략 사나흘 정도 열이 펄
펄 끓고 얼굴이 붉어지며 온몸의 뼈가 욱신거리고 머리가 부서질 듯 아프다
가 땀을 흠뻑 흘리고 나면 가라앉았기 때문이다. 독감은 전염성이 아주 강했
지만 어느샌가 모습을 감추곤 해서 여느 독감과 크게 다를 바가 없어 보였다.

그해 8월 초가을에 접어들 무렵 독감 바이러스가 변이를 일으켜 재발했다.
과거에 앓아왔던 독감과 닮은 점이 거의 없는 괴물로 변해 있었다. 이 스페인
독감은 일반 독감의 250배가 넘는 치사율로 인도, 동남아시아, 일본, 중국, 카

리브해의 상당 부분, 미국, 중앙아메리카와 남아메리카 등지를 휩쓸었다. 스페인독감에 감염된 사람은 당시 전 세계 인구 18억 명의 약 30% 정도가 되는 5억여 명이었고, 사망자는 대략 5천만 명에서 1억 명 정도로 추산됐다. 제1차 세계대전에서 사망한 사람 수보다 10배 이상 많은 사람들이 스페인독감으로 사망한 셈이다.

이렇게 스페인독감이 군대의 전투력을 무력화시키자 스페인독감이 창궐한 지 2~3개월 후인 1918년 11월 11일 제1차 세계대전은 스페인독감 때문에 서둘러 종전됐다. 전 세계가 전쟁으로 피폐해져 있는 동안 유행했던 스페인독감은 신기하게도 종전 뒤 차츰 자취를 감추었다.

1918년 9월 러시아에서 시베리아철도를 타고 스페인독감은 한반도까지 확산됐다. 1918년 10월부터 다음해 1월까지 4개월간 유행했던 스페인독감으로 모든 학교는 휴교하고 회사는 휴업했으며, 농촌에서는 벼를 추수할 수 없을 정도로 상여 행렬이 끊이질 않았다고 한다. 심지어 우편국(郵便局) 여러 곳에서 우편배달부가 전멸했다고 한다. 당시 한반도 인구 1,700만 명 중 약 42%인 740만 명이 스페인독감에 감염됐고, 14만 명이 사망했다. 상해에서 독립운동을 하던 백범 김구 선생도 스페인독감에 걸려 20일 동안 고생했다는 내용이 《백범일지(白凡逸志)》에 기록돼 있을 정도로 대유행이었다.

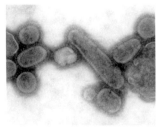

스페인독감 바이러스(Influenza Virus A형 H1N1) (출처: Wikipedia)

그런데 특이하게도 1918년 가을 미국 중서부 지역에서 돼지 수백만 마리가 갑자기 호흡기 감염 증세를 보이면서 하룻밤 사이에 수천 마리씩 죽었다. 돼지들이 콧물을 흘리고 열이 나는 증세가 스페인독감과 비슷했다. 이후 수십 년 동안 스페인독감 바이러스(Influenza

Virus A형 H1N1 아종)를 연구한 의학자들은 스페인독감이 돼지독감과 연관이 있음을 밝혀냈다.

그리고 아마도 사람들이 돼지에게 스페인독감을 전염시키자 스페인독감 바이러스가 돼지 몸속에 들어가서 휴면 상태로 있다가 다시 인간을 공격할 기회를 기다리고 있는지도 모른다는 의견을 제시하고 있다.

신종플루 팬데믹

WHO는 2009년 4월 말 발생한 신종플루에 의해 28만 명 정도가
사망한 것으로 추정했다

신종플루는 2009년 3월 말 미국 캘리포니아주 샌디에이고(San Diego)에서 발열, 기침 및 구토로 내원한 10세 어린이의 비인두(鼻咽頭) 흡입 검체에서 처음으로 검출됐다.

신종플루는 멕시코에서도 4월 말에 발생해 이후 빠른 속도로 유럽과 아시아로 확산돼, 두 달여 만에 팬데믹으로 선포됐다. 신종플루는 지구촌 전역으로 확산돼 사람들을 불안에 떨게 했고, 백신을 미처 구하지 못한 여러 나라 정부는 한동안 늑장 대응이라는 비난을 받아야 했다.

신종플루는 1918년 스페인독감 팬데믹에 이어 두 번째로 발생한 팬데믹으로, 스페인독감 바이러스 A형 H1N1 아종의 변종으로 밝혀졌다. 이것은 돼지, 인간, 조류에 기생하는 인플루엔자 바이러스가 돼지의 몸에서 유전적으로 뒤

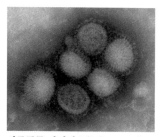
신종플루 바이러스(Influenza Virus
A형 H1N1) (출처: Wikipedia)

섞여 만들어졌다. 전문가들이 신종플루에 대해 긴장을 늦추지 못했던 까닭은 최단 기간 동안에 엄청난 사망자를 내 전 세계를 경악케 했던 스페인독감과 같은 유형인 H1N1 바이러스였기 때문이다.

신종플루는 무증상자와 경증 환자를 포함해서 전 세계 인구의 10%가량 되는 7억 명 정도가 감염됐을 것으로 추정된다. 과거 스페인독감의 악몽이 되살아나는 게 아닌가 하는 우려 속에 WHO는 28만 명 정도가 사망한 것으로 추정했다.

미국에서는 감염자가 수백만 명에 사망자가 1천 명을 넘어서자 급기야 국가비상사태를 선포했고, 12월에는 감염자 5천만 명에 사망자가 1만 명을 넘어섰다. 미국의 많은 학교들은 신종플루의 전파를 막기 위해 휴교하기에 이르렀다.

우리나라에서는 2010년 8월 말까지 약 100만여 명이 감염됐으며, 여러 명은 중증으로 격리 입원 치료를 받고 수백 명이 합병증으로 사망했다.

전 세계적으로 신종플루에 의한 치사율은 0.01%에 불과하므로, 사망 위험은 매년 발생하는 계절 독감보다 높지 않다. 그러나 제때에 치료를 받지 못해 합병증이 오면 치명적이기 때문에 신종플루에 대한 경계를 늦출 수가 없다. 대부분의 인플루엔자 균주와 달리 신종플루 바이러스는 60세 이상의 성인을 특별히 많이 감염시키지 않는다. 신종플루와 스페인독감은 사망 원인이 비슷하다. 스페인독감에 감염된 사람들이 폐렴으로 사망했듯이 신종플루 환자 역시 폐렴과 합병증으로 사망했다.

그리고 스페인독감 팬데믹이 유행할 때 돼지도 독감 증세를 보였듯이 신기하게도 2009년 10월 미국 미네소타주에 독감에 걸린 돼지가 나타났고, 12월 초에는 우리나라에도 같은 일이 일어났다. 그러나 스페인독감과 신종플루 바이러스가 같은 계통인 H1N1이기는 하지만, 신종플루는 스페인독감에 비해 병원성이 약한 특징을 나타냈다.

WHO나 국내 의학계에서는 신종플루가 종식되더라도 훨씬 치명적인 전염병이 새로 발생할 것이라고 경고했다. 아니나 다를까 2014년 '소아마비(小兒麻痺, polio)'와 서아프리카의 '에볼라(ebola)', 2016년 '지카(zika)', 2019년 콩고민주공화국의 에볼라까지 모두 5차례에 걸쳐 WHO가 '국제 공중보건 비상사태(Public Health Emergency of International Concern, PHEIC)'를 선포할 만큼 심각한 전염병이 창궐했다.

코로나19 팬데믹

2019년 말 발발한 코로나19에 의해 전 세계에서 1억 9,000만 명이 감염되고, 400만 명이 사망했다.

2020년 전 세계는 아주 강력한 신종 전염병의 습격을 받았다. 2019년 말 중국 후베이성(湖北省) 우한(武漢) 지역에서 처음 발생한 '신종 코로나19 바이러스(Severe Acute Respiratory Syndrome Corona Virus 2, SARS-CoV-2)'가 순식간에 주변 도시와 다른 국가로 확산되기 시작했다. 코로나는 라틴어로 왕관을 의미한다. 코로나바이러스의 전자현미경 사진을 보면 바이러스 표면

에 있는 스파이크, 즉 돌기가 돌출돼 있는 모
양이 왕관처럼 보여서 코로나바이러스라고
명명했다.

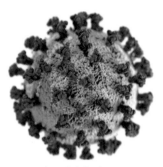

코로나19 바이러스(SARS-CoV-2)
(출처: Wikipedia)

초기 대응에 실패한 중국 정부는 '코로나
19(Corona Virus Disease 19, COVID-19)' 확산
을 차단하기 위해 2020년 1월 23일 우한을 봉
쇄했지만, 발병이 더욱 확산되자 사상 최초로
중국의 주요 도시를 모두 봉쇄했다. 봉쇄된 도
시는 환자가 폭증하면서 유령도시로 변해갔다. 중국은 특유의 인해전술로 병
원을 속도전으로 신축했고, 체육관, 컨벤션 센터 등에 침상을 설치해 환자를
수용했다. 마치 스페인독감이 창궐할 때 지어진 야전병원의 모습을 방불케
했다. 치료보다는 시급하게 환자를 격리하기 위한 목적이었다. 우한시에서는
화장장을 24시간 돌려도 감당할 수 없자 이동식 소각차 40대까지 동원되는
영화와 같은 광경이 목격됐다.

WHO는 2020년 1월 30일 국제 공중보건 비상사태를 선포했다. 순식
간에 코로나19는 전 세계로 확산됐고, 각국 정부는 부산하게 대응을 했지
만 걷잡을 수 없이 확산돼나갔다. WHO 거브러여수스(Tedros Adhanom
Ghebreyesus) 사무총장은 비상사태 선언 후 40일이 지난 2020년 3월 12일이
돼서야 뒤늦게 코로나19 팬데믹을 선언했다.

그 후 1년 4개월 만인 2021년 7월 12일 코로나19 확진자는 전 대륙 220여 개
국에 걸쳐 1억 8,000만 명을 넘어섰고, 평균 치사율은 2.2%로 사망자는 400
만 명을 넘어섰다. 특히 미국에서는 전 세계 확진자의 5분의 1을 차지할 만큼
대발생해서 누적 확진자 수가 3,400만 명, 누적 사망자 수가 62만여 명에 달

할 정도로 여전히 엄청난 피해를 주고 있다. 코로나19 발생 초기 피해가 극심했던 뉴욕에서는 코로나19로 사망한 시체를 실은 채 방치된 트럭들이 발견되기도 했다.

인도와 브라질에서도 누적 확진자 수가 각각 3,000만 명과 1,900만 명을 넘어섰고, 누적 사망자 수가 각각 40만 명과 53만 명에 이를 만큼 큰 피해를 주면서 여전히 빠르게 확산되고 있다. 우리나라도 2021년 7월 12일 현재 누적 확진자가 16만 명을 넘어섰고 누적 사망자도 2,000여 명에 달하는 피해를 입었다.

일본에서는 아베 내각이 2020년 도쿄올림픽을 사수하기 위해 일본 내 코로나19 확진자 수를 줄일 목적으로 요코하마항에 정박했던 크루즈선 다이아몬드 프린세스호 승객 및 승무원을 억류하면서 700여 명의 집단감염을 초래하는 어처구니없는 사태까지 발생했다. 그러나 오히려 화를 키워 일본 내 확진자 수와 사망자 수는 계속 증가했고, 2020년 7월 24일부터 개최될 예정이었던 도쿄올림픽이 1년 후로 연기되고 말았다. 도쿄올림픽 개최를 계기로 순조롭게 개헌까지 끌고 가려던 아베 총리는 지지율이 20%대로 추락하는 수모를 당하더니 결국 사임했다. 이후 스가 내각이 출범했지만 누적 확진자가 82만 명을 넘어서고 누적 사망자가 1만 5,000여 명에 이르러 하루에 2,000여 명씩 확진자가 발생할 만큼 코로나19 팬데믹은 여전히 기승을 부리고 있다. 결국 올림픽 개최 찬반 논란 속에 2021년 7월 23일에 개최를 강행한 스가 내각은 대부분 종목을 무관중으로 진행하기로 결정함으로써 1조원대 입장권 손실이 불가피해졌다. 더구나 올림픽을 한 달여 남겨 둔 2021년 6월 21일 올림픽에 출전하기 위해 일본에 입국한 우간다 선수단 중 한 명이 확진되면서 올림픽 강행을 통한 코로나19 팬데믹 확산이 우려되는 실정이다.

그러나 우리나라는 신속한 코로나19 진단키트의 개발, 마스크의 대량생산 및 체계적 보급, 확진자의 동선 추적 관리, 드라이브스루(drive-thru)와 워킹스루(walking-thru) 같은 혁신적 검체 채취 시스템 도입 등 질병관리청의 선제적이면서 공격적인 코로나19 대응시스템에 힘입어 전 세계에서 가장 모범적인 코로나19 대응 국가로 평가받고 있다. 우리나라에서 개발한 코로나19 진단키트와 마스크는 전 세계로 수출되고 있고, 코로나19 대응 시스템은 많은 나라에서 벤치마킹 대상이 되고 있다.

코로나19는 우리나라 정치·경제·사회·문화·종교·교육·스포츠 등 다방면에 커다란 영향을 미치고 있다. 코로나19에 대한 정부 대응을 놓고 격렬한 정쟁 속에 치러진 2020년 4월 15일 21대 국회의원 선거에서 여당인 더불어민주당이 대승을 거두게 한 직접적인 요인은 코로나19에 대한 당시 질병관리본부의 모범적인 대응이었다고 볼 수 있다.

중앙방역대책본부장을 맡아 코로나19 발생 상황 및 대책을 브리핑하는 모습으로 매일 TV에 등장한 질병관리본부장(현 질병관리청장)은 국민적 스타로 부상했다. 문재인 대통령은 2020년 5월 10일 취임 3주년 특별연설에서 질병관리본부를 질병관리청으로 승격시켜 전문성과 독립성을 강화하고, 지역체계도 구축하여 지방의 부족한 역량을 보완하겠다고 선언했다. 2020년 9월 12일 드디어 질병관리청이 출범했다.

코로나19는 영세 상인뿐만 아니라 여행업계를 비롯해 경제 전반에 심각한 타격을 입혀 우리는 IMF 이후 최대 불황을 겪고 있다. 2020년 5월, 정부는 사상 처음으로 코로나19 사태로 인한 1차 긴급재난지원금을 전 국민에게 지급한 데 이어 2020년 10월, 2021년 1월, 2021년 4월에 걸쳐 각각 2차, 3차, 4차 재난지원금을 소상공인을 대상으로 차등 지원했다. 추가로 2021년 3분기에 소득 하위 80%에게 1인당 25만 원씩 코로나 상생국민지원금을 지급할 예정이지만 정치권에선 여전히 논쟁을 벌이고 있다. 이 밖에도 별도의 지원금을 지원하는 지방자치단체도 있는 실정이다.

'사회적 거리두기'와 '생활 속 거리두기'라는 신조어를 탄생시키면서 코로나19 확산을 막기 위한 다양한 아이디어가 실생활에서 응용되고, 무관중 공연 같은 생소한 풍경도 펼쳐졌다. 한 때는 마스크 대란이라고 일컬을 만큼 코로나19 예방용 마스크 수요가 급증하면서 약국이나 마스크 판매처마다 장사진을 이루곤 했지만 정상적인 생활로 돌아왔다.

코로나19 발생 초기에 신천지교회 집단감염이 촉발돼 대구와 경북 지역에서 엄청난 확진자와 사망자가 속출하는 불상사가 발생함으로써, 종교시설에서 이루어지는 집단 미사 또는 예배 등을 한시적으로 취소하거나 연기하는 사태가 발생하기도 했다. 또한 2020년 4월 30일 불기 2564년 '부처님오신날'을 봉축하는 연등법회가 사상 최초로 한 달 연기해 거행됐다.

2020학년도 1학기 개학을 모든 학교에서 무기한 연기하고 비대면 원격수업으로 대체해오다, 2020년 5월 20일 고등학교 3학년 등교를 시작으로 점차적으로 대면수업으로 전환했지만, 돌발 사태가 발생해 일부 학교에서는 등교가 취소되기도 했다. 대학은 2020학년도 1학기를 비대면수업으로 전면 대체하고, 일부 실험실습 교과목이나 소규모 강좌만 코로나19 예방 매뉴얼에 따라 엄격한 통제 속에 진행했으며 2학기에도 비슷한 상황이 이어졌다. 2021학년도 1학기는 지난해 축적된 경험을 바탕으로 대면 강좌를 늘리면서 진행했고, 2학기는 전면적으로 대면수업 채비를 하고 있지만 실행 여부는 불투명하다.

대부분의 스포츠 행사도 타격을 입기는 마찬가지다. 그러나 우리나라 프로

야구는 2020년 5월 5일 무관중 경기로 세계에서 유일하게 2020 시즌 개막을 해서 미국 ESPN에서 생중계할 정도로 세계적 관심과 부러움을 샀다.

코로나19는 국제 정세에도 커다란 영향을 미치고 있다. 주요 2개국(G2)으로 불리는 중국은 2002년 '사스(SARS, Severe Acute Respiratory Syndrome, 중증급성호흡기증후군)'에 이어 코로나19의 발원지로 알려지면서 다른 나라와 불화를 겪고 있다. 더구나 코로나19 발병 초기에 중국 정부보다 앞서 사스 같은 병을 조심해야 한다고 경고했던 우한 지역의 의사 리원량(李文亮)이 코로나19에 감염돼 사망한 것으로 알려지면서, 늑장 대응으로 코로나19 팬데믹을 초래한 중국에 대한 불신이 커졌다.

1918년 스페인독감 팬데믹 이후 미국은 강대국으로 성장했다. 미국 역시 67만여 명의 적지 않은 인명 피해를 입었지만, 복귀 속도와 내용에서 다른 나라를 앞서면서 초강대국으로 부상할 발판을 마련했다. 이러한 배경에는 다른 나라의 방해 또는 반감이 없었기에 가능했다. 당시 패권국인 영국이 정치·경제적으로 집중 견제했다면 미국의 비상은 타격을 입었을 것이다.

그런데 코로나19 이후 시진핑 주석이 중국 민족의 위대한 부흥이라고 정의한 중국몽(中國夢)은 강한 외부 저항에 부딪히고 있다. 2020년 11월 대선을 앞둔 미국 트럼프 행정부는 미국 내 코로나19 피해를 중국 탓으로 돌리는 선전전을 한층 강화하고, 중국과 가까운 WHO에 대한 불만으로 급기야 WHO 탈퇴를 선언했다. 그러나 도널드 트럼프 대통령의 몽니에 가까운 대내외 정책에 식상한 유권자들은 2020년 11월 3일 치러진 선거에서 조 바이든의 손을 들어줬고, 대선에 불복한 트럼프가 내란 선동 혐의로 탄핵소추에 회부될 만큼 구차한 방해공작에도 불구하고 2021년 1월 20일 바이든이 미국 제46대 대통령으로 취임했다. 이렇게 코로나19는 세계 정치와 경제 질서를 혼돈 상태로 몰고 가고 있다.

그러나 다행스럽게도 2020년 1월에 화이자와 모더나, 아스트라제네카가 코로나19 백신 개발에 돌입한 후 1년이 채 걸리지 않은 11개월 만에 백신 개발에 성공했다. 일반적으로 신약이나 백신 개발에는 최소 10년 이상이 소요되지만, mRNA 기반의 화이자와 모더나 백신은 미국에서 2020년 12월 2일과 12월 9일에 각각 허가를 받았고, 바이러스 벡터 기반 아스트라제네카 백신은 2020년 12월 30일 영국에서 허가를 받았다. 지난해 상반기까지만 해도 백신 개발에 최소 12~18개월은 소요되고, 2021년 2분기 말에나 백신 접종이 가능할 것이라는 전문가들은 예상했었다. 그러나 전문가들의 예상을 뒤집고 단기간에 백신이 개발된 이유는 전 세계적 코로나19 유전체 서열 정보 공유, 기술력 보유 바이오테크 활성화, 산·학·연 협업 파트너십 등이 조화를 이루었기 때문이다.

코로나19 팬데믹 상황에서 게임체인저가 될 수 있는 백신 접종이 2020년 12월 14일 미국에서 시작됐다. FDA 승인 사흘 만이었다. 전 세계 최초 접종자는 뉴욕에 있는 롱아일랜드 주이시병원의 중환자실 간호사 샌드라 린지로, 화이자 백신 접종 장면이 TV로 생중계됐다. 우리나라에서는 2021년 2월 26일 서울 상계요양원 요양보호사 이경순 씨가 최초로 백신을 접종했다.

백신 접종이 시작된 후 접종속도가 빠른 영국, 이스라엘 등에서는 입원율과 사망률을 낮추고 지역 전파를 감소시키는 뚜렷한 효과가 있어 안도하는 분위기지만, 국가별 부익부 빈익빈 현상이 나타나 경제력과 정치력이 뒷받침되지 못한 일부 국가에서는 2023년까지 전 국민에 대한 백신 접종이 이루어지지 않을 것으로 전망된다. 우리나라도 지역사회 전파를 막기 위해 백신별 예방접종 계획을 세워 진행하고 있다. 의료진과 중증질환자 및 고령자부터 백신 접종을 시작해 2021년 상반기 접종 목표인 1,300만 명을 돌파해 약 30%에게 접종을 완료했지만, 집단 면역을 이룰 것으로 예상되는 70%에 도달하기까지는 아직 갈 길이 멀다.

백신 개발 및 공급으로 코로나19 팬데믹이 종식되고 조만간 일상으로 회복되리라는 예상은 코로나19 변이 바이러스 출현으로 보기 좋게 빗나갔다. 인간이 병원체를 없애려는 노력에 대응해 병원체는 생존하기 위해 끊임없이 돌연변이를 일으키기 때문이다. 2021년 초 영국에서 처음 출현한 알파 변이가 대유행했으나, 지금은 기존의 코로나19 바이러스보다 전염력이 2배 이상 강한 델타 변이가 우점하면서 영국에는 전면 봉쇄조치가 내려졌다. 연일 8,000명대 신규 확진자가 발생하고 있는 방글라데시에서 채취한 샘플의 70%는 델타 변이로 밝혀지면서 생필품 등 구입 목적이 아니면 외출이 전면 금지되는 봉쇄조치가 이뤄졌다. 백신 접종 이후 활기를 되찾았던 유럽도 최근 검역을 강화하고 여행 금지 조치를 내리는 등 비상이 걸렸다. 여기에 오리지널 코로나19 바이러스는 거의 사라지고 델타 변이 바이러스가 우세종으로 자리매김하면서 전 세계에 비상이 걸렸다. 최근 국내에서도 델타 변이 바이러스 창궐로 연일 1,000여 명의 확진자가 발생하는 4차 대유행에 접어들었다. 수도권에서는 거리두기 4단계를 시행하는 초강수로 대응할 만큼 방역당국을 긴장시키고 있다.

코로나19 팬데믹으로 국경이 봉쇄돼 세계적 이동이 제한되고 경제활동 위축으로 공장 가동이 중단됐다. 더불어 전 세계 78억 인구의 3분의 1이 록다운 (lockdown)되는 바람에 지구는 오히려 깨끗해졌다고 한다.

코로나19 바이러스는 오래전부터 자연계에 존재하면서 인간과 공존해왔던 존재다. 인간 문명이 코로나19 바이러스의 영역을 침범하지 않았다면 오늘날 질병 대란이 일어나지 않았을 것이다.

인간 문명이 자연과의 조화로운 상생의 길을 파괴한 결과 코로나19 바이러스가 우연히 인간 영역을 엿보게 됐고, 이로써 코로나19 바이러스는 블루오션(blue ocean)을 만난 셈이 됐다. 전 세계에서 연구자들이 백신 개발에 전력을 다하고 있지만 빠른 시일에 실용화될 가능성은 희박하다. 어렵게 백신 개발에 성공하더라도 코로나19 바이러스는 사라지지 않고 새로운 변종으로 인간에게 다가오고 끊임없이 인간을 위협할 것이다.

늦었지만 인류는 지구 생태계에서 자연과 조화를 이루며 살아가는 현명함과 지혜로움을 발휘해야 한다. 지구 생태계를 파괴하는 그동안의 삶의 자세를 성찰하고 기후변화를 늦추는 세계적 운동을 전개해서 지구 생태계에서는 누구나 공존해나가는 생물 다양성을 통한 생태 백신으로 새로운 질병 대란에 대응해야 할 것이다.

제2부
식물병과 식물의학

식물병이란 무엇일까?

병원체의 공격에 의해 식물체의 생리적 기능이 교란되면서
병증상이 나타나고 결국 죽게 되는 과정이 식물병이다

건강한 식물체에서 생장점 세포는 활발하게 분열을 거듭하면서 여러 가지 조직이나 기관으로 분화한다. 분화된 뿌리는 토양에서 물과 양분을 흡수하고, 잎은 광합성과 증산작용(蒸散作用)을 한다. 줄기는 식물체를 지탱하고 뿌리에서 흡수한 물과 양분이나 잎에서 만들어진 광합성 산물을 식물체 곳곳으로 운반한다. 그리고 식물은 살아남고 증식하기 위해서 종자 또는 기타 번식기관을 만들고, 그 속에 광합성 산물을 저장한다.

　그러나 어떤 원인에 의해 이러한 필수적인 기능들이 교란되면 세포나 기관이 제 기능을 발휘하지 못하거나 파괴되며, 심지어 식물체가 죽기도 한다. 이렇게 정상적인 식물체의 능력을 교란시키는 것을 '병원체(病原體, pathogen)'라 하며, 병원체에 의한 감염의 결과로 식물체에서 나타나는 증상을 '병증상(病症狀, syndrome)' 또는 '증후군'이라고 한다.

　따라서 '식물병(植物病, plant disease)'은 병원체의 끊임없는 공격에 의해 식물체의 세포, 조직, 기관 등의 생리적 기능들이 교란되면서 식물체에 여러 가지 형태로 병증상이 나타나고 결국 식물체가 죽게 되는 과정이다.

　질병을 앓는 사람이 점차 쇠약해지는 것처럼 병에 걸린 식물체에서 세포나 기관은 약해지거나 붕괴되는 것이 보통이다. 그러나 '뿌리혹병'에 걸린 식물체에서처럼 병원체에 감염된 세포가 정상 세포보다 훨씬 더 빨리 분열해서 사람에게 생기는 '암(癌, cancer)'처럼 비정상적인 '혹(gall)'이 만들어지기도 한다.

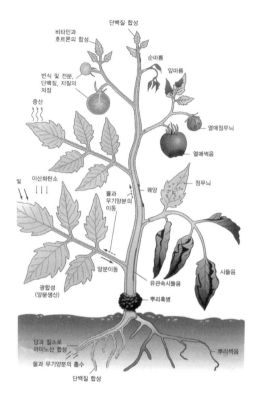

단백질 합성

비타민과 호르몬의 합성

순마름

번식 및 전문, 단백질, 지질의 저장

잎마름

증산

열매점무늬

열매썩음

빛

이산화탄소

궤양

점무늬

물과 무기양분의 이동

양분이동

사들음

광합성 (양분생산)

유관속시들음

뿌리혹병

당과 질소로 아미노산 합성

물과 무기양분의 흡수

뿌리썩음

단백질 합성

건전한 식물체의 기능(왼쪽)과 식물병의 여러 가지 증상 (오른쪽) (출처: 식물병리학)

병원체의 공격에 의해 교란되는 식물체의 생리적 기능은 병원체에 의해 감염되는 부위에 따라 달라진다. 병원체가 잎을 감염하면 엽록소(葉綠素, chlorophyll)를 파괴시켜 광합성을 방해하고, 줄기를 감염하면 물관(木部, xylem)이나 체관(篩部, phloem)을 붕괴시켜 물과 양분이 이동하는 것을 방해한다. 그리고 뿌리를 감염하면 뿌리를 썩혀 토양으로부터 물과 양분을 흡수하지 못하게 한다.

사람에게 생기는 질병에도 병명이 있듯이 식물병에도 병명이 있다. 일반적으로 식물병의 병명은 식물체에 나타나는 병증상에서 유래한다. 잎이 시들면 '시들음병', 줄기에 궤양(潰瘍, canker)이 생기면 '궤양병', 뿌리에 혹이 생기면 '뿌리혹병', 열매가 썩으면 '열매썩음병'이라고 한다.

생로병사에서 자유로울 사람이 없듯이 병에 걸리지 않는 식물은 없다. 그러나 야생식물보다 농작물이나 조경수목(造景樹木)에서 식물병은 더욱 심하게 발생해서 사람들에게 경제적인 손실을 준다. 병원체는 살아남기 위해서 식물병을 일으키고, 사람들은 경제적 손실을 막기 위해서 식물병을 퇴치하려는 총성이 없는 전쟁이 지구상에서 끊임없이 지속되고 있다.

옛날 사람들은 식물병을 어떻게 생각했을까?

옛날 사람들은 식물병을 자신들이 저지른 죄에 대한
신의 노여움으로 해석하고 숙명적인 신의 뜻으로 받아들였다

인류가 지구상에 처음 출현한 선사시대에도 식물병은 이미 존재하고 있었을 것이다. 사람들이 짐승을 사냥하거나 야생식물을 채취해서 식량을 조달하는 유목 생활을 하며 살다가 인구가 증가함에 따라 특정 지역에 정착하고 논밭을 경작해서 식량 작물을 재배하던 시대에는 식물병이 더욱 심하게 발생했을 것이다.

기원전 1000년경 호머(Homer)의 저서나 기원전 750년경 구약성서처럼 현재까지 전해지는 옛 문헌에 식물병이 이미 기록돼 있었다. 인체의 질병과 전쟁만큼이나 식물병이 사람들에게 두려움을 주었다는 사실은 놀라운 일이 아니다. 옛날 사람들은 재배하고 있는 작물에 발생하는 식물병을 사람들이 저지른 잘못과 죄에 대한 신의 벌과 응징으로 간주했다. 따라서 고대 사람들은 식물병이 신의 노여움의 표현이기 때문에 식물병을 피해가는 일은 세상을 지배하는 절대자인 신을 즐겁게 하는 것에 달려 있다고 믿고 있었다. 기원전 4세기에 로마인들은 자신들이 재배하는 밀에 발생하는 '줄기녹병(stem rust)'을 비롯한 식물병에 의해 엄청난 기근(飢饉)을 겪었다. 그래서 다신론자였던 로마인들은 녹병을 지배하는 '로비구스(Robigus)'라는 신을 받들었다. 로마인들은 주식으로 재배하는 밀에 커다란 피해를 주는 공포스러운 녹병으로부터 해방시켜 자신들을 지켜줄 것이라는 신념으로 신을 즐겁게 하기 위해 기도를 드리고 희생양을 바쳤다.

심지어 그들은 신에게 제사를 지내는 '로비갈리아(Robigalia)'라는 특별한 축제일까지 만들었다. 로마 달력으로 4월 25일은 밀에 녹병이 창궐하는 출수기여서 녹병으로부터 밀을 보호해야 할 시기에 해당된다. 따라서 로마인들은 이 축제일에 신

밀 줄기녹병 (출처: 식물병리학)

이 즐거워서 자신들이 재배하는 작물을 파괴시키는 녹병을 보내지 않도록 제단에 붉은 개와 여우, 그리고 암소를 바쳐 정성껏 제사를 올렸다.

중세에 접어들어 세계 여러 곳에서 식물병에 의해 발생한 것으로 추정되는 수많은 기근에 대한 기록이 있었다. 그럼에도 불구하고 현미경이 발명돼 눈에 보이지 않던 미생물이 세상에 모습을 드러내기 시작한 16세기 중반까지 식물의학의 암흑기가 지속됐다.

대나무 꽃은 병일까?

대나무가 꽃을 피우고 죽는 것은 대나무의 수명이 다했을 때
나타나는 결과일 뿐 병이 아니다

대나무는 풀일까, 나무일까? 풀과 나무를 구별하는 뚜렷한 차이는 나무는 줄
기가 계속 살아 있어서 굵기가 굵어지고 키도 커가지만, 풀은 겨울이 되면 뿌
리만 살아남거나 뿌리까지 죽고 이듬해 봄에 다시 자라기 때문에 그 크기가
매년 비슷하다는 것이다.

　대나무는 땅위줄기가 1년 이상 계속 활동해 죽지 않으며, 목질부(木質部)
처럼 단단한 구조를 갖는다는 것이 나무의 특징과 비슷하다. 그러나 대나무
는 죽순이 순식간에 자라 1~2년 후에 생장이 멈추고, 그 이후는 줄기가 길게
자라지 않는다. 또한 유관속(維管束) 형성층이 없기 때문에 나이를 먹어도 더
이상 굵어지지 않고 나이테가 생기지도 않으며 속이 비어 있다. 즉 대나무는
나무와 비슷하지만 이름만 나무일 뿐 엄격하게 분류하면 나무가 아니고 풀
인 셈이다.

대나무는 60~120년을 주기로 단
한 번 꽃을 피우고 씨앗을 맺은 후에
죽는다. 식물체인 대나무 입장에서
보면 정상적으로 수명을 다했을 때
나타내는 생리 현상이지만, 재배자
입장에서 보면 대나무가 꽃이 피면
죽게 돼 경제적인 손실을 입게 된다.

대나무 꽃 (출처: Wikipedia)

그래서 재배자들은 대나무에 꽃이 피는 것을 대나무를 죽게 만드는 식물병이라고 판단하고 '대나무 개화병(開花病)'이라고 부른다.

바이러스병에 걸린 튤립
(출처: Wikipedia)

한편 튤립에 바이러스(Tulip breaking virus)가 감염되면 꽃잎에 여러 가지 무늬가 만들어진다. 식물체 입장에서 보면 바이러스병에 걸린 증상이지만, 재배자 입장에서 보면 희귀한 꽃이 피어 경제적 이득을 얻을 수 있다. 그래서 튤립을 재배하는 사람들은 바이러스에 감염돼 나타나는 '튤립 바이러스병'을 병으로 여기지 않는다. 또한 대나무 표면에 곰팡이를 접종해서 번식시키면 얼룩무늬가 생기는 것을 '호반죽(虎斑竹)'이라고 부르며, 마치 잎이나 꽃에 희귀한 무늬가 생긴 난(蘭, orchid)처럼 아주 진귀하게 다룬다.

그러나 식물병은 병원체의 감염에 의해 영양을 빼앗기고 세포, 조직, 기관 등이 파괴되거나 기능이 마비되면서 식물체가 죽게 되는 과정이다. 따라서 바이러스에 감염돼 튤립에 나타나는 다양한 증상이나 곰팡이에 감염돼 대나무에 나타난 증상은 비록 인간에게 경제적 이득을 줄지라도 당연히 식물병이다.

일반적으로 식물병을 정의할 때 튤립 바이러스병처럼 순수한 학문적인 입장에서 정의하는 것을 '절대병(絕對病)'이라 하고, 대나무 개화병처럼 인간의 경제적인 관점에서 정의하는 것을 '상대병(相對病)'이라고 한다. 그러나 식물병은 자연현상의 하나이기 때문에 인간의 관점이 아닌 자연의 이치대로 해석해야 할 것이다.

비록 인간에게 경제적 손실을 안겨줄지라도 대나무가 꽃을 피우고 죽는 것은 대나무의 수명이 다했을 때 나타나는 필연적인 결과일 뿐이며, 병원체의 감염에 의한 것이 아니기 때문에 식물병이 아니다. 그럼에도 불구하고 대나무에 꽃이 피는 것을 개화병이라 부르는 것은 예로부터 사군자의 하나로서 선비의 절개를 상징해온 대나무가 죽는 것을 안타깝게 여기는 인간의 감정이입에 지나지 않는다.

반면에 튤립에 희귀한 꽃이 피도록 해서 경제적 이득을 얻을 목적으로 건전한 튤립에 인위적으로 바이러스를 접종해서 튤립 바이러스병을 발생시킨다면 식물을 학대하는 행위다. 튤립이 바이러스에 감염돼 꽃에 여러 가지 무늬가 생기는 것은 말을 못하는 튤립의 고통스러운 몸부림의 표현이다. 사람과는 달리 식물은 고통을 말로 호소하지 못할 뿐이다.

식물병은 인체병과 어떻게 다를까?

식물병은 주로 재배하는 작물에서 곰팡이에 의해 발생하고,
순환계가 없어서 치료가 대단히 힘들다

예로부터 움직일 수 있는 생물은 '동물(動物)'로, 움직일 수 없는 생물은 '식물(植物)'로 분류해왔다. 직립보행을 하는 사람은 쉽게 동물로 분류되듯이 진화된 고등생물에서 이러한 분류는 확연하지만 하등생물에서는 그 구분이 모호한 경우가 많다. 모든 생물은 '세포(細胞, cell)'라는 생명 단위로 구성돼 있다. 최근에는 현미경의 발명으로 세포를 관찰할 수 있게 되면서 세포벽과 엽록

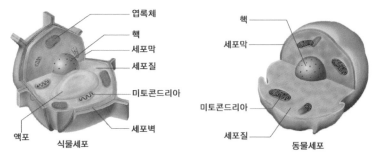

식물세포와 동물세포 구조의 차이 (출처: 금성출판사)

체의 유무로 동물과 식물을 분류한다.

사람들이 온갖 질병에 시달리는 것처럼 가축을 비롯한 동물들도 많은 질병으로 고통을 받는다. 동물에 못지않게 식물에도 여러 가지 질병이 발생하는데, 특히 야생식물보다 사람들이 재배하는 농작물이나 조경수목에서 더 많이 발생한다. 각종 기관이 발달된 사람이나 동물에는 뇌나 심장처럼 생명현상을 좌우하는 치명점이 있지만, 식물은 기관 분화 정도가 낮아 치명점이 없다. 따라서 인체병은 무좀처럼 생명에는 지장이 없는 질병도 있지만, 예방과 치료를 해주지 않으면 죽음에 이르는 치명적인 질병이 더 많다. 그러나 식물병은 식물체 일부를 손상시키더라도 죽음으로 이어지는 경우가 많지 않다.

인체병은 불치의 질병일지라도 한 사람의 생명을 건지기 위한 모든 수단이 강구된다. 그러나 동물이나 식물이 병들었을 경우 다른 개체들을 보호하기 위해서 아예 제거되는 경우가 많다. 최근에 '조류독감(鳥類毒感, Avian Influenza, AI)'의 확산을 막기 위해서 조류독감 발생 지역의 가금류(家禽類)를 살처분하거나, '소나무재선충(-材蟬蟲, Pine-wood nematode)'의 확산을 막기 위해서 소나무재선충병 발생 지역의 소나무들을 미리 베어낸 것이 대표적인 사례다.

인체병은 세균에 의해 주로 발생하며, 곰팡이가 일으키는 병은 몇 종류가 되지 않고 인체에 치명적이지도 않지만 완치가 잘 되지 않는다. 그러나 식물병은 곰팡이에 의해 주로 발생하며, 세균이 일으키는 식물병은 종류가 많지 않지만 치료가 더 어렵다. 물론 인체병원균은 식물병을 일으키지 않을 뿐 아니라 식물병원균이 인체병을 일으키는 경우도 거의 없다.

사람을 비롯해서 동물에는 혈액순환계가 있어서 면역반응을 이용한 질병의 예방과 치료가 이루어지고 있지만, 식물에는 순환계가 없어서 치료가 대단히 힘들다. 최근에 약제를 병든 나무에 투여해서 치료를 도모하고 있지만, 나무병에 국한되며 모든 식물병에 적용되는 것은 아니다.

'겨우살이'의 정체

겨우살이는 다른 나무에 기생하며 살아가는 기생식물로
가장 먼저 인지된 식물병원체다

초겨울 숲속, 낙엽이 진 고목나무에 푸른 잎이 무성한 '겨우살이(mistletoe)'를 흔히 볼 수 있다. 겨우살이는 잎과 엽록체를 가지고 있어서 광합성을 할 수 있지만, 자기가 생산한 광합성 산물만으로는 생존할 수 없다. 그래서 보통 '흡기(吸器, haustorium)'라고 부르는 기생뿌리를 다른 나무의 줄기에 집어넣고 필요한 수분과 양분을 흡수해서 살아가는 기생식물로, 1천 종 이상의 겨우

겨우살이(mistletoe) (출처: Wikipedia)

살이가 있다.

겨우살이는 새와 다른 동물들에게 의존해 씨앗을 퍼뜨린다. 겨우살이의 끈적끈적한 열매를 먹는 새들은 끈끈한 씨앗을 떼어내기 위해 그것을 나무껍질에 닦아낸다. 운이 좋을 때 소화가 되지 않은 씨앗을 새가 나무 위에 배설하면 그곳에서 싹을 틔우고 자란다. 주변 나무의 잎들이 떨어질 때도 겨우살이는 회복력이 있어서 잎사귀가 무성하다.

겨우살이는 기생하는 나무를 쇠약하게 만들고 기생하는 부위를 부풀게 만들어 폭풍우에 쉽게 부러지게 한다. 그래서 1200년경 겨우살이를 식물병원체로 처음 인식한 독일의 수도사 마그누스(Albertus Magnus)는 겨우살이에 감염된 나무는 목재로서 품질이 떨어지기 때문에 감염된 나뭇가지를 전정해서 겨우살이를 박멸하라고 사람들에게 권장했다.

그러나 추운 겨울날에도 낙엽이 진 나무에서 푸르게 남아 있는 겨우살이는 중세 사람들에게 식물병원체로서 인식되기보다는 신비로운 존재로 회자돼왔다. 겨우살이의 초자연적 능력은 사람들에게 생명을 주며, 독(毒)으로부터 보호하고, 아이를 많이 낳게 해주는 것으로 여겨졌다. 그리고 겨우살이를 문에 붙이거나 천장에 매달아두면 마귀와 악령을 쫓아낸다

Albertus Magnus (출처: Wikipedia)

고 믿었다.

스칸디나비아에서는 겨우살이를 평화의 나무로 생각한다. 겨우살이 아래에서는 적도 휴전에 동의하고, 불화 중인 배우자도 입맞춤하고 되돌릴 수 있다. 영국에서는 겨우살이로 공을 만들고 리본으로 장식해서 크리스마스이브에 매달아놓는다. 겨우살이 아래에서 연인들의 입맞춤은 결혼을 약속하는 것이며 함께 오래도록 행복하리라는 예언이었다. 요즘에도 유럽과 미국에서 크리스마스이브에 겨우살이 공이나 가지 아래에서 우정과 행운을 비는 표시로 이성에게 입맞춤을 청원하기도 한다.

실제로 겨우살이에 관련된 신화와 관습은 더 많다. 그러나 겨우살이는 다른 나무에 기생하며 살아가는 식물병원체에 불과하다. 결국 대단찮은 기생식물이 수많은 사람들의 상상력을 자극하고 그 많은 이야기를 가지고 있다고 누가 생각하겠는가?

세계 100대 발명품 '현미경'

우리 눈에 보이지 않는 미생물을 볼 수 있도록 해주는 현미경은
세계 100대 발명품의 하나로 꼽힌다

'현미경(顯微鏡, microscope)'이라는 용어는 이탈리아 로마대학 파베르(Faber) 교수가 1600년경에 '마이크로스코피움(microscopium)'이라고 명명한 데서 기원한다. 우리 눈에 보이지 않는 것을 볼 수 있도록 해주는 현미경

은 세계 100대 발명품의 하나로 꼽힌다.

현미경에서 물체를 확대시켜주는 렌즈의 재료인 유리를 인류가 언제부터 사용했는지 정확한 기록은 없다. 1세기 무렵 로마의 해군 제독이었던 플리니우스(Plinius)의 《박물지(博物志, Natural History)》에 따르면 페니키아 상인이 유리를 발명했다. 그리고 유리의 확대력은 2세기에 그리스의 천문학자였던 프톨레마이오스(Ptolemaeos)가 처음 발견했다.

최초의 현미경은 1590년경 네덜란드의 얀센(Janssen)에 의해 발명됐다. 그

Antoni van Leeuwenhoek
(출처: Wikipedia)

Robert Hooke (출처: Wikipedia)

러나 얀센이 2개의 렌즈와 3개의 튜브로 된 경통을 이용해서 망원경(望遠鏡, telescope) 모양으로 발명한 현미경은 고배율 관찰이 어려웠다.

그 후 현미경에 대한 획기적인 발전은 세계 역사상 가장 영향력 있는 인물 100인 중 한 명으로 선정된 네덜란드의 레벤후크(Antoni van Leeuwenhoek)에 의해 이루어졌다. 1660년 과학 지식이 거의 없는 포목상으로 렌즈 가공이 취미였던 레벤후크는 구리와 유리구슬을 이용해 현미경을 발명했다. 레벤후크가 발명한 현미경은 엄지손가락보다 약간 큰 정도에 불과했지만, 분해능이 뛰어나 270배 정도의 고배율로 식물 해부뿐만 아니라 곰팡이, 원생동물, 정자, 혈구, 심지어 세균까지 관찰할 수 있었다. 이러한 레벤후크의 위대한 업적은 영국 왕립학회의 훅(Robert Hooke)에 의해 과학적으로 입증됐다.

1665년 훅도 집속렌즈시스템을 도입한 '광학현미경(光學顯微鏡)'을 직접 제작해 코르크의 얇은 절편을 관찰하고, 각 단위체에 'cell(세포, 細胞)'이라는 용어를 처음 사용했다. 이를 토대로 훅은 수많은 미생물들을 관찰했고, 그 결과들을 정리해서 1667년에 《마이크로그라피아(Micrographia)》라는 미생물학 교재를 편찬했다.

Robert Hooke이 발명한
현미경 (출처: Wikipedia)

레벤후크와 훅이 발명한 현미경은 보잘것없는 원시적인 형태였지만, 중세 사람들의 눈에 보이지 않던 미생물들을 관찰할 수 있게 해주었다. 현미경의 발명으로 미생물들의 구조와 발효(醱酵) 현상이나 미생물과 질병과의 연관 가능성에 대해 관심을 불러일으키면서 미생물학의 비약적인 발달을 선도했다.

오늘날 광학현미경에서 전자현미경(電子顯微鏡)에 이르기까지 다양한 현미경이 실용화되면서 각종 질병에 대한 진단 및 치료기술이 진일보됐다. 만약 현미경이 없었다면 형체를 가늠할 수 없는 인체병원체들을 대상으로 인간은 지금보다 훨씬 더 버거운 전쟁을 치르고 있을 것이다. 물론 현미경의 탄생은 식물의학 분야에도 파급돼 식물병원체의 정체를 밝히고 식물병을 진단하고 방제하는 연구의 획기적인 시발점이 됐다.

'미생물병원설'의 정립

아일랜드 대기근을 일으킨 감자 역병의 원인을 밝히는
연구 과정에서 미생물병원설이 정립되고 식물의학이 태동했다

René Descartes (출처: Wikipedia)

지구상에 생명체는 어떻게 탄생했을까? 고대부터 동서양에 널리 퍼져 있던 '자연발생설'에 따르면 모든 생명체는 저절로 생겨난다. 고대 그리스 철학자 탈레스(Thales)나 아리스토텔레스(Aristotle)는 물론 근세 프랑스 철학자 데카르트(René Descartes)도 흙으로부터 생명체가 생긴다고 주장했다.

이러한 자연발생설에 대해 처음 도전장을 내놓은 사람은 이탈리아 과학원의 레디(Francesco Redi)였다. 그는 두 개의 플라스크에 고기를 넣고 한쪽은 무명천으로 된 망을 씌우고 다른 쪽은 그대로 두면 망을 치지 않은 플라스크에만 구더기가 생긴다는 결론을 얻었다. 1668년 그는 이 실험 결과를 토대로 생물은 반드시 생물로부터만 생긴다는 '생물발생설'을 발표했다.

그럼에도 불구하고 여전히 일반인은 물론 과학자들 마음속에도 자연발생설이 굳게 각인돼 있어서 동물이나 식물의 질병도 저절로 생긴다고 믿었다. 그래서 병든 식물체나 병든 수확물에 보이는 것은 무엇이든지 식물병의 원인이라기보다는 식물병의 결과라고 생각했다.

이러한 자연발생설을 뒤집은 사람은 덴마크의 파브리시우스(Fabricius)였

다. 1774년 그는 식물체의 병환부(病患部)에 있는 미소체(微小體)는 식물체 조직이 죽어서 생긴 것이 아니라 식물병을 일으키는 살아 있는 생명체라고 주장함으로써 미생물이 질병을 일으킨다는 '미생물병원설(微生物病原說)'을 제안했다. 그러나 그 당시 지식은 그의 학설을 이해할 정도가 되지 않아 다른 과학자들에 의해 묵살되고 말았다.

그 무렵 이탈리아의 잘링거(Zallinger)는 병환부의 미소체는 식물병의 원인이 아니라 식물병의 결과로 나타난 병든 식물체 조직이라고 주장했다. 독일의 식물생리학 교수인 웅어(Unger)도 1833년《식물의 발진(發疹)》이라는 저서에서 병환부에 나타나는 미생물은 기생생물이 아니라 병환부 조직에서 변성된 것이라고 주장했다. 이렇게 식물병의 자연발생설에 대한 잘못된 믿음은 대다수 과학자들에 의해 확고하게 지속됐다.

그러나 1861년 독일 식물학자 드바리(Heinrich Anton de Bary)가 아일랜드 대기근을 초래한 '감자 역병'의 원인이 곰팡이라는 사실을 비판의 여지가 없게 실험적으로 증명함으로써 미생물병원설을 선도했다. 비슷한 시기에 프랑스에서 활동한 파스퇴르(Louis Pasteur)는 미생물은 반드시 이미 존재하고 있던 미생물로부터 생겨나고, 발효는 화학적 현상일 뿐만 아니라 미생

Heinrich Anton de Bary
(출처: Wikipedia)

물이 관여하는 생물학적 현상이라고 제안하면서 반박할 수 없는 증거를 제시했다.

결국 1863년 동물이나 식물의 감염병은 미생물에 의해 생긴다는 파스퇴르의 결론은 그동안 학계를 지배해왔던 자연발생설이 막을 내리는 신호탄

이 됐으며, 미생물병원설로 정립돼 과학자들의 사고방식을 변화시키고 미생물학 분야에도 획기적인 진전을 초래했다. 결국 감자 역병의 원인을 밝혀내는 과정에서 바야흐로 식물병을 연구하는 학문인 '식물의학(植物醫學, plant medicine)'이 태동했다.

6세기까지 중세를 지배하던 '천동설(天動說, Geocentric Theory)'을 뒤집고 '지동설(地動說, Heliocentric Theory)'을 주장했던 폴란드의 코페르니쿠스(Nicolaus Copernicus)의 일화를 굳이 떠올리지 않더라도 진리는 어둠에 묻히지 않고 언젠가는 빛을 발하는 법이다!

식물병원체의 종류

식물병원체는 곰팡이, 세균, 몰리큐트, 바이러스, 바이로이드,
선충, 원생동물, 기생성 종자식물 등 종류가 다양하다

모든 생명체는 병원체에 감염돼 병들고 죽는다. 병원체가 감염시킬 수 있는 대상을 '기주(寄主, host)'라 하고, 기주에 기생해서 영양을 빼앗고 살아가는 것을 '기생체(寄生體, parasite)'라 한다. 따라서 식물을 기주로 삼아 살아가는 기생체를 '식물병원체'라고 하는데, '곰팡이(fungi)' '세균(bacteria)' '몰리큐트(mollicute)' '바이러스(virus)' '바이로이드(viroid)' '선충(nematode)' '원생동물(protozoa)' '기생성 고등식물(parasitic higher plant)' 등 종류가 다양하다.

곰팡이는 '진균(眞菌)' 또는 '사상균(絲狀菌)'이라고도 하는데, 무좀이나 몇

가지 피부병처럼 사소한 질병을 일으킬 뿐 사람에게 치명적인 피해를 주지 않는다. 그러나 식물에는 '도열병' '역병' '녹병' 등 전체 식물병의 3분의 2 이상을 일으킬 만큼 가장 중요한 식물병원체다.

사람에게 '콜레라' '결핵' '이질' 등 수많은 질병을 일으키는 세균은 식물에도 '궤양병' '화상병' '더뎅이병' 등을 일으킨다. 단세포 미생물인 세균이 식물에 일으키는 병

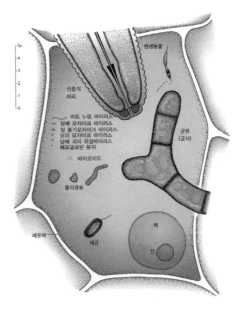

식물세포와 식물병원체 모식도 (출처: 식물병리학)

의 종류는 많지 않지만, 일단 발생하면 치료가 잘 되지 않는 고질적인 난치병을 일으킨다.

'소 흉막폐렴'을 일으키는 몰리큐트처럼 진전한 세포벽이 없는 단세포 미생물인 파이토플라스마(phytoplasma)는 '오갈병' '빗자루병' 등을 일으킨다. 또한 사람에게 '감기' '에이즈(AIDS)' '사스(SARS)' 등을 일으키는 바이러스는 식물에 '모자이크병' '오갈병' '잎말림병' 등을 일으킨다. 바이러스는 엄밀하게 말해서 생명체는 아니지만 기주의 핵산을 이용해서 스스로 '복제(複製, replication)'를 하면서 각종 동물뿐만 아니라 식물에도 질병을 일으킨다.

단백질 외피가 없고 핵산만으로 구성돼 바이러스보다 더 작은 바이로이드는 '감자 갈쭉병'을 일으킨다. 그리고 사람 몸속에 기생하는 기생충과 유사한

선충은 주로 식물의 뿌리를 감염시켜 뿌리혹병을 일으킨다. 최근 소나무재선충이 일본에서 국내로 들어와 '소나무재선충병'을 일으키면서 소나무 숲을 초토화시키고 있다. 그 밖에 원생동물과 겨우살이를 비롯한 기생성 고등식물도 몇 가지 식물병을 일으킨다.

식물병원체 중에서 기생식물과 선충은 육안으로도 관찰할 수 있지만, 대부분의 식물병원체는 크기가 작아 현미경을 통해서만 관찰이 가능하다. 선충, 원생동물, 곰팡이, 세균은 광학현미경을 이용해서 형태를 관찰할 수 있고, 몰리큐트, 바이러스와 바이로이드는 이보다 크기가 훨씬 작아서 전자현미경을 통해서만 겨우 형태를 관찰할 수 있다.

식물병원체는 지구상에서 살아남기 위해 식물체를 공격해서 영양을 빼앗고 병들게 하며, 심지어 식물체를 죽이기도 한다. 그러나 야생식물은 물론 사람들이 재배하는 작물도 병원체의 공격에 스스로 대항할 힘이 없다. 결국 사람들이 가련한 작물을 대신해 눈에 보이지 않는 식물병원체와 힘겨운 게릴라전을 치러야 한다. 불시에 습격해 오는 식물병원체의 공격을 성공적으로 물리쳐야만 식물병원체가 일으키는 식물병으로부터 작물과 그 수확물을 보호할 수 있기 때문이다.

진핵미생물 '곰팡이'

17세기 후반 현미경의 발달로 지구상에는 4만 5천여 종의
곰팡이가 발견됐으며, 그중 8천여 종이 식물병원체다

1200년경 독일의 마그누스가 고목나무에 기생하는 겨우살이를 식물병원체로 처음 인지한 후에도 400여 년 동안 겨우살이를 제외한 식물병원체는 베일에 가려져 있었다. 중세 사람들은 정체를 알 수 없는 미생물이 일으키는 식물병 때문에 엄청난 시련을 겪으면서도 식물병을 자신들이 저지른 죄에 대한 신의 형벌로 간주하고 감내할 뿐이었다.

곤충이 가장 작은 생명체라고 생각하던 1660년 네덜란드의 레벤후크는 고배율 현미경을 발명해서 맨눈으로는 볼 수 없었던 미생물을 처음 관찰함으로써 미생물 세계의 신기원을 열었다. 레벤후크의 발견을 과학적으로 증명한 영국의 훅도 1667년 현미경을 독자적으로 제작해서 '장미 녹병'을 일으키는 곰팡이 포자를 비롯해서 여러 가지 미생물을 관찰했다.

레벤후크와 훅은 사람들이 모르고 있었던 신비로운 세계 속에 눈에 보이지 않는 미생물이 존재한다는 사실을 밝혀냄으로써 미생물 연구의 신기원을 열었다. 그러나 미생물이 동물이나 식물 또는 배지(培地)로부터 저절로 생겨난 것으로 생각했으며, 스스로 증식하는 독립된 생명체로 생각하지는 못해 그 본체를 밝히지는 못했다.

1729년 이탈리아의 식물학자 미켈리(Pier Antonio Micheli)는 멜론 조각을 놓아두면 곰팡이가 생기고 그 곰팡이로부터 '포자(胞子, spore)'가 만들어지고 자란다는 사실에 주목했다. 그래서 그는 곰팡이는 자연적으로 발생하는 것이 아니라 곰팡이의 포자로부터 자라 나온다고 처음 제창했다.

프랑스에서도 1755년 티에(Tillet)가 깜부기

Pier Antonio Micheli
(출처: Wikipedia)

가루를 밀 종자에 뿌려 파종하면 깜부기 수가 증가한다는 실험 결과를 통해 깜부기 가루의 병원성(病原性)을 증명했다. 또한 깜부기 가루를 묻힌 밀 낱알을 황산구리로 처리함으로써 깜부기가 생기는 밀알의 수를 줄일 수 있다는 사실도 발견했다. 그러나 티에는 밀 깜부기병을 일으키는 원인이 살아 있는 깜부기 포자라기보다는 깜부기 가루에 들어 있는 독성 물질이라고 믿었다.

그로부터 반세기 뒤인 1807년 프랑스의 프레보(Prevost)가 밀 종자에 있는 깜부기 포자를 현미경으로 관찰하고 건전한 밀 종자에 접종해서 깜부기병을 발생시킴으로써 밀 깜부기병의 원인이 깜부기 포자라는 사실을 증명했다. 또한 그는 황산구리를 처리하지 않은 밀 종자에 있는 깜부기 포자는 발아하고 자라는 반면에, 황산구리를 처리한 밀 종자에 있는 깜부기 포자는 발아하지 않는 것을 현미경으로 관찰해서 황산구리가 포자 발아를 저지한다는 결론을 내렸다. 그러나 미생물은 죽은 식물로부터 자연적으로 생겨난다고 믿고 있던 당시 과학자들은 1861년 드바리가 곰팡이가 감자 역병을 일으키는 것을 입증할 때까지 프레보의 결론을 받아들이지 않았다.

밀 깜부기병 증상 (출처: 식물병리학)

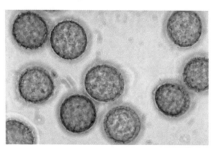

밀 깜부기병균 포자 (출처: 식물병리학)

곰팡이는 '식물계(Kingdom Plantae)'나 '동물계(Kingdom Animalia)'와 대등하게 별도의 '균계(Kingdom Fungi)'로 분류되는 진핵생물(眞核生物)이다. 오늘날 현미경의 발달로 지구상에는 4만 5

천여 종의 곰팡이가 발견됐으며, 그중 8천여 종이 식물병원체로 밝혀졌다.

무궁무진한 곰팡이의 변신

곰팡이는 물질을 순환시키고 유용한 생산물을 제공하는 변신을
하면서 인류와 공존하고 있는 매우 흥미로운 족속이다

곰팡이는 예로부터 농작물이나 저장 중인 생산물에 침입해서 매년 엄청난
손실을 초래해왔고, 때로는 인류의 건강을 위협해왔다. 사람에게 생기는 질
병의 대부분이 세균에 의해 생기는 것과는 대조적으로, 곰팡이는 사람에게는
무좀처럼 사소한 질병을 일으킬 뿐이다. 그러나 식물에게는 지금까지 알려진
식물병의 80%를 일으킬 만큼 식물병의 주범이다.

곰팡이는 식물의 줄기나 뿌리처럼 가늘고 긴 '균사(菌絲, hypha)'로 자라고,
식물의 종자처럼 바람이나 물에 의해 전파되는 작은 '포자(胞子, spore)'로 번
식한다. 따라서 예전에는 곰팡이를 엽록소가 없는 식물로 분류했었지만, 인
류에 앞서 지구상에 존재해온 곰팡이
의 변신은 무궁무진하다.

보통 곰팡이는 크기가 너무 작아 현
미경을 통해서만 볼 수 있는 미생물
이지만, 어떤 곰팡이들은 커다란 '버
섯(mushroom)'을 형성하기도 한다.

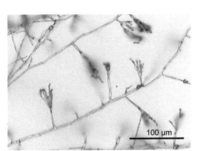

곰팡이 균사와 포자 (출처: Wikipedia)

2000년 미국 오리건주 산림에서 발견된 '뽕나무버섯(*Armillaria mellea*)'은 직경이 5.6㎞로 축구장 1,600개에 해당하는 면적에서 자라며, 무게를 추정할 수 없을 만큼 엄청난 버섯을 형성하는 것으로 확인됐다. 한 개의 포자가 이처럼 거대한 크기가 되려면 2,400년의 세월이 필요한 것으로 추정된다.

뽕나무버섯(*Armillaria mellea*) (출처: Wikipedia)

뽕나무버섯 같은 곰팡이는 산림 지대에서 나무를 죽임으로써 때때로 상당한 손실을 일으키지만, 죽은 나무를 썩혀 토양으로 순환시켜서 새로운 식물이 자랄 수 있는 환경을 만들기 때문에 자연 생태계에 매우 귀중한 봉사 활동을 하고 있다.

예로부터 곰팡이는 식물뿐만 아니라 사람이나 동물을 공격해서 질병을 일으키는 부정적인 역할을 해왔다. 그렇지만 여러 종류의 곰팡이들이 '항생물질(抗生物質, antibiotic)' '호르몬(hormone)' '효소(酵素, enzyme)' 등을 생성함으로써 인류 복지에 많은 기여를 해왔다. 어떤 곰팡이는 사람이나 동물에 질병을 일으키는 세균을 퇴치할 수 있는 '페니실린(penicillin)'이라는 항생물질을 생성하고, 어떤 곰팡이는 식물의 생장을 촉진시키는 '지베렐린(gibberellin)'이라는 식물생장조절물질을 생성한다.

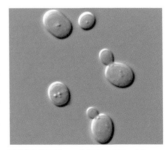

단세포 효모(yeast) (출처: Wikipedia)

곰팡이 중에서 단세포로 되어 있는 '효모(酵母, yeast)'는 효소를 생성해서 밀을 빵으로 만들고, 콩을 된장이나 고추장으로 만들며, 우유를 치즈나 요구르트로 만든다. 또 포도를 포도주로 만들고, 보리를 맥주로 만들며, 쌀, 호밀, 옥수수, 고구마, 감자 등 여러 가지 재료들로 갖가지 술을 빚어내는 마법을 발휘한다.

　곰팡이는 사람들에게 직접 식용 또는 약용버섯을 제공해준다. 우리들에게 익숙한 '양송이' '팽이버섯' '표고' '느타리버섯' 등이 대표적인 식용버섯이고, '영지(靈芝)' '운지(雲芝)' '동충하초(冬蟲夏草)' 등이 대표적인 약용버섯이다. 그러나 '광대버섯'처럼 독성 물질을 가지고 있어서 사람이 먹을 경우 몇 분 안에 죽음에 이르게 하는 독버섯을 형성하는 곰팡이도 있다.

나무 표면 위 지의류(lichen)
(출처: Wikipedia)

　그 밖에도 곰팡이는 다른 생물과 공생관계(共生關係)를 이루기도 한다. 곰팡이와 '광합성 조류(光合成藻類, photosynthetic alga)' 또는 '남조류(藍藻類, cyanobacterium)'의 공생관계는 '지의류(地衣類, lichen)'를 형성하는데, '석이(石耳)'는 버섯이 아니라 지의류다. 가을철 진미로 꼽히는 '송이(松耳)'는 소나무의 뿌리와 공생관계를 이루는 '균근(菌根, mycorrhiza)'이다. 또 식물에서 양분을 획득하는 대신 그 식물을 외부 요인으로부터 보호해주는 '내생균(內生菌, endophytes)'도 있다.

　그런데 식물에 온갖 질병을 일으키는 엄청난 종류의 곰팡이들이 사람과 동물에게는 전염되지 않으니 얼마나 다행스러운 일인가?

단세포 원핵미생물 '세균'

원핵생물로서 단세포 미생물인 세균은 약 1,600종이 발견됐으며,
그중에서 100여 종이 식물병원체다

'세균(細菌, bacteria)'은 원핵생물계(原核生物界, Kingdom Procaryotae)에 속
하며, 현미경으로 1천 배 이상 확대시켜야 볼 수 있는 가장 원시적인 형태의

Louis Pasteur (출처: Wikipedia)

Robert Koch (출처: Wikipedia)

단세포 미생물이다. 45억 년 나이를 먹은 지구상
에 최초의 생명체로서 세균이 출현한 것은 35억
년 전의 일이다.

그러나 세균이 식품을 발효시키거나 부패시
킬 뿐만 아니라 사람을 비롯한 동물과 식물에
각종 질병을 일으키는 병원체라고 인식된 것은
160년도 채 되지 않았다. 이러한 세균 연구의 기
초를 마련한 사람은 프랑스의 파스퇴르(Louis
Pasteur)였다. 그는 1861년에 미생물은 이미 존
재하고 있던 미생물로부터 생겨나고 미생물의
증식에 의해 발효가 일어난다는 사실을 밝혀냈
다. 또한 1863년에는 포도주나 우유 속에 들어 있
는 미생물을 살균하는 데 오늘날까지도 널리 이
용되는 '저온살균법'을 처음 고안했다. 이어서
1873년에는 소와 양의 '탄저균(炭疽菌, *Bacillus
anthracis*)'과 닭의 '콜레라균'을 분리해서 배양했

고, 불과 수년 후에는 조류콜레라와 '탄저병(炭疽病, anthrax)' 백신을 만들었다.

파스퇴르와 경쟁 관계였던 독일의 코흐(Robert Koch)는 1876년에 소와 양 뿐만 아니라 사람에게서도 탄저균을 최초로 동정했고, 사람을 비롯한 동물과 식물의 병원체를 증명할 때 필수적인 '코흐의 원칙(Koch's postulates)'을 제 시했다. 1882년과 1883년 결핵균과 콜레라균도 발견한 코흐에 의해 동물병원 체로 처음 발견된 탄저균은 생화학적 테러 무기로 사용된다. 탄저균은 '내생 포자(內生胞子, endospore)'를 가지고 있어서 가루처럼 건조된 채 수년 동안 생존할 수 있기 때문에 미국 정가에서 소포로 배 송돼 백색 가루 공포를 일으킨 주범이었다.

1878년 미국의 버릴(Thomas J. Burrill)은 '사과 나무 화상병균(*Erwinia amylovora*)'을 처음 동정 했다. 세균이 동물에 이어 식물에도 질병을 일으 키는 병원체로서 처음 모습을 드러낸 것이다.

버릴에 이어 미국 농무성(USDA)의 스미스 (Erwin F. Smith)는 1896년에 '담배 들불병균 (*Pseudomonas syringae* pv. *tabaci*)'을 처음 동정 한 후 각종 세균들이 100여 종의 식물에 질병을 일으키는 것을 확인했다.

Thomas J. Burrill (출처: Wikipedia)

그는 1890년대 초반 과수의 뿌리에 혹을 만드 는 세균의 정체도 밝혀냈다. '과수 뿌리혹병균 (*Agrobacterium tumefaciens*)'은 뿌리 세포를 급 속하게 증식시켜 혹을 만들고 영양을 소모해 과 수를 쇠약하게 만들며 심지어 죽게 한다. 그렇지

Erwin F. Smith (출처: 식물병리학)

과수 뿌리혹병 증상 (출처: 식물병리학)

만 아이러니하게도 과수 뿌리혹병균이 뿌리에 혹을 만드는 기작(mechanism)에 관한 연구는 거의 한 세기 뒤에 이루어졌다.

그런데 그 과정이 마치 사람에게서 암세포가 증식하는 것과 비슷하기 때문에 사람의 암 치료 연구를 위한 임상재료(臨床材料, clinical material)로 연구되고 있다. 또한 세균이 언제든 식물을 감염하면 세균 DNA의 일부가 식물체로 옮겨지고 그 DNA가 마치 식물 DNA처럼 발현된다는 사실이 발견됐다. 이로써 과수 뿌리혹병균은 원하는 특성을 가지고 있는 DNA 조각을 탑재하고 식물체로 옮겨주는 생물공학 연구의 벡터(vector)로 활용되고 있다.

지금까지 지구상에서 세균은 약 1,600종이 발견됐으며, 그중 100여 종이 식물병원체로서 각종 식물병을 일으킨다.

세포벽이 없는 미생물 '파이토플라스마'

원핵생물로서 세포벽이 없이 세 겹의 단위막으로 둘러싸인 파이토플라스마는 200가지 이상의 식물병을 일으킨다

1898년 프랑스의 노카르(Nocard)와 루(Roux)에 의해 '소 흉막폐렴(胸膜

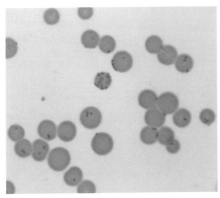

마이코플라스마(mycoplasma) (출처: Wikipedia)

肺炎, pleuropneumonia)'을 일으키는 병원균으로 '몰리큐트(mollicutes)'가 처음 발견됐다. 몰리큐트는 라틴어로 'mollis(부드러운)'와 'cutis(피부)'의 합성어로서 세포벽이 없는 가장 원시적인 미생물을 일컫는 용어다. 몰리큐트는 처음에 곰팡이, 바이러스 또는 세균인지 여부도 명확하지 않았다. 그래서 몰리큐트를 '소 흉막폐렴 유사미생물(pleuropneumonia-like organism, PPLO)' 또는 '마이코플라스마(mycoplasma)'로 명명했다.

1967년 도이(Doi) 등은 '뽕나무 오갈병' '오동나무 빗자루병' 같은 누른오갈 및 빗자루병 증상을 나타내는 식물체의 체관부(phloem)를 전자현미경으로 관찰해서 마이코플라스마처럼 세포벽이 없는 미생물을 찾아냈다. 또한 매개충에서도 비슷한 미생물이 발견됐는데, 동물의 마이코플라스마와 비슷한 미생물로 생각돼 '마이코플라스마 유사미생물(mycoplasma-like organism, MLO)'로 명명했다.

그러나 식물에서 발견되는 마이코플라스마 유사미생물은 인공적으로 배양되지 않으며, 16S rRNA 유전자의 분자생물적 계통이 동물병원체인 마이코플라스마와는 다르다는 점이 밝혀졌다. 이에 따라 1994년 국제마이코플라

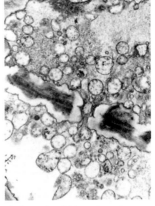

파이토플라스마(phytoplasma)
(출처: 식물병리학)

61

스마학회에서 '파이토플라스마속(*Phytoplasma*)'으로 부르기로 결정했다. 파이토플라스마는 0.3~1.0㎛ 크기의 미생물로서 바이러스보다는 크지만 세균보다는 훨씬 작기 때문에 전자현미경으로만 관찰할 수 있다. 파이토플라스마는 세포벽이 없는 대신에 세 겹의 단위막(單位膜, unit membrane)인 원형질막으로 둘러싸여 있고 일정한 모양이 없는 세포질 상태의 다형성 미생물(多形性微生物, pleomorphic microorganism)이다.

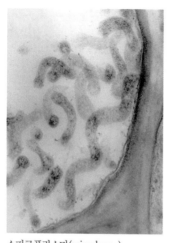

스피로플라스마(spiroplasma)
(출처: Wikipedia)

그러나 일부 나선형 구조를 갖는 것은 '스피로플라스마(spiroplasma)'라고 부른다. 파이토플라스마는 아직까지 인공배양에 성공하지 못하고 있다. 그러나 몇 종의 스피로플라스마는 한천 배지(寒天培地) 위에서 지름이 약 0.2㎜인 균총을 만들며, 일부는 달걀프라이 같은 모양을 한다. '감귤 스터본병(Citrus stubborn)'을 일으키는 '스피로플라스마 시트리(*Spiroplasma citri*)'와 '옥수수 위축병(Corn stunt)'을 일으키는 '스피로플라스마 쿤켈리(*Spiroplasma kunkelli*)'의 인공배양이 외국에서 보고돼 있다.

파이토플라스마는 주로 식물의 체관 즙액 속에 존재하는데, 매미충 같은 곤충이 구침(鉤針)을 식물 체관부에 꽂고 즙액을 빨아 먹을 때 구침을 통해 곤충 체내로 들어가 증식된 후 다른 건전한 식물체로 이동해서 흡즙할 때 전염된다. 파이토플라스마는 테트라사이클린(tetracycline)계 항생제에 대해 감수성이므로, 테트라사이클린을 파이토플라스마에 감염된 나무 치료에 이용한다. 현재까지 다양한 식물에서 나타나는 200가지 이상의 식물병이 파이토플라스마에 의해 발생한다.

생명체가 아닌 병원체 '바이러스'

핵산과 단백질로 구성돼 살아 있는 세포만 감염하는 바이러스는
2천 종 이상 발견됐고, 절반 정도가 식물바이러스다

담배 모자이크병 증상 (출처: 식물병리학)

식물체 잎이나 꽃에 나타나는 모자이크(mosaic) 무늬는 바이러스병의 대표적인 증상이다. 독일의 마이어(Adolf Mayer)가 1886년 황록색 모자이크 증상을 나타내는 담배 잎에서 짜낸 즙액(汁液)을 건전한 담배 잎에 접종했더니 모자이크 증상이 나타났다. 세균이 가장 작은 병원체라고 믿고 있던 마이어는 '담배 모자이크병'도 세균에 의해 발생하는 것으로 결론짓고 'Mozaikziekte'(모자이크)라고 명명했는데, 오늘날 여러 가지 식물에 '모자이크병'이라고 하는 바이러스병명의 시초가 됐다.

1892년 모자이크병에 걸린 담배 잎의 즙액은 세균을 걸러낼 수 있는 여과기(濾過器)를 통과시

Adolph Mayer (출처: 식물병리학)

켜도 감염성이 유지된다는 사실을 발견한 러시아의 이바노프스키(Dmitri Ivanovsky)는 세균이 분비한 독소(毒素, toxin) 또는 그 여과기의 구멍을 통과할 수 있을 정도로 작은 세균에 의해서 모자이크병이 발생한다고 생각했다.

네덜란드의 베이에링크(Martinus Beijerinck)도 1898년에 같은 실험 결과를 얻고 담배 모자이크병을 일으키는 병원체는 세균이 아닌 살아 있는 감염성 액체라고 명명했는데, 나중에 이 병원체를 라틴어로 독(毒)을 뜻하는 '바이러스(virus)'라고 부르게 됐다. 그러나 생명체가 아니면서도 모자이크병을 일으키는 바이러스의 정체가 무엇인지 40년 동안 미지의 수수께끼로 남아 있었다.

Martinus Beijerinck
(출처: Wikipedia)

미국의 스탠리(Wendell Meredith Stanley)는 1935년 모자이크병에 감염된 담배 잎의 즙액에 황산암모늄을 넣어 감염성을 가지고 있는 단백질 결정체(結晶體, crystal)를 처음 얻고, 바이러스란 살아 있는 세포에서 증식할 수 있는 '자가촉매단백질(自家觸媒蛋白質, self-catalyst protein)'이라고 결론지었다. 훗날 스탠리의 결론은 옳지 않은 것으로 판명됐지만, 단백질 결정체를 처음 발견함으

Wendell Meredith Stanley
(출처: Wikipedia)

로써 바이러스의 정체에 근접할 수 있는 기반을 마련한 업적으로 1946년 노벨화학상을 수상했다.

이듬해 바이러스는 실제로 단백질과 핵산(RNA)으로 이루어진 결정체라는 사실이 밝혀진 데 이어, 1956년에는 바이러스 결정체에 있는 단백질이 감염

성을 가진다는 스탠리의 결론과는 달리 핵산이 유전정보와 감염성을 가진다는 사실이 밝혀졌다.

입자의 크기가 너무 작아서 광학현미경으로는 볼 수 없었던 바이러스의 정체는 1939년 독일의 루스카(Helmut Ruska) 등에 의해 전자현미경으로 처음 밝혀졌다. 바이러스 입자는 한 종류의 핵산(DNA 또는 RNA)으로만 구성되고, 그 핵산이 암호화해서 만든 단백질 분자로 이루어진 외피로 둘러싸여 있음이 밝혀졌다.

바이러스는 미생물처럼 기주세포를 감염하고 스스로 증식하며 병을 일으키지만, 미생물과는 달리 기주세포를 파괴하거나 독소로 세포를 죽여서 병을 일으키지 않는다. 바이러스는 복제 과정 동안 세포 내용물을 이용하고, 세포 안의 공간을 차지하며, 살아 있는 세포의 정상적 활동을 방해해서 병을 일으킨다.

바이러스는 식물체에서 처음 발견됐다. 생명체가 아닌 병원체로 사람, 동물, 식물 등 생

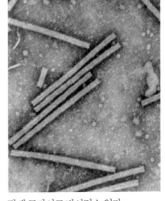

담배 모자이크 바이러스 입자
(출처: 식물병리학)

명체의 살아 있는 세포만 감염하는 바이러스는 현재까지 2천 종 이상이 발견됐으며, 약 절반 정도가 식물에 각종 질병을 일으키는 식물바이러스다. 다행스럽게도 식물바이러스 중에는 '조류독감(Avian Influenza, AI)'처럼 인간에게 전염되는 바이러스는 없다.

가장 작은 식물병원체 '바이로이드'

1971년 처음 발견된 바이로이드는 RNA분자로만 된 가장 작은
식물병원체로 40종 이상이 식물에 병을 일으킨다

Theodor Otto Diener
(출처: 식물병리학)

바이러스와 비슷한 특성을 지닌 '바이로이드
(viroid)'는 1971년 미국 식물병리학자 디에너
(Theodor Otto Diener)와 그의 동료들이 '감자 걀
쭉병'에 대해 연구를 수행하던 중 발견했다.

바이로이드는 바이러스처럼 식물세포를 감염
하고 식물세포의 핵 안에서 식물세포의 물질과 효
소를 사용해 스스로 복제하면서 증식하고 식물병
을 일으킨다. 그러나 바이러스와는 달리 바이로이
드는 작은 둥근 RNA분자로만 돼 있어 복제에 필요한 복제효소는 물론 작은
단백질 하나조차도 암호화할 수 없기 때문에 단백질 외피를 가지고 있지 않
다. '감자 걀쭉바이로이드(potato spindle tuber viroid)'와 '코코야자나무 카당
카당 바이로이드(coconut cadang-cadang viroid)'가 대표적인 바이로이드다.

지구상에서 가장 작은 식물병원체로
40종 이상의 바이로이드가 식물병을 일
으키는 것으로 밝혀졌다. 그러나 아직까
지 사람이나 동물에서는 바이로이드가 검
출되지 않았다.

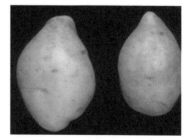

걀쭉병에 걸린 감자 (출처: 식물병리학)

뇌질환을 일으키는 단백질 분자 '프라이온'

1972년 처음 발견된 프라이온은 사람과 동물에 질병을 일으키는
단백질 분자로 아직까지 식물에서는 관찰되지 않았다

'프라이온(prion)'은 1972년 미국의 신경학자 프루
시너(Stanley Prusiner)가 처음으로 제시했는데, 그
는 이 발견과 후속 연구 업적으로 1997년 노벨생
리의학상을 수상했다.

Stanley Prusiner (출처: 식물병리학)

　프라이온은 원래 뇌신경과 뇌세포에서 생산되
는 정상적인 작은 단백질 분자다. 그러나 프라이
온이 뇌 안의 어떤 조건에 의해 형태가 바뀌면 점
차 정상적인 기능을 수행할 수 없게 되면서 뇌에 좋지 않은 영향을 미치는 감
염을 시작하고 질병을 일으킨다.

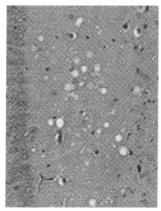

프라이온에 감염된 뇌의 병변
(출처: 식물병리학)

　프라이온은 바이러스나 바이로이드와는
달리 핵산을 포함하지 않는 단백질 분자다.
그러나 단백질의 형태가 바뀌면 비정상적
인 프라이온의 수가 증가하고 아밀로스 섬유
와 플라크(plaque)가 나타나도록 만들 뿐만
아니라, 병든 동물과 사람의 뇌에 작은 공간
들을 만들어 뇌에 작은 구멍이 뚫리는 '퇴행
성 뇌질환(退行性腦疾患, degenerative brain
disease)'을 일으킨다.

소의 '광우병(狂牛病, 소해면상뇌병증, Bovine Spongiform Encephalopathy)', 양의 '진전병(振顫病, scrapie)', 사람의 '크로이츠펠트 야콥병(Creutzfeldt-Jakob Disease)' '알츠하이머병(Alzheimer's disease)' '파킨슨병(Parkinson's Disease)' 등이 프라이온에 의해 발생한다. 그러나 사람과 동물에 질병을 일으키는 프라이온은 아직까지 식물에서는 관찰되지 않았다.

식물병원체는 사람에게 전염될까?

병원체는 기주특이성이 있어서 인체병원체가 식물로 전염되지 않듯이 식물병원체가 사람이나 동물에게 전염되지 않는다

지구상에는 25만 종의 식물이 분포하고 있다. 식물은 지구에 산소를 공급해 지구를 우주에서 가장 아름다운 별로 만들어준다. 뿐만 아니라 식물은 사람들에게 의식주를 비롯해서 수많은 자원을 제공해주는 고마운 존재다. 식물병원체는 이러한 식물을 감염시켜 영양을 빼앗고 세포, 조직, 기관 등을 파괴시키거나 기능을 마비시키면서 식물병을 일으키고 심지어 식물체를 죽게 만든다.

　자연 상태에서 식물은 다양한 병원체의 공격을 받고 적어도 한 가지 이상의 식물병에 걸린다. 또한 같은 종의 식물에서 발생하는 식물병의 종류는 병원체뿐만 아니라 기후나 환경에 따라 달라진다. 따라서 식물에 발생하는 식물병은 헤아릴 수 없을 만큼 많고도 다양하다. 식물병을 일으키는 대표적인

병원체인 곰팡이, 세균, 바이러스는 사람이나 동물에게도 각종 질병을 일으킨다. 그러나 각 병원체는 '기주특이성(寄主特異性, host specificity)'을 가지고 있어서 병원체에 따라 감염시킬 수 있는 기주가 한정돼 있다.

궤양 증상은 사람뿐만 아니라 식물에도 나타난다. 사람에게 위궤양이나 십이지장궤양을 일으키는 세균인 '헬리코박터 파일로리(*Helicobacter pylori*)'는 식물을 감염시키지 않는다. 식물에도 궤양병을 일으키는 세균은 여러 가지가 알려졌지만, 모두 사람에게 전염되지 않을 뿐만 아니라 다른 종류의 식물에도 전염되지 않는다. 또한 사람에게 감기를 일으키는 '인플루엔자 바이러스(Influenza Virus)'나 에이즈를 일으키는 'HIV(Human Immunodeficiency Virus)'는 식물을 감염시킬 수 없고, 담배에 모자이크병을 일으키는 'TMV(Tobacco Mosaic Virus)'는 사람이나 동물을 감염시키지 않는다.

'탄저균(*Bacillus subtilis*)'은 백색 분말로 만들어져 테러 수단으로 사용되는 세균이다. 미국 워싱턴 정가에서뿐만 아니라 국내에서도 탄저균 오인 소동이 일어난 바 있다. 그러나 탄저균은 사람과 가축에게 탄저병을 일으킬 뿐 식물을 감염시키지 않는다. 반면에 식물에는 여러 종의 곰팡이가 탄저병을 일으키지만 사람이나 동물에는 전염되지 않는다.

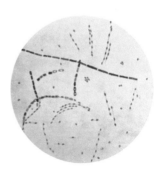

탄저균(*Bacillus subtilis*)
(출처: Wikipedia)

동물병원체는 사람에게 전염될까?

사람도 동물이기 때문에 인수공통감염병은 동물을 감염시키는
병원체가 사람에게도 전염된다

식물병을 일으키는 바이러스는 사람에게 전염되지 않지만, 조류독감처럼 동
물을 감염시키는 바이러스는 사람에게 전염되기도 한다. 이렇게 동물에 발
생해서 사람에게도 전염되는 '인수공통감염병(人獸共通感染病, zoonosis)'
에는 개에서 유래하는 '광견병(狂犬病, Hydrophobia)', 원숭이에서 유래하
는 '후천성면역결핍증후군(後天性免疫缺乏症候群, AIDS, Acquired Immune
Deficiency Syndrome)', 낙타에서 유래하는 '중동호흡기증후군(中東呼吸器
症候群, MERS, Middle East Respiratory Syndrome)', 사향고양이에서 유래
하는 '중증급성호흡기증후군(重症急性呼吸器症候群, SARS, Severe Acute
Respiratory Syndrome)' 등이 있다. 최근에 엄청난 위력으로 전 세계를 휩쓸
면서 팬데믹을 일으키고 있는 '코로나19(COVID-19, Corona Virus Disease
19)'도 박쥐에서 천산갑을 거쳐 사람에게 전염된 것으로 추정되고 있다.

  지구상에는 다양한 병원체가 존재하지만 다행스럽게도 각 병원체마다 기
주특이성을 가지고 있다. 비록 동물에 발생해서 사람에게도 전염되는 인수
공통감염병이 있지만, 식물병원체가 사람이나 동물에게도 질병을 일으키거
나 인체병원체가 식물로 전염되는 엄청난 혼란은 일어나지 않는다. 만약 각
병원체에 기주특이성이 없다면 지구는 온 세상 생명체들이 갖가지 병원체가
일으키는 질병에 끊임없이 시달리는 생지옥으로 변했을 것이다.

식물도 상처를 입으면 고통을 느낄까?

식물체도 병원체의 공격을 받거나 물리적 손상이 발생할 경우
특정 화학물질을 생성함으로써 고통을 표현한다

사람이 부상을 당하거나 화상이나 동상에 의해 상처가 생기듯이 식물도 상처를 입는다. 식물은 태풍 같은 강풍뿐만 아니라 벼락, 우박, 폭설, 집중호우, 가뭄, 동해, 상해, 냉해 등 기상이변이 발생했을 때 피신을 하거나 방어 행위를 할 수 없기 때문에 쉽게 피해를 입는다.

식물체에 여러 가지 병원체의 감염에 의해 발생하는 내과적인 병과는 달리 식물체 일부가 손상되는 상처는 외과적인 병이다. 해충도 식물체를 갉아 먹거나 즙액을 빨아 먹음으로써 식물에 상처를 주기 때문에 기상이변과 더불어 식물에 외과적인 병을 일으키는 중요한 병원체인 셈이다. 기상이변에 의해 상처를 입거나 해충이나 초식동물에 의해 공격을 받아 손상을 입을 경우 식물도 사람이나 동물처럼 고통을 느낀다.

더구나 어린아이들이 상처를 입으면 눈물로 고통을 호소하듯이 식물체도 병원체의 공격을 받거나 여러 가지 원인에 의해 물리적 손상이 발생할 경우 특정 화학물질을 생성함으로써 고통을 표현한다.

병원체의 공격을 받은 식물체는 '자스몬산(jasmonic acid)'이라는 식물호

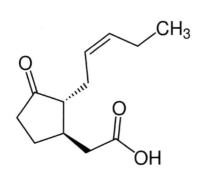

자스몬산(jasmonic acid)

르몬을 생성한다. 자스몬산은 식물의 고통 반응을 나타내는 대표적인 화학물질로 병원체의 공격에 대항하는 식물의 방어기작을 일으키는 화합물이 만들어지도록 유도하는 작용을 한다.

또한 자스몬산은 휘발성이 있어서 이웃한 식물에게 일종의 경고 신호를 보내는 원인 물질이 되기도 한다. 이런 현상은 곤충이 식물을 가해할 때 특히 두드러지게 나타난다. 일단 곤충에 의해 가해를 받은 식물체로부터 경고 신호가 나오기 시작하면, 주변 식물은 곤충에 대항하는 특이적인 화합물을 생성해서 자신을 보호한다.

소나무가 송충이에 의해 공격을 받게 되면 특정 화학물질을 배출해서 기생성 말벌을 유인하고, 모여든 말벌들은 송충이 유충(幼蟲) 속에 알을 낳는다. 이 알들은 부화해서 송충이 유충을 먹고 성충으로 자라기 때문에 결국 송충이는 죽게 된다. 힘없는 소나무가 기생성 말벌을 이용해 송충이에게 복수를 하는 신비로운 자연현상이다.

사람이나 동물에게 상처가 생기면 생성되는 물질인 '프로스타글란딘(prostaglandin)'은 물리적 손상으로 인해 부어오르는 현상의 원인이 되며, 이에 따르는 일종의 고통 반응의 원인을 제공한다. 그러나 사람이나 동물의 고통을 억제시켜주는 대표적인 진통제인 '아스피린(aspirin)'을 투여해주면 프로스타글란딘의 생성을 방해하기 때문에 진통 효과를 나타낸다.

식물에도 아스피린이나 아스피린과 유사한 약제를 처리하면 식물이 물리

아스피린(aspirin)

적 손상을 입었을 때 생성하는 자스몬산의 생성을 저해한다. 식물에서 자스몬산은 프로스타글란딘과 비슷하게 고통 반응을 유발하는 주요 효소와 반응한다. 따라서 식물체에서 아스피린은 자스몬산의 생성을 방해하기 때문에 사람이나 동물에서처럼 물리적 손상으로 생기는 고통을 없애준다.

식물병은 왜 해마다 되풀이될까?

식물병원체는 해마다 새로운 병환을 다시 만들기 때문에
식물병은 지구상에서 끊임없이 되풀이되고 있다

식물병이 해마다 되풀이되는 일련의 진전 과정을 '병환(病環, disease cycle)' 또는 '감염환(感染環)'이라고 한다. 식물병의 병환은 병원체의 '전반(轉般)' '접촉' '침입' '기주인식(寄主認識)' '감염' '침투' '정착' '생장 및 번식' '병징발현(病徵發現)', 그 후 환경조건이 적합할 때에는 '2차전염원(傳染源)'을 생성하며 전반을 하면서 새로운 감염환을 되풀이한다.

환경조건이 병 발생에 부적합하거나 감염시킬 수 있는 기주식물체가 더 이상 없을 때에는 '월동(越冬)'을 하거나 '월하(越夏)'를 위한 구조체를 형성해서 휴면기를 거쳐 이듬해 봄에 '1차전염원'을 생성하고 다시 같은 감염환을 되풀이한다.

기주식물체에 도달해서 식물병을 일으킬 수 있는 병원체를 '전염원(傳染源)'이라고 한다. 전염원은 기주식물체, 토양, 식물의 잔재, 종자, 묘목, 각종 번

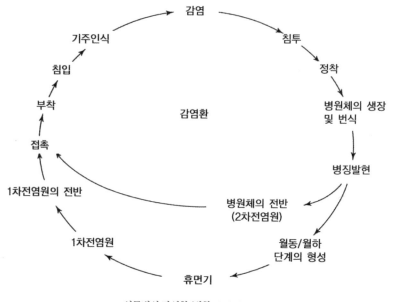

식물병의 감염환/병환 (출처: 식물병리학)

식기관 등에 의해 포장(圃場)으로 유입되거나 다른 포장에서 유입되는 경우도 있다.

전염원이 식물병을 일으킬 수 있는 기주식물체로 옮겨지는 것을 '전반(轉般)'이라고 한다. 선충이나 세균은 스스로 움직여 다른 기주식물체에 도달하는 '능동전반(能動轉般)'을 하지만, 대부분의 전염원은 보통 바람, 물, 곤충 등에 의해 기주식물체로 '수동전반(受動轉般)'이 된다.

곰팡이 포자는 주로 바람에 의해 퍼져나간다. 대부분의 포자는 대기 중에서 생존하기 어렵기 때문에 전반 거리는 수천m에 불과하지만, 수백㎞까지 전반되기도 한다. 빗물이나 관개수를 비롯한 물은 병원체를 멀리 전반시키지는 못하지만 단거리 이동에는 바람보다 훨씬 더 효과적인 전반 수단이 된다. 그러나

바람　　　뛰기거나 흘러내리는　바람에 날리는 빗물　　　곤충　　　　관개 또는 범람
　　　　　　빗물

오염된 종자　　감염된 이식묘　　동물　　　작업화　　　각종 농기계　　전정가위　　칼

식물병원체의 전반 방법 (출처: 식물병리학)

기주특이성을 가지는 곤충이나 선충이 바이러스를 비롯한 병원체를 기주식물로 가장 효과적으로 전반시키는 '유효전반(有效轉般)' 수단이다.

　꽃가루나 종자, 묘목 등에 의해서도 병원체는 전반된다. 사람도 다양한 방법으로 병원체를 전반시킨다. 사람의 출입국이 빈번한 공항에서 식물검역(植物檢疫)을 철저하게 하는 이유도 사람에 의해 전반되는 것을 막기 위함이다.

　기주식물체에 도달한 병원체는 식물체 표면을 직접 관통하거나 기공(氣孔, stoma)' '수공(水孔, hydathode)' '피목(皮目, lenticel)' '꿀샘'처럼 식물체 내부로 통할 수 있는 '자연개구(自然開口)' 또는 상처를 통해서 식물체 내로 침입한다.

　곰팡이는 침입관처럼 식물체 세포벽을 뚫을 수 있는 기계적 장치에 의해 식물체 내로 침입하거나 세포벽 분해효소를 분비해서 세포벽을 뚫고 식물체 내로 침입한다. 세균은 식물체 표면을 직접 뚫고 침입할 수 없고 자연개구를 통해서 침입한다. 또한 식물체 표면에 있는 상처는 모든 병원체들이 쉽게 식물체 내로 침입할 수 있는 통로가 된다.

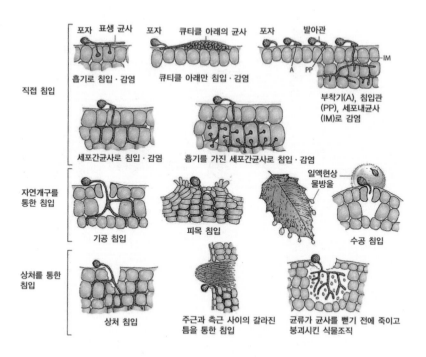

곰팡이의 식물체 침입 방법 (출처: 식물병리학)

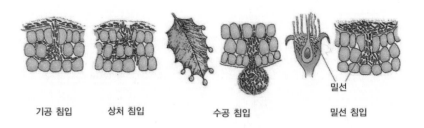

세균의 식물체 침입 방법 (출처: 식물병리학)

식물체의 세포나 조직과 접촉해서 양분을 탈취하는 감염에 성공한 병원체는
기주식물체 내에서 생장과 증식을 거듭하면서 퍼져나가 더 이상 감염 부위가

없거나 기주식물체가 죽을 때까지 감염을 반복한다. 반복된 감염으로 식물체에는 형태나 생리적 이상 증상인 '병징(病徵, symptom)'이 나타나거나 식물체 표면에 병원체가 자라서 '표징(標徵, sign)'이 나타나게 된다.

병증상이 발현된 부위에서 2차전염원이 생성되다가 감염시킬 기주식물체가 없거나 식물병을 일으킬 수 없는 겨울 동안에 병원체는 생존하기 위해서 월동을 한다. 여러해살이식물에서 병원체는 병든 식물 조직 또는 비늘눈에서 월동하거나 낙엽수의 병든 낙엽 또는 병든 열매에서 월동한다. 일년생식물을 침해하는 병원체는 병든 식물의 잔재, 토양, 종자 또는 영양번식기관에서 월동한다. 드물게 여름 동안에 생존하기 위해 월하를 하는 병원체도 있다.

겨울 동안에 생존에 성공한 병원체는 이듬해 봄에 1차전염원이 돼 건전한 기주식물체로 전반되고, 침입, 감염, 생장 및 증식 등 새로운 병환을 다시 만들기 때문에 식물병은 지구상에서 해마다 끊임없이 되풀이되고 있다.

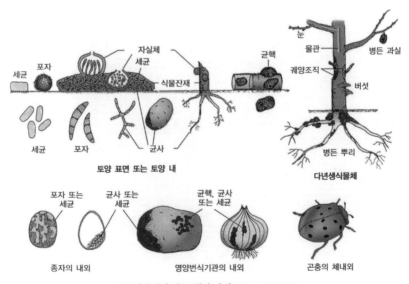

식물병원체의 월동/월하 방법 (출처: 식물병리학)

식물병은 어떻게 진단할까?

식물병의 진단은 병든 식물을 정밀하게 검사해서 비슷한 병과
구별하고 정확한 병명을 결정하는 것이다

식물은 아파도 말을 할 수가 없기 때문에 환자에게 '문진(問診)'을 할 수 있는
'의사(醫師)'와는 달리 '식물의사(植物醫師)'는 전적으로 식물체에 나타난 '병
증상(病症狀, syndrome)'을 보고 '진단(診斷, diagnosis)'해야 한다.

육안진단(肉眼診斷)은 병징과 표징에 의해서 진단하는 가장 보편적인 진
단 방법이다. 일반적으로 육안진단은 식물병 도감(圖鑑)을 비롯한 참고 자
료와 경험을 토대로 이루어진다. 그러나 병원체가 달라도 비슷한 병징을 나
타내는 경우도 있고, 같은 병원체라도 식물의 품종, 발병 부위, 생육 시기나
환경조건에 따라 다른 병징을 나타내기도 하므로 육안진단에는 세심한 주
의가 필요하다.

식물병을 정확하게 진단하기 위해서는 포장(圃場)이나 온실에서 우선 병
증상이 나타난 식물체들의 분포와 특징을 조사해야 한다. 그리고 그 병이 다
른 식물체로 전염돼 감염하는 '전염성병(傳染性病)' 또는 '감염성병(感染性
病)'인지 전염되지 않는 '비전염성병(非傳染性病)'인지를 결정해야 한다.

전염성병은 같은 종류의 식물이라도 특정한 식물체에만 발생해서 병든 식
물체와 건전한 식물체가 섞여 있으며, 같은 식물체에서도 부위에 따라서 발
병 정도가 다르다. 또한 병든 식물체 간에도 발병 정도가 다를 뿐만 아니라
병증상이 옮겨 가는 흔적을 볼 수 있다. 비전염성병은 동일 포장이나 온실에
있는 대부분의 식물체에 동시에 똑같은 병증상이 나타나며, 동일 포장이나

온실에 있는 다른 종류의 식물에도 비슷한 병증상이 나타난다.

전염성병에서 나타나는 병증상은 병원체에 의해 식물체의 외부 형태가 변형되거나 색깔이 변색돼 이상 증상을 드러내는 병징과 병원체의 모습이 식물체 표면에 드러나는 표징으로 구분할 수 있다. 병징은 병원체의 종류에 따라 다르기 때문에 병징을 보고 병원체를 동정하고 식물병을 진단할 수 있다. 그러나 한 가지 병원체가 여러 가지 병징을 나타내기도 하고 다른 병원체들이 같은 병징을 나타내기도 하기 때문에 병징만으로 식물병을 진단하는 경우 오진(誤診)을 주의해야 한다.

표징은 식물병이 어느 정도 진행된 뒤에 나타나므로 조기 진단에는 큰 도움이 되지 않는다. 그러나 표징은 병원체 자체이기 때문에 표징을 보고 정확하게 병원체를 동정하고 식물병을 진단할 수 있다.

비전염성병은 외과적 원인, 생리적 장해, 공해, 스트레스 등이 식물체의 정상적인 생리적 반응을 교란시켜 병징을 나타내지만, 전염성병과는 달리 병원체가 관여하지 않기 때문에 표징을 나타내지 않는다. 비전염성병은 태풍, 우박, 폭설, 벼락 등 자연재해를 비롯해서 식물이 자라는 토양의 물, 산소, 무기 양분 등이 부적합할 때와 식물의 삶을 지탱해주는 온도, 습도, 산소, 이산화탄소, 햇빛 등이 부적합할 때 주로 발생한다. 또한 비전염성병은 매연이나 공장 폐수 등 공업 부산물뿐만 아니라 농기구의 사용이나 농약 살포 등 농사 작업과 식물체 내에 축적된 해로운 식물대사산물(植物代謝産物)에 의해서도 발생한다.

자연재해를 비롯해 부적합한 기상 조건이나 공해는 기상 요인의 변화를 관찰해서 쉽게 진단할 수 있다. 또한 영양 결핍 증상처럼 몇 가지 생리적 장해도 식물체에 특정한 병징을 일으키기 때문에 쉽게 진단할 수 있다. 그러나 대부분의 비전염성병은 식물의사라 할지라도 환경조건에 대한 역사적 고찰이나 경험 없이 병징만으로 원인을 진단하기는 어렵다.

감염성 식물병은 어떻게 진단할까?

감염성병을 진단하기 위해 해부학적, 병원학적, 이화학적, 혈청학적, 분자생물적 진단 등 다양한 진단 방법이 사용된다

'해부학적 진단(解剖學的診斷)'은 병든 식물체의 조직을 해부해서 현미경으로 조직 속의 이상 현상(異狀現象)이나 병원체의 존재를 밝혀내는 진단 방법으로 '물관부 갈변(褐變)' '물관부 폐쇄(閉鎖)' '체관부 괴사(壞死)' '봉입체(封入體, X-body)' 관찰과 '그람염색(Gram stain)' 등이 있다.

'병원학적 진단(病原學的診斷)'은 표징으로부터 직접 병원체를 분리하거나 병징으로부터 병원체를 순수배양시켜 형성된 '균총(菌叢, colony)'과 '자실체(子實體, fruiting body)' 등을 현미경으로 진단하는 가장 정밀한 진단 방법이다.

'이화학적 진단(理化學的診斷)'은 병환부를 물리적 또는 화학적으로 처리해서 나타나는 이화학적 변화를 조사해서 진단하는 방법이다. 자외선 처리에 의한 '형광 반응' '전분 축적량 조사' '바이러스 자체의 분획'을 정상 단백질에서 분리해서 진단하는 방법 등이 있다.

'혈청학적 진단(血淸學的診斷)'은 '항원(抗原, antigen)-항체(抗體, antibody)

반응'의 특이성을 이용해서 병원체를 진단하는 방법이다. 병원체의 '항혈청(抗血淸, antiserum)'을 만들고, 여기에다 진단하려는 병든 식물의 즙액이나 분리된 병원체의 특이적 반응을 확인해서 정확하게 병원체의 감염 여부를 진단할 수 있다.

'생물적 진단(生物的診斷)'은 특정 생물체를 이용해서 진단하는 방법이다. 어떤 병에만 침해받기 쉽거나 특이한 병징을 나타내는 성질을 가진 '지표식물(指標植物)'을 이용한다. 또한 어떤 세균의 계통에 대해서 특이성이 있는 '박테리오파지(bacteriophage)'를 이용하거나 따뜻한 곳에서 발아(發芽)시킨 감자의 눈을 길러 발병 유무를 검정하는 '최아법(催芽法)' 등이 있다.

'분자생물적 진단(分子生物的診斷)'은 분자 지표를 이용해서 병원체를 동정하고 식물병을 진단하는 방법이다. 최근 분자생물학의 발달로 병원체에서 분리한 RNA나 DNA를 전기영동으로 분석하거나, RNA나 DNA의 '교잡(交雜)' 'PCR(polymerase chain reaction)'을 이용해 증폭된 '염기서열 분석' 등에 의해 병원체를 동정하고 식물병을 진단할 수 있다.

식물병원체는 어떻게 동정할까?

식물병원체의 동정은 병든 식물에서 병원체를 분리, 배양하고
접종시험을 거쳐 병원체의 정확한 종명을 결정하는 것이다

병원체를 분리, 배양하고 다시 접종시험을 거치는 등 병원체의 정확한 종명

을 결정하는 것을 '동정(同定, identification)'이라고 한다. 동정이란 넓은 뜻으로 진단의 한 과정이라고 할 수 있다. 병원체를 정확하게 동정하기 위해서는 병환부에서 병원체를 순수하게 분리하고 배양해야 한다.

코흐는 병원체를 동정하기 위해 필수적인 미생물 배양기술을 확립한 선구자다. 시골 의사였던 코흐가 세계적인 미생물학자가 된 과정에는 훌륭한 협력자들이 있었다. 누구보다도 '한천(寒天, agar)'을 이용한 '겔(gel)' 조제법을 개발한 헤세(Walther Hesse) 부부와 페트리접시를 발명한 페트리(Julius Richard Petri)의 도움이 없었다면 불가능했을 것이다.

1660년 레벤후크에 의한 현미경의 발명으로 정체를 드러내기 시작한 미생물을 연구하기 위해서 미생물을 배양하기 시작했다. 미생물은 고체 상태의 배지(培地)에 균총이 형성돼야 다른 종류의 미생물과 섞이지 않아 분리하기 쉽다. 1860년 파스퇴르는 최초로 실험실에서 이스트 가루와 설탕 및 암모니아염으로 구성된 배지에 세균을 배양했다.

그러나 당시에 배지를 겔 상태로 만들 때 사용했던 '젤라틴(gelatin)'은 미생물에 의해 쉽게 분해돼 물처럼 흐느적거려 미생물을 분리하는 데 매우 불편했다. 이러한 문제점을 알고 있던 코흐의 동료 의사 헤세는 1881년 '우뭇가사리'에서 추출한 한천으로 강력한 겔을 만들 수 있다는 사실을 아내로부

한천(agar) (출처: Wikipedia)

터 전해 듣고 코흐에게 한천을 소개해주었다.

한천은 물에 잘 녹고 낮은 농도에서도 실온에서 잼처럼 굳어지는 성질을 지니고 있다. 더구나 한천은 미생물에 의해 분해되지 않고, 미생물이 영양원으로 이용

할 수 있는 화학물질을 함유하지 않으며, 투명도가 좋아 미생물 균총의 형태를 쉽게 구분할 수 있어서 겔을 만들기에 더없이 적합한 재료였다.

한천은 1658년 일본 교토 후시미쿠(Fushmi-ku)에 있는 여인숙 주인 타라재몬(Mino Tarazaemon)이 처음 발견했다. 먹다 남은 해초 수프를 겨울밤에 버렸는데, 나중에 밤의 추위와 낮의 더위로 인해 겔로 변하는 것을 알았다. '다당류(多糖類, polysaccharide)'의 일종인 한천을 뜻하는 '아가(agar)'라는 용어는 우뭇가사리를 비롯한 '홍조류(紅藻類, red alga)'로부터 추출한 물질을 나타내는 말레이시아 말에서 유래한다. 몇 세기 동안 한천은 여러 동남아시아 요리의 재료로 흔히 사용돼왔다.

1859년 프랑스 화학자 파앤(Anselme Payen)은 해조류의 일종인 골우뭇가사리(*Gelidium corneum*)로부터 얻은 한천을 화학적으로 처음 분석했다. 마침내 코흐는 1882년 헤세 부부의 도움으로 한천을 사용한 겔 조제법을 개발해서 고체 배지를 최초로 탄생시켰다. 지금도 한천은 전 세계 실험실에서 미생물을 분리하고 배양하기 위한 고체 배지를 만들 때 없어서는 안 되는 필수품으로 자리를 잡아 매년 1만 톤 정도씩 생산되면서 미생물학 발전을 선도하고 있다.

한천과 더불어 미생물 배양에 혁명적인 변화를 가져다준 것이 '페트리접시

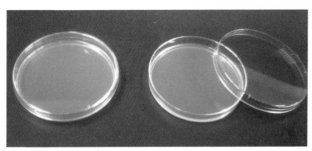

페트리접시(Petri dishes) (출처: Wikipedia)

(Petri dishes)'의 발명이다. 1887년 코흐의 실험실 연구원이었던 세균학자 페트리는 유리접시 대

신 미생물 배양에 편리하게 사용할 수 있는 페트리접시를 발명했다. 페트리접시는 미생물을 배양하기가 편리하고, 오염을 줄일 수 있으며, 서로 포개어 놓아 공간을 절약할 수 있어서 미생물 배양에 가장 많이 쓰는 도구가 됐다.

오늘날 미생물 배양의 혁명이라고 할 수 있는 한천과 페트리접시의 발명으로 미생물학은 비약적으로 발전하고 있다. 한천과 페트리접시의 발명으로 탁월한 미생물 배양기술을 터득한 코흐는 1876년 탄저균을 발견했고, 이어서 1882년과 1883년에는 '결핵균(結核菌, *Mycobacterium tuberculosis*)'과 '콜레라균(*Vibrio cholerae*)'을 각각 발견했다.

코흐는 인체에 치명적인 결핵균을 발견함으로써 결핵 퇴치의 길을 연 공로로 1905년 노벨생리의학상을 수상했다.

'코흐의 원칙'이란 무엇일까?

병환부에 존재하는 미생물이 그 병의 병원체임을 입증하려면
'코흐의 원칙'을 만족시켜야 한다

하루 16시간 이상 지칠 줄 모르고 연구에만 전념한 코흐는 모든 병은 특정 미생물에 의해 발생한다는 일반적 결론을 유도해냈다. 이러한 결론은 파스퇴르에 의해 제안됐던 미생물병원설을 처음으로 확인해주는 것이었다.

당시에 특정 병을 연구하고 있는 동안에 그 병의 원인과 발생에 대해서 혼돈과 불확실성이 있었다. 배양기술의 발달로 병이 들었거나 이미 죽은 사람,

동물 또는 식물 조직으로부터 여러 가지 미생물들을 어렵지 않게 분리해냈다. 그러나 분리된 미생물들은 특정 병을 일으킨 미생물들과 함께 병든 조직에 존재하고 있을지라도 그 병을 일으키지 못하는 부생체(腐生體, saprobe)들이 대부분이었다.

이러한 실험에 기초해서 코흐는 1887년 병든 사람, 동물 또는 식물 조직으로부터 분리한 미생물이 특정 병의 원인인 것으로 증명되기 위해서 반드시 만족시켜야 하는, '코흐의 원칙(Koch's postulate)'이라고 부르는 네 단계의 판단 기준을 확립했다. 코흐의 원칙은 오늘날에도 미지의 병을 진단하거나 병원체를 동정하는 데 사용되고 있는 '가설(假說)'이다. 코흐의 원칙은 식물의학에서도 병든 식물체에서 분리돼 병원체로 의심되는 미생물이 그 병을 일으키는 병원체인지 여부를 확인하기 위해서 이용되고 있다.

식물병원체로 입증하기 위해서 완수돼야 하는 코흐의 원칙은 다음과 같다. 첫째, 병원체로 의심되는 미생물은 반드시 병든 식물체에 존재해야 한다. 둘째, 그 미생물은 반드시 병든 식물체로부터 분리돼 배지에서 '순수배양(純粹培養)'돼야 한다. 셋째, 배지에서 순수배양된 미생물을 건전하고 감수성(感受性)인 식물체에 접종했을 때 특정 병의 증상을 나타내야 한다. 넷째, 접종해서 감염된 식물체로부터 같은 미생물이 다시 분리돼 배양돼야 한다.

당시에 코흐는 모든 미생물들이 '인공배지(人工培地)'에서 배양된다는 생각을 전제로 코흐의 원칙을 확립시켰다. 따라서 대부분의 곰팡이나 세균처럼 식물체로부터 분리하고 배양할 수 있는 미생물들은 코흐의 원칙을 쉽게 만족시키며 병원체로 판명된다.

그러나 바이러스, 파이토플라스마, 원생동물을 비롯해서 일부 곰팡이나 세균처럼 아직 배양이 불가능한 미생물들이 속속 발견되고 있다. 이렇게 코흐가 예상하지 못했던 배양이 불가능한 미생물들은 두 번째 단계부터 코흐의 원칙을 완수할 수 없도록 무력화시키지만, 그 주변 증거들이 확실한 경우에는 잠정적으로 병원체로 인정하고 있다. 앞으로 미생물의 분리와 배양, 접종 등에 대한 기술이 개선되면 이러한 가정이 진실인 것으로 판명될 것이다.

위궤양병균은 어떻게 동정했을까?

코흐의 원칙에 따라 '헬리코박터 파일로리(*Helicobacter pylon*)'가 우리 몸에 위궤양과 십이지장궤양을 일으키는 병원균으로 동정됐다

우리 몸에 있는 위에는 0.5%(5,000ppm)의 염산(鹽酸, hydrochloric acid)과 다량의 염화칼륨, 염화나트륨으로 돼 있는 위산(胃酸)으로 인해 pH가 1.5~3.5 정도 되는 강산성 위액(强酸性胃液)이 있기 때문에 세균이 살 수 없는 환경이라고 생각해왔다. 그래서 속 쓰림 증상을 나타내는 위궤양은 스트레스나 자극적인 식품을 자주 섭취하는 식습관 때문에 발생하는 것으로 여겨왔다.

일부 연구자들이 위궤양도 감염성 질병일 것으로 추정하고 원인균을 분리해서 배양하려고 시도했지만 실패했는데, 마셜(Barry J. Marshall)과 워런(J. Robin Warren)은 여러 차례 시행착오를 거쳐 '헬리코박터 파일로리(*Helicobacter pylon*)'를 배

Barry J. Marshal (출처: Wikipedia)

양하는 데 성공했다. 이 발견은 1977년에 '캄필로박터(*Campylobacter*)'라는 감염성 설사의 원인이 되는 세균을 배양하기 위해 확립된 기술에 기반을 두었다.

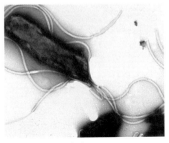

캄필로박터는 헬리코박터 파일로리처럼 나사균(螺絲菌)이며 저농도의 산소와 이산화탄소를 필요로 하는 '미호기성 세균(微好氣性細菌)'으로, 영양분 공급이 까다로운 세균의 일종이기 때문에 특수한 배지와 배양

Helicobacter pylori (출처: Wikipedia)

법이 필요하다.

마셜과 워런은 그 배양법을 응용하고 위궤양의 증상으로 위벽에서 출혈이 나타나는 것에 착안해서 일반적으로 사용해온 세균 배지에 혈청을 첨가하고 배지의 pH를 위산과 비슷하게 낮추는 아이디어를 발휘해 헬리코박터 파일로리를 분리해 배양하는 데 성공했다. 이 성공의 바탕에는 흥미로운 '세렌디피티(serendipity)'가 있었다. 세렌디피티는 완전한 우연으로부터 중대한 발견이나 발명이 이루어지는 것을 말하는데, 헬리코박터 파일로리 배양도 실험 도중에 일어난 우연 때문에 성공했다.

1982년 4월 부활절 때 실험 조수가 휴가를 떠나는 바람에 마셜은 보통 배양을 며칠 만에 끝내던 것을 그대로 두었고, 결국 5일 동안 배양하게 됐다. 그리고 부활절 휴가가 끝났을 때 배지에 세균의 균총이 형성된 것을 발견했다. 훗날 알게 됐지만 헬리코박터 파일로리는 증식이 느리고 배양에 장시간이 필요한 세균이었다.

위궤양 중 대다수와 '위염(胃炎, stomach inflammation)'의 일부가 헬리코박터 파일로리에 의해 발생한다. 나사 모양을 하는 헬리코박터 파일로리는 유레이스(urease)라는 효소를 만들어내고 이 효소로 위 점액 중의 요소(尿素, urea)를 암모니아(ammonia)와 이산화탄소로 분해하는데, 이때 생긴 암모니아로 국소적으로 위산을 중화하면서 위에 정착해서 산다.

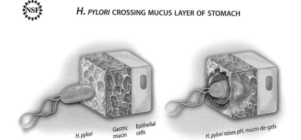

H. PYLORI CROSSING MUCUS LAYER OF STOMACH

H. pylori | Gastric mucin gel | Epithelial cells

H. pylori raises pH, mucin de-gels

헬리코박터 파일로리(*Helicobacter pylori*)의 위벽 침입 모식도
(출처: Wikipedia)

마셜과 워런은 강한 산성 환경인 인간의 위장 속에서 살 수 있는 것으로 알려진 유일한 세균으로서 나선형(螺旋形, spiry) 세포를 나사처럼 돌리면서 위벽에 파고들어가 그 안에서 사는 헬리코박터 파일로리를 분리해 배양시키는 데에 성공했고, 대부분의 위장 질환이 이 세균에 의해 발생한다는 내용의 가설을 논문을 통해 학계에 발표했다. 이는 위궤양과 위염이 스트레스나 자극적인 식품을 자주 섭취하는 식습관 때문에 생긴다는 종전의 학설을 뒤집는 것이었다. 그러나 당시 학계에서는 어떤 세균도 위산을 오래 견뎌내지 못할 것이라고 여겨왔고, 코흐의 원칙을 실증하지 못했기 때문에 이 가설을 받아들이지 않았다.

마셜은 코흐의 법칙을 실증하기 위해 위궤양 증상에서 분리해 시험관에서 배양한 헬리코박터 파일로리 배양액을 통째로 마셔 자신의 위에 궤양을 만들어내고, 다시 위궤양 증상에서 헬리코박터 파일로리를 분리해서 코흐의 원칙을 만족시켰다. 그리고 나서 자신의 위에 생긴 궤양이 항생제(抗生劑, antibiotics)로 치유됨을 보여주는 일련의 실험에서 자기 스스로를 바쳐 위험한 임상 실험을 했다.

마셜의 헌신적인 실험으로 학계는 점차 그 가설을 받아들이기 시작했다. 1994년 미국국립보건원(National Institute of Health)은 위궤양이 대부분 헬리코박터 파일로리에 의한 것이며 항생제를 처방할 것을 권하는 내용의 의견서를 출판했다.

2005년 마셜과 워런은 헬리코박터 파일로리를 발견하고 헌신적인 임상 실험까지 몸소 실천하는 노력으로 노벨생리의학상을 수상했다. 마셜은 국내의 한 유산균음료 광고 모델로 활동해 우리에게도 친숙한 인물이고, 워런은 오스트레일리아 로열퍼스병원에서 1999년까지 재직한 병리학자다.

식물병은 어떻게 방제할까?

식물병 방제법은 법적 방제, 재배적 방제, 생물적 방제, 물리적 방제, 화학적 방제 등으로 나눌 수 있다

식물병을 방제하는 방법은 병원체의 종류, 기주식물, 병환 등에 따라 모든 병에 다르게 적용된다. 식물병은 기주식물이 감수성이고, 병원력이 강한 병원체 밀도가 높으며, 발병에 적합한 환경조건이 마련됐을 때 에피데믹이 된다. 또한 식물병은 발병 기간이 지속될수록 발병량이 급격하게 증가한다.

따라서 식물병으로부터 식물을 보호하는 식물병 방제 원리는 각종 재배 방법에 의해 기주식물체를 건강하게 키우거나, 육종에 의해 식물체의 저항성을 증대시켜주거나, 재배자 위생 관리, 재배 포장 청결 관리, 약제 살포 등에 의

해 병원체 밀도를 낮추거나, 재배 환경을 식물체 생육에는 적합하고 병원체 생장과 증식에는 부적합하게 제어하거나, 병 발생 예찰에 의해 식물병을 예방하거나, 식물병이 발생하더라도 일찍 방제를 함으로써 식물병 지속 시간을 줄여 식물병 발병량을 최소화시키는 것이다.

이러한 식물병 방제 원리를 실천하는 방제법은 '법적 방제' '재배적 방제' '생물적 방제' '물리적 방제' '화학적 방제' 등으로 나눌 수 있다.

법적 방제는 '식물방역법(植物防疫法)'에 따라 시행되고 있는 식물검역으로, 식물에 해를 주는 병해충이 국경을 넘어 전파되거나 유입되는 것을 방지할 목적으로 수출입되는 식물과 식물성 산물에 병해충 부착 유무를 검사하고 유해 병해충의 유입을 차단시킨다.

재배적 방제는 토양 조절, 시비 조절 등 재배기술을 향상시켜 식물체를 건전하게 재배함으로써 식물병의 발생을 억제하는 방법이다. 같은 토지에 동일한 작물을 연이어 재배하지 않고 다른 종류의 작물을 순차적으로 재배해서 병원균의 밀도를 낮추는 돌려짓기, 파종 시기 조절, 1차전염원 또는 중간기주를 제거하는 포장 위생(圃場衛生), 유기물 및 석회 시용, 객토(客土) 및 심경(深耕) 등을 통한 토양의 물리성 개선 등을 포함한다.

생물적 방제는 생물이나 바이러스를 이용해서 병원균의 생존이나 활동을 제어함으로써 식물병의 발생을 감소시키는 방법이다. 병원성이 약화된 식물 바이러스를 이용하는 '교차보호(交叉保護)' 길항미생물(拮抗微生物)을 이용해서 병원균을 제어하는 '미생물적 방제', 저항성 품종 재배 등을 포함한다. '아그

아그로박테리움 라디오박터(*Agrobacterium radiobacter*) K84 균총 (출처: Microbewiki)

로박테리움 라디오박터(*Agrobacterium radiobacter*) K84'를 이용한 과수 뿌리혹병 방제도 대표적인 미생물적 방제 사례다.

물리적 방제는 낙엽을 소각해서 식물병원체와 매개충을 직접 제거하거나 봉지를 씌우고 방충망을 설치해서 기주식물에 접근하지 못하도록 차단하는 기계적 방법과 고온이나 태양열을 이용하는 방법 등이 있다. 볍씨 소독에 사용하는 '냉수온탕침법(冷水溫湯沈法)'은 대표적인 열처리 방법이다.

화학적 방제는 병원균에 유해한 화학 약제인 '농약'을 사용해서 식물병을 방제하는 방법이다. 노동력 부족, 인건비 상승 등으로 화학적 방제는 작물 재배에서 선택할 수 있는 가장 간편한 방제 방법이다. 그러나 빈번한 농약 사용은 농생태계 파괴, 저항성균 발생, 잔류 독성(殘留毒性) 피해 등 많은 문제점을 발생시키고 있다.

따라서 경제적 피해 수준을 고려해서 다양한 방제 방법을 병행함으로써 화학적 방제의 비중을 낮춰 농약을 가능한 한 적게 사용하는 '종합적 방제'가 식물병을 방제하는 바람직한 방향이다.

식물병은 어떻게 치료할까?

사람과는 달리 식물에는 순환기관에 의한 면역시스템이 없어 식물병을 치료하기가 어렵다

사람과는 달리 식물에는 순환기관에 의한 면역시스템이 없어 식물병을 치료

하기가 어렵다. 암 환자도 발병 초기에 진단하면 치료가 가능하지만 말기 암 환자는 회복이 거의 불가능하다. 마찬가지로 대부분의 식물에서 일단 병에 걸려 손상된 병환부는 회복되지 않기 때문에 식물병은 발병 초기에 '조기 진단(早期診斷)'이 이루어져야만 완전하게 방제할 수 있다.

병에 걸린 모든 식물들의 치료가 불가능한 것은 아니다. 일단 병징이 발현된 병환부의 원상회복이 불가능한 초본류와는 달리 수목류는 '외과적 수술(外科的手術)'에 의한 물리적 치료와 '내과적 처치(內科的處置)'에 의한 화학적 치료가 가능하다.

수목에 상처가 생기면 식물의사들은 소독한 전정칼을 사용해서 건강한 껍질이 나올 때까지 신속하게 상처 부위를 위아래로 길쭉한 타원형이 되도록 도려내어 '유합조직(癒合組織, callus)'이 형성되면서 상처가 치유되도록 외과적 수술을 한다. 또한 화상을 입은 부위를 피부 이식으로 치료하듯이, 나무 표피가 짐승의 공격 또는 물리적 충격으로 손상을 입었을 때 수피 이식으로 치료할 수도 있다.

치과의사가 썩은 치아를 치료하는 것과 마찬가지 방법으로 식물의사들은 나무 내부가 썩은 것을 치료할 수 있다. 나무는 썩은 조직을 구획화해서 더 이상 번지지 않도록 스스로 보호하고 치유하는 능력을 가지고 있기 때문에, 식물의사는 이 구획화된 칸막이를 건드리지 않도록 세심하게 썩은 조직만을 제거한 후 깨끗해진 공동(空洞)을 폴리우레탄 거품 등으로 채워 보강한다.

외과 수술 후 배롱나무

내과의사가 질병의 종류에 따라 약제를 처방해서 환자를 치료하듯이 식물의사도 내과적 처치용 화학물질인 농약을 사용해서 병든 식물체를 치료한다. 화학적 치료를 위해서 식물체 표면 살포 또는 도포, 토양 관주(灌注), 수간주입(樹幹注入) 등을 통해서 농약을 처리한다.

'중력식 수간주입법(重力式樹幹注入法)'은 링거주사와 같이 수간주입 용기에 약액을 담아서 나무 윗부분 가지에 매달고, 플라스틱 주입관을 통해서 약액을 나무의 줄기에 구멍을 뚫고 직접 넣어주는 방법이다. 보통 저농도의 약액을 많은 양 주입할 때 주로 이용된다.

수간주입은 원하는 약제가 나무 속으로만 전달되고 주변 환경에는 전달되지 않아 환경을 오염시키지 않는다. 또한 소량으로 여러 번 약제를 살포해야 하는 번거로움을 피할 수 있다. 그러나 수목 내에서 물질의 이동이 활발한 시기에는 모제(Mauget) 캡슐에 약액을 담은 다음 뚜껑을 덮어서 완전히 밀폐시켜 생기는 내부의 약한 압력을 이용해서 약액이 최대로 흡수되고 퍼지도록 빠르게 주입할 수 있는 '압력식 미량수간주입법(壓力式微量樹幹注入法)'을 사용한다. 이 방법은 1958년 미국의 모제(Mauget)사가 세계 최초로 실용화했는데, 우리나라에서도 소나무재선충병을 비롯한 조경수목의 병해충 방제용으로 많이 사용되고 있다.

우수한 치료 효과를 가진 살균제와 항생제 등 수간주입용 농약들이 개발돼 수간주입에 의한 수목병 치료에 많이 사용돼왔으며, 그 밖에도 목적에 따라서 영양제, 살충제, 생장조절제 등을 수간주입하기

키위나무에 중력식 수간주입을 하는 모습

도 한다.

옥시테트라사이클린은 '대추나무 빗자루병' '오동나무 빗자루병' '뽕나무 오갈병' 치료에 사용되고 있고, 사이클로헥사마이드는 '잣나무 털녹병' '낙엽송 끝마름병' '소나무 잎녹병' 치료에 사용되고 있다. 그리고 베노밀은 '밤나무 줄기마름병' 치료에 사용되고 있다.

'키위나무 궤양병'을 치료하기 위해 1993년 일본 가나가와시험장에서 우시야마

소나무에 압력식 수간주입을 하는 모습

(Ushiyama) 박사가 중력식 수간주사 방식을 처음 시도했다. 필자도 우시야마 박사의 방식을 도입해서 1996년 스트렙토마이신을 키위나무 수간에 주입한 결과 키위나무 궤양병 치료 효과가 높은 것을 확인한 후, 키위 재배 농민들에게 영농공개강좌와 키위 재배 현장컨설팅을 통해 수간주입 방법을 보급한 바 있다.

그런데 키위나무에 스트렙토마이신을 주입하게 되면 키위나무 전체에 퍼지기 때문에 열매에 스트렙토마이신이 잔류할 가능성이 있다. 따라서 스트렙토마이신을 키위나무에 주입할 경우 수확 직후에 수간주입을 하도록 권장하고, 그러지 않을 경우에는 키위 열매를 모두 따버리고 소비하지 않아야 한다.

그러나 2011년 뉴질랜드에서 키위나무 궤양병 에피데믹이 발생하자 다급한 농민 일부가 궤양병 증상이 나타나는 봄과 여름철에 스트렙토마이신을 주입한 사실이 드러나 키위 열매를 모두 폐기하는 해프닝이 발생했었다.

제3부
식물병 에피데믹과 팬데믹

제 1 장

악마의 저주,
'곡류(호밀과 수수) 맥각병'

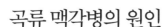

곡류 맥각병의 원인

'곡류 맥각병'은 자낭균의 일종인 '클라비셉스 푸르푸레아(*Claviceps purpurea*)'라는 '곡류 맥각병균'에 의해 발생하고, '수수 맥각병'은 '클라비셉스 아프리카나(*Claviceps africana*)'라는 '수수 맥각병균'에 의해 발생한다

'곡류 맥각병(麥角病, ergot)'은 자낭균의 일종인 '클라비셉스 푸르푸레아(*Claviceps purpurea*)'라는 '곡류 맥각병균'에 의해 전 세계적으로 '호밀(rye)'에서 가장 흔하게 발생하고, '밀(wheat)' '보리(barley)' '귀리(oat)'를 비롯해서 벼과잡초 등에도 발생한다. '수수(sorghum) 맥각병'은 다른 종류의 맥각병균인 '클라비셉스 아프리카나(*Claviceps africana*)'라는 '수수 맥각병균'에 의해 발생한다.

맥각병균은 '식물계(植物界, Kingdom Plantae)', '동물계(動物界, Kingdom Animalia)'와 대등하게 진핵생물(眞核生物)인 '균계(菌界, Kingdom Fungi)'에 속하는 '자낭균류(子囊菌類, Ascomycetes)'로 '자낭각(子囊殼, perithecium)'을 형성한다.

맥각(ergot) (출처: 식물병리학)

맥각병균은 식물의 줄기와 같은 영양체로 '균사(菌絲, hypha)'를 형성하고, 식물의 종자와 같은 '분생포자(分生胞子, conidium)'를 형성해 번식한다. 맥각병균은 균사가 뭉쳐 있는 덩어리 상태인 '맥각(麥角, ergot)'을 형성해 토양 표면이나 토양 속 또는 기주식물 종자에 섞여서 월동한다.

맥각은 봄에 발아해서 길이 0.5~2.5㎜의 살구색을 띠는 대(stalk)를 1~60개 정도 형성한다. 대 끝에 생기는 구형의 '자좌(子坐)'에는 식물의 열매와 같은 항아리 모양의 자낭각들이 형성되고, 그 안에 자루 모양의 포자 형성 구조물인 '자낭(子囊, ascus)'에 다세포인 기다란 '자낭포자(子囊胞子, ascospore)'가 8개씩 들어 있다.

맥각 위에 형성된 자좌
(출처: 식물병리학)

곡류 맥각병의 증상

곡류 맥각병은 맥각병균에 감염된 씨방에 단단한 균핵 덩어리인
맥각을 형성하기 때문에 붙여진 병명이다

곡류 맥각병은 맥각병균에 감염된 씨방에 정상적인 종자가 형성되는 대신
단단한 균핵 덩어리인 맥각을 형성하기 때문에 붙여진 병명이다.

호밀 맥각병 (출처: 식물병리학)

수수의 꽃에서 분출되는 감로
(출처: 식물병리학)

곡류 맥각병균의 자낭포자는 바람이나 곤충
에 의해 어린 꽃에 전반돼 발아해서 씨방을 직
접 침입하거나 암술머리를 통해서 씨방을 침입
한다. 침입하는 동안 병원균은 기주의 방어기작
을 억제해 맥각병을 뚜렷하게 진전시키는 역할
을 하는 가수분해효소(catalase)를 분비한다.

씨방으로 침입한 맥각병균은 1주일 이내에
'분생포자경(分生胞子梗, conidiophore)'을 형성
하고, 여기에 분생포자가 형성된다. 어린 꽃에
분생포자가 함유돼 있는 크림 같은 액체 방울이
분출되는데, 이를 '감로(甘露, honeydew)'라고
한다. 감로는 곤충을 유인하고 곤충 표면에 묻은
감로 속에 있는 분생포자가 건전한 꽃으로 전반
돼 새로운 감염을 일으킨다. 분생포자는 빗물에
튀겨서도 다른 꽃으로 전반된다.

일반적으로 감염된 씨방에서는 정상적인 종

자가 형성되는 대신 단단한 균사 덩어리로 채워진 균핵이 형성되는데, 이 균핵이 직경 수㎜, 길이 0.5~2.5㎝에 이르는 단단한 뿔 모양의 흑자색 맥각이다.

맥각은 건전한 종자와 거의 동시에 성숙하고, 땅에 떨어져 월동하거나 낟알과 섞여 수확된다. 수확된 맥각은 이듬해 종자를 파종할 때 흙으로 되돌아가기도 한다.

곡류 맥각병(*Claviceps purpurea*)의 병환 (출처: 식물병리학)

맥각중독증

맥각중독증은 맥각을 섭취했을 때 맥각에 들어 있는 균독소의
일종인 알칼로이드 성분에 의해 발생한다

현미경이 발명돼서 눈에 보이지 않던 미생물이 세상에 모습을 드러내기 시
작한 16세기 중반까지 식물의학은 암흑기였다. 고대 그리스시대부터 식물에
녹병이나 깜부기병, 흰가루병 등 식물병이 발생했으나, 사람들은 이를 자신
들이 저지른 잘못과 죄에 대한 신의 벌과 응징으로 생각했다.

　기원전 1000년 전부터 거의 전 세계적으로 원인 모를 환각과 정신이상, 손
가락과 팔다리의 괴저(壞疽), 심하면 죽음에까지 이르는 병이 때때로 대발생
하는 경우가 있었다.

　훗날 '맥각중독증(麥角中毒症, ergotism)'으로 밝혀진 이 병에 의해 857년
유럽의 라인(Rhine)강 연안에서 수천 명이 죽었고, 994년에는 4만 명 정도가
죽은 것으로 기록돼 있다. 이 병의 원인을 정확하게 모르던 당시에는 환자들
이 온몸이 타는 것 같다고 호소해서 '성화(聖火, Sacer ignis)' 또는 '악마의 저
주(Devil's curse)'라고 부르기도 했다.

　1039년 프랑스에서 성 안토니(St.
Anthony) 교단의 한 사제가 맥각중독
증 환자들을 돌보고 증상을 치료했기
때문에 '성 안토니의 불(St. Anthony's
fire)'이라고 부르기도 했다. 이 이야기가
2019년 11월 17일 MBC〈신비한TV 서프

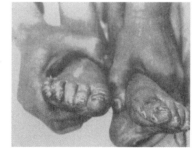

맥각중독증에 의한 발가락 괴저 증상
(출처: Wikipedia)

맥각중독증 환자들을 돌보는 성 안토니를
묘사한 그림 (출처: 식물병리학)

MBC 〈신비한TV 서프라이즈〉에 소개된 '성 안토니의 불'
(출처: 식물병리학)

라이즈〉(890회) 프로그램에서 '성 안토니의 불'이라는 제목으로 방영되기도 했다. 이렇게 맥각중독증은 원인이 밝혀지지 않은 채 11~13세기에도 프랑스와 독일 등에서 계속 발생했다.

1692년 미국 동부의 매사추세츠주의 세일럼(Salem) 지역과 코네티컷주의 페어필드(Fairfield) 지역에서 호밀 빵을 먹은 사람들이 발작 증세를 보인 사건이 발생했다. 이 병의 원인을 밝히지 못하자 사람들은 마녀들이 악마의 저주를 불러왔다고 해서 마녀재판으로 이어져 20여 명의 무고한 사람들이 사형을 당하는 마녀사냥이 발생했다. 영국에서 마녀 박해의 절정기를 넘기고 난 지 47년이 지난 다음의 일이었다. 우리나라에서도 번역된 쿡(Robin Cook)의 과학소설인 《울트라(Acceptable Risk)》에 세일럼에서 일어난 마녀사냥에 대한 역사적 사실이 잘 묘사돼 있다.

비슷한 사건이 1722년 러시아에서도 일어났는데, 2만여 명의 군인들이 호밀로 만든 빵을 먹고 죽었다. 이때 피터(Peter) 대제는 부동항(不凍港)을 쟁취하기 위해 스웨덴과 전쟁 중이었다. 맥각중독증 발생은 패전의 결정적 원인이 됐고, 피터 대제가 북해를 포기하고 대신 흑해로 방향을 바꾼 계기가 됐다.

1951년 프랑스 남부 귀리 재배지에서 지속된 과습(過濕) 상태가 맥각병 에피데믹을 발생시켰다. 프로방스(Provence) 지방에서 가을에 농부가 귀리를 수확하고, 제분업자가 귀리를 가공하고, 제빵업자가 빵을 만드는 과정에서 부주의로 맥각이 빵에 섞여 200명이 심한 맥각중독증에 걸렸는데, 32명이 미치고 결국 4명이 죽는 일이 발생했다.

1977~1978년 에티오피아에서는 연이은 극심한 가뭄으로 대부분의 곡물 재배가 어려워지자 사람들이 맥각에 감염된 야생 귀리를 채취해서 먹고 난 후 맥각중독증이 발생하면서 최악의 기근 상황을 더욱 악화시키는 결과를 가져왔다.

밀에 비해 맥각병에 걸리기 쉬운 호밀이나 귀리는 가격이 저렴해서 가난한 사람들이 주로 먹는 식재료로 사용됐고, 그래서 특히 가난한 사람들 사이에 맥각병이 유행하게 됐다. 당시에는 곡류를 가공하는 정미소 시설이 발달하지 않아 제분 과정에서 맥각이 섞여 들어가는 경우가 많아서 맥각중독증이 빈번하게 발생한 것으로 추정된다.

이러한 맥각에는 '균독소(菌毒素, mycotoxin)'의 일종인 '알칼로이드 (Lysergic acid diethylamide, LSD)'와 기타 생물활성화합물이 들어 있다. 이 알칼로이드는 인간과 가축에게 유산(流産)을 일으킬 수 있다. 그런데 이 알칼로이드는 자궁의 이완과 수축 작용을 하므로 오랫동안 민간에서 산파들이 극소량을 이용해 출산을 도와왔다.

그러나 많은 양의 맥각을 섭취하게 되면

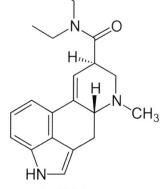

Lysergic acid diethyl- amide(LSD)

맥각중독증에 의해 불구가 된 사람들을 묘사한 그림
(출처: 식물병리학)

손가락과 발가락이 쑤시기 시작하고, 복통과 근육 경련, 불안, 떨림, 환각 증상 등을 일으킨다. 그리고 다시 고열로 발전돼, 이후 정신적인 발광(發狂)이나 사망으로 이어지기도 한다. 중추 신경계에 영향을 주기 때문에 환각 상태가 몸 전체로 진행되고 난 후에 정맥을 수축시켜 심한 괴저(壞疽)를 일으키고, 몸의 말단 부위가 썩으면서 타는 듯한 느낌으로 고통을 받게 하며 심하면 사망에 이르게 한다.

균독소가 일으키는 질병을 '균독소중독증(菌毒素中毒症, mycotoxcoses)'이라고 하는데, 곡류 맥각병균에 의해 생기는 맥각중독증과 독버섯에 의한 중독증이 대표적인 균독소중독증으로 알려졌다. 우리나라에서는 곡류 맥각병이 1915년 호밀에서 보고됐고, 1972년까지 개밀을 비롯한 벼과잡초에서도 보고됐다.

한편 수수 맥각병은 아프리카, 인도, 일본에서만 존재하는 것으로 생각돼 오다가 1995년 브라질에서 발생했고, 1996년에는 오스트레일리아에서도 발생했다. 특히 1997년 남아메리카와 중앙아메리카 카리비안 군도에서 발생하기 시작한 후, 미국 남부 지역으로 확산된 데 이어 캔자스주와 네브래스카주에 이르는 미국 중부 지역까지 광범위한 지역에서 수수 맥각병 팬데믹을 일으켰다.

수수는 전 세계적으로 다섯 번째로 중요한 작물로 재배 면적은 4,500만 에이커(acre)에 이르는데, 맥각병 발생에 의한 수량 손실은 특히 저온기에 주로

수수 맥각병 (출처: 식물병리학)

발생한다. 1960년대 이후 전 세계적으로 수수의 생산은 잡종 옥수수 종자에 의존해 생산량이 300~500%까지 증가했다.

그러나 웅성불임 계통을 사용한 잡종 종자는 수수 맥각병에 매우 취약해서 고도의 감수성을 나타내기 때문에 수량 손실이 10~80%가량 발생하고, 때로는 100%에 이르는 것으로 조사됐다. 수수는 거의 대부분 잡종 종자에 의해 생산되고 있다. 그래서 수수 맥각병에 의한 잡종 종자 양친의 파괴는 잡종 종자의 부족을 초래해서 앞으로 가늠할 수조차도 없는 엄청난 수량 손실을 가져올지도 모른다.

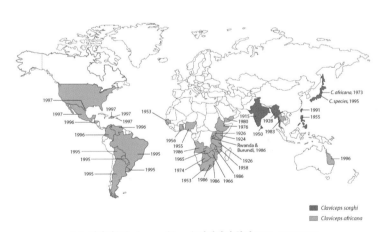

수수 맥각병(*Claviceps africana*) 팬데믹의 확산 (출처: 식물병리학)

제2장

케네디 가문을 탄생시킨 '감자 역병'

감자의 기원

PI.23k. *Morelle tubéreuse (Pomme de terre).*
Solanum tuberosum L.

감자(*Solanum tuberosum*)
(출처: Wikipedia)

감자는 페루와 볼리비아 사이에 있는 티티카카호 주변의 남아메리카 고원지대에서 유래한다

'감자(potato, *Solanum tuberosum*)'는 가지, 토마토, 고추 등과 함께 '가지과(Solanaceae)'에 속하는데, 옥수수, 밀, 벼에 이어 네 번째로 중요한 식량 작물이다.

고대 잉카문명의 기록과 고고학적 증거에 의하면 기원전 400년경부터 옥수수가 잘 자라지 않는 페루와 볼리비아 사이에 있는 티

티카카(Titicaca)호 주변의 남아메리카 고원지대에서 야생 감자들이 많을 뿐만 아니라 감자가 주식으로 재배돼왔다. 1532년 스페인 정복자들이 남아메리카 안데스산맥 지대에서 황금을 찾던 중 페루에서 잉카인들이 주식으로 먹고 있던 감자를 처음 발견했다.

우리가 먹는 감자 부위는 땅속에 있는 줄기에 영양이 저장되면서 비대해진 기관으로, 라틴어로 된 감자의 학명 '솔라눔 투베로숨(*Solanum tuberosum*)'에 반영된 것처럼 '덩이줄기(괴경, 塊莖, tuber)'라고 한다. 고구마의 경우는 땅속에 있는 뿌리에 영양이 저장되면서 비대해진 기관인 '덩이뿌리(괴근, 塊根)'인데, 생김새는 감자와 비슷하지만 분화 기관이 다르다.

영어로 감자를 일컫는 '포테이토(potato)'라는 말의 어원은 감자의 원산지인 고대 페루에서 감자를 일컫는 '파파(papa)'라는 말에서 유래한다. 유럽에 감자를 도입한 초기에 고구마를 일컫는 '바타타(batata)'와 지금 감자를 일컫는 스페인어 '파파(la papa)'가 비슷하기 때문에 혼동을 일으켜 '파타타(patata)'라고 불렀었다. 지금은 각국 언어로 감자를 일컫는 일반명이 붙여져 있는데, 프랑스어와 네덜란드어로 감자를 일컫는 'pomme de terre'와 'aardappeln'은 모두 '땅속의 사과'라는 시적인 의미를 담고 있다. 프랑스 요리 이름에서는 아이러니하게도 감자를 사과란 뜻의 '폼므(pomme)'라고 줄여서 부르기도 한다.

감자의 우리말 어원은 북방에서 온 고구마라는 뜻인 '북방감저(北方甘藷)'라는 말에서 유래한다. 중국에서는 '고구마(sweet potato)'를 달다는 뜻의 '감저(甘藷)'라고 불렀다. 감자는 땅속의 줄기와 뿌리를 들어 올리면 말에 달린 방울들이 모여 있는 것처럼 생겼다는 뜻에서 '마령서(馬鈴薯)'라고 불렀다. 우리나라에 감자는 1824~1825년(순조24~25)경 한반도에 산삼을 찾기 위해

숨어 들어온 청나라 사람들이 식량으로 몰래 경작하면서 들어온 것으로 알려져 있다.

비슷한 생김새를 한 고구마도 거의 같은 시기에 전해졌고, 이 둘을 혼동해 감자를 '감저'라고 부르게 된 것으로 보인다. 일본에서는 감자를 마령서의 일본 발음인 '자가이모(ジャガイモ)'라고 부른다. 우리나라에서만 감자와 고구마의 이름이 바뀌었지만, 필자의 고향인 제주도에서는 여전히 사투리로 고구마를 '감저'라고 부르고, 감자는 '땅속의 열매'라는 뜻의 '지실(地實)' 또는 '지슬'이라고 부르는 것은 매우 흥미롭다.

감자의 재배 역사

스페인 정복자들이 남아메리카에서 유럽으로 향하는 항해 기간에 식량으로 이용했던 감자가 1570년경 스페인에 도입됐다

1570년경 남아메리카에서 유럽으로 돌아오는 스페인 정복자들에 의해 감자가 스페인에 도착한 후 유럽 전역에 식용작물로 정착하는 데는 꽤 오랜 시간이 걸렸다.

유럽인들은 척박하기 이를 데 없는 남아메리카의 원주민들이 주식으로 먹던 감자를 쉽게 받아들이지 않았다. 당시에 유럽의 종교 지도자들은 감자가 성서에 언급돼 있지 않고 땅속에서 자라기 때문에 깨끗하지 않아 사람보다는 가축에게나 적합하며, 감자의 일부에 독성이 있다는 이유로 감자를 식용

작물로 채택하는 것을 강하게 반대했다.

감자에는 포식자들로부터 스스로를 보호하기 위해 '솔라닌(solanine)'과 '차코닌(chaconine)'이 주를 이루는 '글리코알칼로이드(glycoalkaloid)'라는 독성 화합물이 들어 있다. 그래서 감자를 볕이 드는 곳에 둔다든지 감자가 물리적으로 상처를 입거나 시간이 오래되면 글리코알칼로이드 성분이 증가해 독성을 나타내기 때문에, 감자는 음지에 보관해야 한다. 그럼에도 불구하고 가난한 사람들에게 감자는 영양이 풍부한 데다 땅속에서 자라서 전쟁 중 침략군의 군화에 짓밟혀도 안전했기 때문에 유럽 전역으로 재배가 서서히 확산됐다.

유럽에서 감자를 가장 먼저 식용작물로 재배하기 시작한 곳은 아일랜드였다. 여기에는 아일랜드가 감자를 재배하는 데 최적의 기후와 토양을 가졌다는 것 외에도 사회적인 영향이 컸다. 영국의 지배로 빈곤과 기아를 거듭하던 아일랜드 농민들에게 쉽게 잘 자라고 다른 곡물에 비해 생산량도 월등히 많은 감자는 신의 축복과 다름없었다.

아일랜드에 영양이 풍부한 감자가 도입된 시기는 명확하지 않지만, 1800년대에는 생산량이 많은 구황작물(救荒作物)로 잘 정착됐다. 1800년 아일랜드 인구는 450만 명이었는데, 1945년에는 800만 명 이상으로 증가했다.

가난한 아일랜드 농민들은 마땅한 먹거리가 없을 때 하루에 보통 3~6kg씩 감자를 먹었는데, 감자는 단백질, 탄수화물, 비타민 등 기본적인 영양분을 충분하게 공급해주는 훌륭한 식량 역할을 했다. 당시에 대부분의 아일랜드 농민들은 가난한 소작농으로 창문도 없고 가구도 없는 단칸방 오두막에 살았다. 감자가 도입되기 전에는 척박한 아일랜드 땅에서 잘 자라지 않는 밀과 같은 곡류를 주로 재배하며 영국에 있는 부재지주에게 비싼 소작료를 지불하고 있었다.

아일랜드 농민들은 대개 750평 정도 되는 작은 면적의 토지를 경작하며 생산한 곡류 중 소작료로 지불하고 남은 것으로 겨울을 나야 했는데, 해마다 산출량이 많지 않아도 지주로부터 퇴출되지 않기 위해 그 대부분을 소작료로 지불해야 했다. 그런데 감자는 원산지인 남아메리카 고원지대의 기후와 비슷하게 서늘하고 습한 아일랜드에서 잘 자랐다. 뿐만 아니라 삽 한 자루면 감자를 심고 캐는 데 수월했고, 곡류 재배 면적의 절반에서 감자를 재배해도 한 가족에게 필요한 양의 칼로리를 생산하기에 충분했다.

따라서 아마도 예전에 우리나라 소작농들이 겪었던 '보릿고개'처럼 아일랜드 농민들도 해마다 배고픈 시기를 겪어왔기에 신의 축복과 다름없는 감자를 재배하는 면적이 급속하게 증가했다. 아일랜드 농민들은 다른 곡류 대신에 감자만을 재배하며 여기에 생계를 의존하기 시작했다. 당시에는 적당한 창고가 없었기 때문에 겨울 동안에는 감자를 땅속에 도랑을 파서 보관하고 주기적으로 도랑 일부를 열어 필요한 만큼씩 감자를 꺼내 먹곤 했다. 이렇게 감자는 아일랜드에서 곡류를 대신해 구황작물로 선택돼서 농민들에게 긴요한 주식으로 정착했다.

'아일랜드 대기근'의 발생

훗날 감자 역병으로 밝혀진 치명적인 에피데믹이 창궐하면서
'아일랜드 대기근'이 발생했다

아일랜드 농민들은 주식으로 자리를 잡은 감자인 '아일랜드 룸퍼(Irish Lumper)'라는 단일 품종만을 재배했었는데, 북아메리카에서 유럽으로 전파된 '감자 역병(疫病, late blight)'에 매우 약한 감수성 품종이었다.

1840년대 초반에 북유럽 일부 지역에서 원인을 알 수 없이 감자가 말라 죽는 사례가 발생하기 시작했다.

1845년, 아일랜드 초여름은 예년과 달리 따뜻해 평균기온을 웃돌고 일조(日照)도 강해 감자 생육이 왕성해서 가을에 풍작으로 예측됐다. 그러던 중 7월 초순을 고비로 날씨가 흐리고 습해지면서 기온이 오히려 예년보다 5℃ 정도 내려가고 비와 안개가 6주간이나 태양을 가렸다. 그러는 사이 무럭무럭 자라던 감자밭의 초록색 빛깔이 이상하게 변

감자를 캐는 농민 가족
(출처: 식물병리학)

해갔다. 감자 잎의 뒷면에 생긴 누런 점무늬가 순식간에 번지고 까맣게 돼서 감자밭 전체를 뒤덮으며 마른 잎과 줄기가 보이기 시작하더니 식물체 전체가 말라 죽기 시작했다. 불과 몇 주 안에 북유럽과 아일랜드의 감자밭이 병들어 마르고 썩은 식물체 더미로 온통 뒤덮였고, 감자밭은 고약한 냄새가 진동했다.

아일랜드 농민들은 땅속에 있는 감자 덩이줄기들도 썩고 있는 것을 알고는 건전해 보이는 것들을 부리나케 캐내어 겨우내 식량으로 보관하기 위해 도랑을 파서 묻어두었다. 늦가을과 겨울에 도랑을 열었을 때 사람뿐만 아니라 가축이 먹기에도 부적합하게 썩어버린 감자 더미만 남아 있는 것을 발견하고는 농민들은 걱정과 절망을 넘어 공포에

111

감자 역병으로 썩은 감자에 절망하는 농민 가족
(출처: Wikipedia)

휩싸였다. 오직 감자에만 식량을 의존했던 아일랜드 농민들에게는 다른 먹거리가 없었다. 그래서 굶주림은 바로 기근(飢饉)이 돼서 많은 아일랜드 농민들을 죽음으로 내몰았다. 감자 흉작으로 소작료를 체납한 아일랜드 농민들은 영국의 부재 지주가 보낸 병사들에 의해 강제로 쫓겨났다.

1845년 아일랜드 감자 재배 면적의 3분의 1에서 2분의 1 정도에 이르는 재배지에서 수량 손실이 발생했다. 불행하게도 그 이듬해인 1846년에도 감자 생육기의 날씨가 또다시 서늘하고 습해 감자 역병 발생에 적합했다. 감자 역병 에피데믹으로 지상에 있는 식물체들이 말라 죽고 땅속에 있는 감자들도 썩어버려 수확량의 4분의 3이 손실됐다.

1847년에는 감자가 잘 자란 편이었지만 지난해 겨울 동안 씨감자마저도 식량으로 소비해버린 탓에 워낙 씨감자가 부족해 파종량이 적었기 때문에 수확량이 많지 않았다. 1848년에는 또다시 감자 역병 에피데믹으로 감자 생산량의 3분의 1 이상이 소실됐다.

감자를 주식으로 하던 아일랜드인들에게 감자 흉작은 비참한 삶을 안겨주었다. 배고파서 울 기력마저 없는 아이들, 먹을 것이 없어 조용히 죽음을 기다리는 노인들, 기아로 쇠약해진 사람들에게 어김없이 불청객인 전염병이 찾아왔다. 이질, 장티푸스, 콜레라 등 질병으로 매일 사람이 죽고, 예년 같으면 가을 추수감사 축제로 한창일 마을 밖의 언덕에는 죽은 사람들을 화장하는 불

꽃이 붉게 밤하늘을 물들였다.

많은 아일랜드 농민들은 고국을 버리고 새 삶을 찾아 해외로 나가려고 애를 썼다. 1847년 캐나다로 향한 9만 명 중에서 2천 명이 승선지인 더블린(Dublin)에 도착하기도 전에 객사했다. 영국 리버풀(Liverpool)에 도착해 이민 수속을 밟는 사이에 1,300명이 죽을 정도로 최악의 사태가 발생했다.

1845년부터 1849년까지 감자 역병 에피데믹이 초래한 기근으로 850만 명이었던 아일랜드 인구 중 최소 100만 명은 굶주림과 질병으로 사망했고, 200만 명은 굶어 죽지 않기 위해 외국으로 이민을 떠났다. 그중 150만 명은 아일랜드를 떠나 미국과 캐나다로 이주했고, 50만 명은 유럽 전역으로 흩어졌다.

1845년부터 1849년까지 아일랜드에서 감자 역병 에피데믹으로 빚어진 인류 역사상 가장 비극적인 사건을 후세 사람들은 '아일랜드 대기근(The Great Irish Famine)'이라고 부른다. 아일랜드 대기근으로 목숨을 걸고 아일랜드를 떠나 북아메리카로 이주한 아일랜드인들은 그들의 새로운 터전에 아일랜드에서 가져온 '아이리시 코블러(Irish Cobbler)'라는 감자를 심기 시작했다. 그들로 인해 감자는 미국의 명물이 됐다. 미국에서 감자를 '아일랜드 감자(Irish potato)'라

대기근을 피해 외국으로 이주하는 아일랜드인들
(출처: Encyclopedia Britannica)

아일랜드 대기근 기념조형물
(출처: Encyclopedia Britannica)

고도 부르는 것은 바로 이러한 역사적 배경 때문이다. 우리나라에서도 재배하는 대표적인 감자 품종 중 하나인 '남작(男爵)'은 아이리시 코블러를 번역한 이름이다.

영국의 자유방임 정책이 빚은 비극

신은 아일랜드에 감자 역병을 보냈지만, 영국이 '아일랜드 대기근'을 만들었다

아일랜드가 영국의 식민지였던 당시에 영국과 아일랜드 사이의 정치적 상황은 아일랜드 기근을 더욱 악화시켰다. 영국의 필(Robert Peel)과 러셀(Lord John Russell) 내각은 아일랜드인들을 거의 도와주지 않았다. 1845년 감자 역병 에피데믹의 창궐에 의한 기근이 아일랜드인에게는 절박한 재난이었지만 영국은 늑장 대응을 했다.

Robert Peel (출처: Wikipedia)

영국 필 총리는 아일랜드인들이 재난을 과장해서 보고하는 버릇이 있다는 선입견을 가지고 있던 터라 당시 재난 상황을 평가절하했다. 필 총리가 1812년부터 1818년까지 아일랜드 총독이었기 때문에 선입견은 어느 정도 사실일 수 있다. 그러나 1816년 필 총리는 아

일랜드를 강타한 경제적 재난이 있는 경우에 아일랜드를 위한 비상 계획을 수립했었기 때문에, 당시에 몇 달 동안 굶주리고 있던 아일랜드인에게 곧바로 식량 원조를 하지 않은 이유를 설명하기 어렵다.

필 총리는 보호무역론자들이 만든 무역법으로 곡물 수입에 증세를 과한 법률인 '곡물조령(Corn Laws)'을 폐기시킬 목적으로 아일랜드 기근을 이용했다. 굶주리고 있는 아일랜드인들을 부양할 옥수수가 필요하다는 명분을 내세워 미국으로부터 옥수수 수입을 요청해, 이듬해인 1846년 2월이 돼서야 빈민 구제용으로 10만 파운드(£)어치의 미국 옥수수를 구입해 아일랜드에 원조를 했다.

당시 아일랜드에는 말린 옥수수 낟알들을 찧어 가루로 만들 수 있는 정미소도 거의 없었다. 영국에서 원조를 받은 옥수수는 마을에서 수㎞ 떨어진 단체급식소에서 짓이겨 죽을 쒀서 배급됐다. 노란색 옥수수에 익숙하지 않은 아일랜드인들은 초기에 옥수수를 식량으로 꺼려했다. 그래서 영국 필 내각이 원조해준 옥수수를 '지옥의 불(Peel's brimstone)'이라고 폄하해서 불렀다.

필 내각은 고용을 창출하기 위해 터널과 도로 공사와 같은 빈민 구제 계획을 개시했다. 그리고 사람들에게 현금 지급을 정당화하기 위해 계곡을 메우게 하고 언덕을 깎게 하는 무모한 계획들도 시행했다. 그런데 아일랜드 노동자들은 임금을 주말에 받았는데, 종종 그들은 임금을 받기도 전에 굶어 죽었다.

결국 필 총리가 아일랜드 기근을 이용해 곡물조령을 폐기시켰지만 아일랜드인들에게는 별 이득이 없었다. 사실 아일랜드에는 밀, 고기, 유제품 등 식량이 풍부했고 곡류 가격이 저렴해졌지만, 돈이 없는 아일랜드 농민들에게 식량은 구매할 수가 없는 그림의 떡이었고 대부분은 영국으로 수출됐다.

Lord John Russell
(출처: Wikipedia)

1946년 6월 교체된 영국 총리 러셀은 '경제자유방임주의(laissez-faire)' 정책을 고수했다. 러셀 내각은 아일랜드 부유층이 빈곤층을 구제해야 한다는 원칙을 내세워 아일랜드에 대한 직접적인 간섭이나 원조를 거부했다. 그러나 아일랜드 지주들이나 '빈민구호법(Poor Law)'도 엄청난 아일랜드 기아 인구를 감당할 수 없었다.

1847년 감자 작황은 나쁘지 않았지만 씨감자 부족으로 파종량 자체가 적었던 탓에 수확량도 많지 않았다. 그래서 수십만 명의 굶주린 사람들이 기아로부터 구제받기 위해 도시로 몰려들었지만, 장티푸스, 콜레라, 이질 등 에피데믹이 격발해서 기아보다 오히려 더 많은 사람들의 목숨을 빼앗았다. 1848년 또다시 감자 역병 에피데믹으로 흉작이 됐고, 아시아콜레라가 창궐하면서 수많은 사람들이 사망했다.

1840년대 후반에 아일랜드에서 감자를 충분히 수확하지 못하게 만든 것은 감자 역병 에피데믹이었지만, 대기근으로 바꿔놓은 것은 아일랜드를 통치했던 영국 정치인들의 자유방임 정책이었다.

'제1차 세계대전'의 종식 배경

1916년 독일에 만연된 감자 역병 에피데믹에 의한 가족의 피해는 독일군을 붕괴시켜 '제1차 세계대전'이 막을 내렸다 독일에 널리 퍼진 감자 역병 에피데믹은 '제1차 세계대전' 종식의 원인이 되기도 했다. 1916년 독일에서 감자 생육기의 날씨는 1846년 아일랜드를 포함한 북유럽 날씨와 거의 흡사해서 감자 역병 에피데믹이 만연했다. 이미 아일랜드 대기근을 통해 감자 역병이 얼마나 무서운 존재인지 독일 사람들도 알고 있었기 때문에 감자 역병 에피데믹의 엄습은 공포 그 자체였다.

1882년 프랑스에서 '포도나무 노균병(露菌病, downy mildew)' 방제용 약제로 개발된 '보르도액(Bordeaux mixture)'은 감자 역병에도 매우 효과적이었다. 그러나 독일 군부는 전쟁 수행에 필요하다고 해서 감자 역병 방제용 보르도액 제조에 필요한 황산구리를 독일 농민들에게 공급해주지 않았다.

더구나 1916년과 1917년 사이에 대부분 감자와 곡물이 군수용으로 공급돼 독일 군인들은 굶주리지 않았으나, 독일에서 70만 명이 굶어 죽었으니 그중 군인의 가족들이 포함되지 않을 수 있겠는가? 이렇게 3년 동안 전쟁 중 가족의 사망 소식을 전해 들은 독일 군인들의 사기는 급격하게 저하됐고, 1918년 11월 독일군이 붕괴되면서 '제1차 세계대전'은 막을 내렸다.

'케네디 가문'의 탄생 비화

감자 역병의 창궐로 빚어진 대기근을 피해 미국으로 이민을 떠난
아일랜드 이주민 3세가 존 F. 케네디 미국 대통령이다

아일랜드는 '리피(Liffey)강의 기적'이라는 경제적 성장을 이루어 '켈트의 호

랑이(Celtic Tiger)'로 불리고 있지만, 19세기까지 아일랜드는 유럽에서 대표적인 빈국(貧國)이었다. 당시 아일랜드 농민들은 창문도 제대로 없는 작은 오두막에 살면서 영국인 부재지주로부터 소규모 토지를 빌려 경작했다. 그 토지에서의 산출량이 형편없었지만 퇴출되지 않기 위해서 수확물의 대부분을 소작료로 지불해야만 했고 남은 식량으로 겨우 연명해야 했다.

1845~1849년에 감자 역병 때문에 발생한 아일랜드 대기근이라는 역사상 유래가 없는 재앙으로 굶주림, 전염병 그리고 지주의 착취를 견디지 못한 아일랜드인들은 배를 타고 대개 미국으로 건너갔다. 아일랜드인들은 미국으로 건너갈 수만 있다면 서부 개척지에서 막대한 토지를 가질 수 있다는 꿈이 있었다. 1850년까지 미국 보스턴(Boston), 뉴욕(New York), 필라델피아(Philadelphia), 볼티모어(Baltimore) 지역의 인구 중 4분의 1 이상이 아일랜드 이주민이었다.

당시 미국으로 이주한 아일랜드인들은 대부분 중서부 개척시대에 철도 노동과 개간 농업, 그리고 목축을 하는 카우보이(cowboy) 일을 하며 미국 사회의 중하층민으로 정착했다. 1992년 미국에서 론 하워드(Ron Howard) 감독이 제작하고 톰 크루즈(Tom Cruise)와 니콜 키드먼(Nicole Kidman)이 주연한 〈파 앤드 어웨이(Far and Away)〉라는 영화를 보면 19세기 후반 아일랜드 농민들이 소작농으로 살면서 지주에게 착취당하는 비참한 삶과 이를 피해 미국으로 건너간 아일랜드 이민자들의 애환을 잘 그리고 있다.

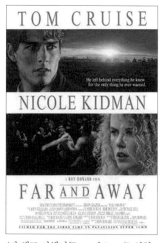

〈파 앤드 어웨이(Far and Away)〉 영화 포스터 (출처: Wikipedia)

이 영화에서처럼 아일랜드를 떠나 미국으로 이주한 이민자 중에 미국 제 35대 대통령 존 F. 케네디(John F. Kennedy)의 할아버지인 패트릭 케네디 (Patrick Kennedy)가 포함돼 있었다. 패트릭 케네디는 보스턴에 정착해서 술 집, 청과상 등을 경영하면서 억척스럽게 재산을 모은 뒤 정계에 진출했고, 아들 조지프 케네디(Joseph Kennedy)를 하버드대학교에 보냈다.

조지프 케네디는 은행가와 실업가로 성공해 1914년 보스턴 시장의 딸 로즈 (Rose Elizabeth Fitzgerald)와 결혼하면서 신분 상승을 이뤘다. 그는 정계에 진출해 루스벨트(Franklin Roosevelt) 대통령을 지원했고, 그 공로로 영국 대사가 됐다. 그는 여기에 만족하지 않았고 무엇보다 아들을 미국 대통령으로 만드는 것이 소원이었다.

케네디가의 9남매는 아버지 조지프 케네디로부터 뛰어난 승부사 기질과 야망을 배웠다. 장남인 조지프 패트릭 케네디 2세(Joseph Patrick Kennedy Jr.)는 하버드대학교 로스쿨의 마지막 해인 1943년 제2차 세계대전에 폭격기 조종사로 참전했다. 그리고 일본의 진주만 기습 6개월 뒤 유럽 전선에 배치 돼 대잠수함 초계 임무를 수행하던 중 '아프로디테 미션(Aphrodite mission)' 이라는 작전에 참여했다. 폭약을 가득 실은 비행기를 목표 지점에서 폭발 시키고 폭발 직전 낙하산으로 탈출하는 임무였다. 1944년 8월 그는 1톤가 량의 고성능 폭약이 실린 폭격기에 탑승해 프랑스 내 독일군 요새로 향하 던 중 폭약이 미리 폭발하면서 도버해협 상공에서 전사했다. 그의 전사는 프랑스어로 귀족은 의무를 갖는다는 의미의 '노블레스 오블리주(Noblesse Oblige)'의 주요 사례로 인용된다.

왕실이 없는 미국은 '케네디 가문'을 '로열패밀리(Royal family)'로 여긴다. 케네디가의 부와 권력, 명성뿐만 아니라 국가를 위한 희생도 로열패밀리로 자리매김하는 동력이 됐다. 장남 조지프 패트릭 케네디 2세가 전사하자 케네디가의 대통령의 꿈은 차남 존 F. 케네디로 이어졌다. 1960년 대통령 선거에서 존 F. 케네디는 닉슨(Richard Nixon) 공화당 후보를 누르고 미국의 최연소 대통령으로 당선됐다. 드디어 1961년 존 F. 케네디가 43세의 젊은 나이로 백악관에 입성함으로써 케네디가의 꿈이 이루어졌다.

'뉴프론티어(New Frontier)' 정책을 펼치면서 승승장구하던 존 F. 케네디는

John F. Kennedy (출처: Wikipedia)

1963년 11월 22일 부인 재클린(Jacqueline Lee Bouvier)과 존슨(Lyndon Johnson) 부통령 부부와 함께 텍사스주 댈러스(Dallas)에서 리무진에 타고 민주당 회의 장소로 향하던 중 오스월드(Lee Harvey Oswald)에게 암살당하고 말았다.

그 후 1968년 존 F. 케네디 대통령의 동생이자 케네디가의 3남인 로버트 케네디(Robert Kennedy)도 로스앤젤레스(Los Angeles)에서 대통령 선거운동을 하던 중 요르단 국적의 시르한(Sirhan Bishara Sirhan)에게 암살당하는 비운이 발생했다. 이 밖에도 로열패밀리 케네디가의 9남매에게 닥친 여러 가지 불행을 '케네디가의 비운(Kennedy Tragedies)' 또는 '케네디가의 저주(Kennedy Curse)'라고 일컫는다.

그러나 거슬러 올라가 아일랜드에서 감자 역병이 발생하지 않았다면 미국에 '케네디 가문'은 탄생하지 않았을 것이다. 그랬다면 미국 역사와 세계사는 조금은 달라지지 않았을까?

감자 역병의 원인

감자 역병의 원인은 버클리의 제안과 드바리의 실험에 의해
오랫동안 곰팡이로 알려져왔다

감자를 마르고 썩고 죽게 하는 역병의 원인은 당시 유럽인들에게 불가사의
한 일이었다. 당시 무지한 농민들은 이 병이 그들이 저지른 죄악에 대해 신이
내린 징벌이라고 믿는다든지, 아니면 악마를 쫓아내기 위해 감자밭에 뿌리는
성스러운 물에 의해 생긴다고 믿었다.

　학식이 있는 의사와 목사들도 자연발생설에 대한 신념이 확고해서 병든 감
자 잎이나 줄기 또는 덩이줄기에서 자라는 곰팡이를 보았을 때에도 죽어가
는 식물체의 부패의 원인이라기보다는 부패의 결과라고 생각했다.

　그러나 교육받은 사람들 중에서는 다른 생각을 가진 사람도 있었다. 영국
런던대학교 식물학과 린들리(John Lindley) 교수는 식물은 비가 내리는 동안
뿌리를 통해 수분을 과다하게 흡수했을 때 과도한 수분을 제거할 수 없기 때
문에 조직이 부풀고 썩는다는 그럴 듯하지만 틀린
주장을 했다.

　이에 대해 영국 식물학자 버클리(Miles Joseph
Berkeley)는 병든 감자 식물체를 뒤덮고 있는 곰
팡이들이 양파에서 보았던 곰팡이들과 똑같지는
않아도 비슷하다는 것을 알고 감자 역병의 원인이
곰팡이라고 결론지었다. 버클리가 《정원사 연대
기(The Gardeners's Chronicles)》라는 잡지에 이

Miles J. Berkeley (출처: Wikipedia)

러한 제안을 했을 때 대부분 사람들은 그것은 믿지 못할 일이며 사실이 뒷받침하지 않는 기괴한 이론으로 치부했다. 이렇게 감자 역병의 원인이 무엇인가 하는 수수께끼는 아일랜드에서 감자 역병이 최초로 발생한 1845년 이후 16년 동안이나 해답 없이 지속됐다.

마침내 1861년 독일의 식물학자 드바리(Heinrich Anton de Bary)는 감자 역병에서 곰팡이의 역할을 증명하기 위한 실험을 수행했다. 드바리는 감자 식물체를 역병에 걸리기 쉽게 서늘하고 습한 환경조건에 두었다. 그는 일부 식물체들에는 역병에 걸린 식물체에서 채취한 곰팡이를 접종했고, 다른 식물체들은 대조시험구로 두고 곰팡이를 접종하지 않았다. 양쪽 식물체들을 모두 똑같은 적합한 환경조건에 노출시켰지만, 곰팡이를 접종한 식물체들만 역병에 걸렸다. 몇 번 실험을 반복했지만 같은 결과를 얻었다.

드바리는 또한 감자 역병을 일으키는 곰팡이는 다음 생육기에 어딘지 모르는 곳으로부터 다시 나타나는 것이 아니라 감자밭이나 창고에 있는 감염된 감자에서 곰팡이가 월동한다는 것을 보여주었다. 이듬해 봄에 곰팡이는 감염된 감자에서 자라 나오는 어린 식물체를 감염시켜 그 식물체 위에 새로운 곰팡이를 만들고 다른 식물체로 퍼져가서 새로운 식물체를 감염하고 죽였다. 결론적으로 감자 식물체들이 수분을 지나치게 많이 흡수해서 썩는 것이 아니며, 곰팡이가 없으면 역병이 생기지 않는다는 사실을 증명했다.

드바리의 실험은 감염성 질병에서 오염된 음식과 물과 소독되지 않은 기구의 중요성을 새롭게 인식시켜 식물병뿐만 아니라 인체병과 동물병 연구에서 커다란 진전을 초래했다. 200년 동안 사람들은 수많은 병든 생명체들을 관찰해왔지만, 이것들은 질병의 원인이라기보다는 결과로 여겨져왔다. 드바리는 이 실험을 통해 당시까지 생물은 자연적으로 생겨난다고 믿어온 '자연발생

설'이 틀림을 입증했으며, 미생물이 질병을 일으킨다는 '미생물병원설'을 선
도했다.

감자 역병균의 정체

감자 역병균은 균사와 포자가 곰팡이를 닮아 곰팡이로 여겨져왔지만,
세포벽에 섬유소를 함유하는 색조류의 일종인 난균이다

모든 생명체는 언어와 지역에 따라 부르는 일반명(一般名)이 있지만, 국제
적으로 공통으로 사용하는 '학명(學名, Latin binomial)'을 가진다. 1735년
스웨덴의 식물학자 린네(Carl von Linnaeus)는 그의 저서인 《자연의 체계
(Systema Naturae)》에서 '2명법(二名法, binomial nomenclature)'을 확립했
다. 생물의 2명법은 이탤릭체로 '속명(屬名, genus)'과 '종명(種名, species)'을

나란히 표기하는데, 보통 속명의 첫 글자는 대문
자로 표기하고, 나머지는 대문자 또는 소문자로 표
기한다. 그리고 종명 다음에 그 생물을 처음 발견
해서 공식적으로 명명한 사람의 이름 또는 이름의
첫 글자를 붙인다. 린네는 2명법을 확립했고 많은
식물과 동물의 학명을 부여했기 때문에 2명법 뒤
에 린네의 영문 이름 약자인 'L.'이 많이 붙어 있다.
　대부분의 학명은 생물이 이미 잘 알려져 있고

Carl von Linnaeus
(출처: Wikipedia)

123

연구돼 있기 때문에 잘 받아들여진다. 익숙하지 않은 생물의 학명은 그 생물의 특성과 다른 생물과의 관련성이 더 많이 밝혀지면서 종종 바뀌기도 한다. 특히 미생물인 경우에 배양기술이나 연구가 빠르게 진보되기 때문에 학명이 자주 바뀐다. 그런 경우에 특이한 종명을 나타내는 '형용사(epithet)'는 보통 남지만 속명은 바뀐다. 그럴 경우에 최초의 명명자는 괄호 안에 넣고 새로운 명명자를 붙인다.

'감자 역병균'은 처음에 곰팡이의 일종으로 판단돼 몽테뉴(Montagne)에 의해 '보트라이티스 시네레아(*Botrytis cinerea* Montagne)'라고 명명됐다. 그러나 드바리는 감자 역병균이 '보트라이티스속(*Botrytis*)'에 속하는 다른 종들과 확연하게 다르기 때문에 감자 역병균을 나타내는 '파이토프쏘라(*Phytophthora*)'라는 새로운 속명을 신설하고 '파이토프쏘라 인페스탄스(*Phytophthora infestans*)'라고 바꿔 명명했다. 따라서 감자 역병균의 정식 학명은 '파이토프쏘라 인페스탄스 몽테뉴 드바리(*Phytophthora infestans* (Montagne) de Bary)'로 정정됐다.

린네는 교육받은 유럽인들에게 국제 공용 언어였던 라틴어를 학명에 사용했다. 따라서 많은 학명에 사용된 그리스어나 라틴어의 어원을 추적하면 명명자의 아이디어를 알아낼 수 있다. 감자 역병균의 학명에서 속명인 '파이토프쏘라(*Phytophthora*)'는 그리스어 어원을 가지는데, '파이토(*Phyto*)'는 식물을 나타내고, '프쏘라(*phthora*)'는 파괴자를 뜻하며, 종명인 '인페스탄스(*infestans*)'는 황폐화시킬 만큼 만연됨을 나타낸다. 따라서 감자 역병균의 학명인 '파이토프쏘라 인페스탄스(*Phytophthora infestans*)'는 식물을 파괴시키면서 빠르게 확산되는 병원체라는 의미를 내포하고 있다.

감자 역병균의 생물학적 특성은 전형적인 '난균(卵菌, Oomycetes)'의 일종이지만 병리학적 특성은 '노균병균(露菌病菌, downy mildew)'과 많이 닮았다. 난균은 과거에 '균계(菌界, Kingdom Fungi)'로 분류됐지만, 균계에 속하는 곰팡이들보다는 '조류(藻類, algae)'와 고등식물을 더 닮아 지금은 '색조류계(色藻類界, Kingdom Chromista)'에 속하는 것으로 분류하고, 여전히 곰팡이와 유사한 특성들을 가지고 있기 때문에 '유사균류(類似菌類)'라고도 한다.

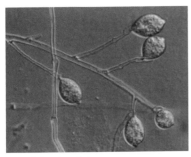

감자 역병균의 포자낭

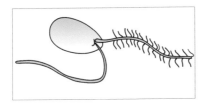

감자 역병균의 유주포자 (출처: Wikipedia)

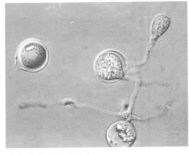

감자 역병균의 난포자

감자 역병균 자체는 거의 보이지 않는다. 습한 날씨에 감자 역병균은 감염된 감자 잎과 줄기 표면에 있는 기공(氣孔)을 통해 자라 나왔을 때 하얀 곰팡이로 보일 뿐이다. 현미경으로 관찰하면 균사는 격벽이 없는 '다핵균사(coenocytic hyphae)' 상태이고, 세포벽에 키틴(chitin) 성분이 없는 대신에 섬유소 성분을 가지고 있다.

균사 말단 부위에 레몬 모양으로 25~35μm 크기 정도 되는 '포자낭(胞子囊, sporangium)'을 생성한다. 포자낭은 감자 역병균의 번식기관으로 내부의 세포질은 대략 8개의 '유주포자(遊走胞子, zoospore)'로 전환된다. 유주포자에는 2개의 '편모(鞭毛, flagellum)'가 있는데, 깃털 모양의 편모는 방향타 역할을 하고 채찍 모양의 편모는 헤엄칠 추진력을 제공해준다.

감자 역병균에는 A1과 A2라고 부르는 두 가지 '교배형(交配形, mating type)'이 있다. 유성생식기관인 '웅기(雄器, antheridia)'와 '난기(卵器, oogonia)'가 친화적인 교배형이 존재할 때에만 유도돼 형성되고, 유전적 융합에 의해 35~45㎛ 크기의 '난포자(卵胞子, oospore)'가 만들어진다. 난포자는 자연계에서 드물게 발견되지만, 월동을 하거나 부적합한 환경조건에서 생존하기 위한 기관이다.

감자 역병의 증상

감자 역병은 잎 뒷면에 하얀 서릿발 같은 곰팡이가 나타나고
줄기와 덩이줄기는 갈색으로 썩어 들어간다

역병에 감염된 감자 잎에는 먼저 둥글고 불규칙하게 물이 침투한 듯한 점무늬가 보통 식물체 아래쪽 잎의 끝이나 가장자리에서부터 나타난다. 습한 날씨가 계속되면 점무늬는 빠르게 확대되고 가장자리가 불분명하게 갈색으로 마른 병반을 형성한다.

잎 뒷면에 있는 병반 가장자리에는 3~5㎜의 하얀 서릿발 같은 곰팡이가 나타나고 순식간에 잎 전체가 감염돼 죽

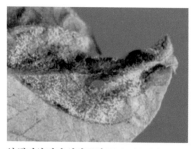

잎 뒷면의 감자 역병 증상 (출처: 식물병리학)

줄기의 감자 역병 증상 (출처: 식물병리학)

역병에 감염된 감자 덩이줄기 (출처: 식물병리학)

어 축 늘어진다. 과습한 조건이 계속되면 병반 위에 새로 생성된 포자낭들이 감염 3~5일만큼 빠르게 나타나기 시작하면서 전염병을 증가시킨다.

감자 역병균은 단기간에 많은 세대의 포자낭을 생성하고, 감염시킬 수 있는 모든 감자 조직을 감염시킨다. 감자 줄기도 흑갈색으로 괴사하고 감자밭의 모든 감자는 3주 이내에 모든 연약한 지상부가 마르고 빠르게 썩으면서 끈적끈적하고 역겨운 덩어리로 변할 수 있다.

병든 감자는 먼저 물이 침투한 증상을 보이고 검붉은 갈색을 나타내며 덩이줄기 속으로 5~15mm 정도까지 확장된 다음에 다소 불규칙한 검보라색 또는 갈색 얼룩을 나타낸다. 나중에는 감염된 부위가 조금 단단해지고 건조해지며 다소 움푹 들어간다.

감자 덩이줄기의 병반은 대개 덩이줄기 속으로 더 깊이 파고들지 않고 표면에만 생긴다. 그러나 수확 후 저장 중에도 감자 역병은 계속 진전돼서 감염된 감자 덩이줄기는 포자낭으로 뒤덮이고 2차적인 다른 곰팡이나 세균이 침입해서 물러 썩게 만들고 역겨운 냄새를 풍긴다.

감자 역병균의 기원

감자 역병균은 중남미의 톨루카 화산 근처에 있는 중앙멕시코 고원지대에서 유래하는 것으로 추정된다

톨루카 화산 근처 감자 재배지

감자의 원산지는 페루와 볼리비아 사이에 있는 티티카카호 주변의 남아메리카 고원지대인 반면에, 감자 역병균은 중앙아메리카에 있는 톨루카(Toluca) 화산 근처 중앙멕시코의 고원지대에서 유래하는 것으로 추정된다. 1993년 미국 코넬대학교 프라이(W. E. Fry) 교수에 따르면 톨루카 화산 근처 중앙멕시코의 고원지대가 역사적으로 감자 역병균 A1과 A2 교배형이 같은 비율로 공존해온 유일한 지역이고, 중앙멕시코 중 톨루카 계곡에 있는 감자 역병균 집단의 병원력 특성이 특히 다양하다.

또한 이 지역에는 전 세계에서 두 번째로 감자속(Solanum)에 속하는 종이 다양하고 토종 감자도 많은 반면에, 남아메리카 안데스산맥에서 기원하는 재배종 감자인 '솔라눔 투베로숨(Solanum tuberosum)'은 톨루카 계곡에서 1950년대까지는 집중적으로 재배되지 않았다.

많은 야생 멕시코 감자속에 속하는 종들은 감자 역병균에 대해 저항성을 가진다. 예컨대 톨루카 계곡을 포함해서 중앙 고원지대에서 흔한 야생종 감자인 '솔라눔 데미숨(Solanum demissum)'은 감자 역병균에 대한 여러 특이

적 저항성 유전자원으로 활용되고 있다. 따라서 감자 역병균이 톨루카 화산 근처의 중앙멕시코 고원지대에서 유래한다는 가설이 유력해 보인다.

그러나 2007년 미국 노스캐롤라이나주립대학교의 루이스(Luis Gomez-Alpizar) 교수는 북아메리카와 남아메리카 대륙과 아일랜드에서 채집한 감자 역병균 균주들에 있는 몇 가지 유전자 염기서열을 분석해서 감자 역병균이 안데스(Andes)에서 유래한다고 보고함으로써 감자 역병균의 기원에 대한 논란의 여지를 남겼다.

제1차 감자 역병 팬데믹

'제1차 감자 역병 팬데믹'은 1840년대에 감자 역병균 A1 교배형의 세계적 이동으로 발생했다

감자 역병균의 포자낭은 보통 공기의 흐름에 의해 이웃 식물체로 전파되고 공기가 습할 때에는 이웃 감자밭으로 쉽게 전파된다. 포자낭은 12~15℃에서는 3~8개의 유주포자를 방출하는 간접발아를 하고, 15℃ 이상에서는 발아관을 내는 직접발아를 해서 감자 식물체에 침입한다. 감자 역병이 에피데믹으로 진전되는 것은 전적으로 기온과 습도 조건에 의해 결정된다. 15~25℃ 사이의 기온에서 상대습도가 100%일 때 균사 생장과 포자낭 형성이 가장 왕성하다.

감자 역병균은 감자 원산지인 중앙아메리카와 남아메리카에서 감자와 근

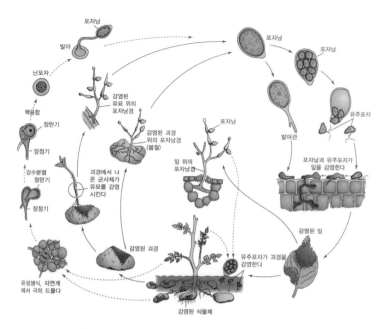

감자 역병(*Phytophthora infestans*)의 병환 (출처: 식물병리학)

연 식물체들에 기생하며 함께 진화해왔다. 거기에서 농부들은 감자 역병균에 대한 감수성 정도가 다른 수많은 감자 품종들을 재배해왔기 때문에 손실은 발생하지만 엄청나게 황폐화시킬 만한 에피데믹의 발생은 피할 수 있었다.

그러나 현대 농업기술과 특히 영양번식기술은 작물들을 유전적으로 균일하게 만들고 기생체에 대해 감수성이 되도록 만든다. 이렇게 유전적으로 취약한 상태가 심각한 에피데믹을 초래한다. 그 기생체가 기주로부터 영양을 빼앗을 뿐만 아니라 빠르게 증식해서 병원체가 된다. 그래서 병을 일으키고 손실을 일으킨다.

감자가 유럽으로 도입될 때 남아메리카에서 유럽으로 향하는 긴 항해 기간 동안 대부분의 감자는 식량으로 배에서 소비되거나 썩고 유럽에 도착한 감자 중 일부는 역병균에 감염됐을 것으로 추정된다. 이러한 감자는 대량으로 증식돼 유럽에 널리 재배됐는데, 유전적으로 한정된 감자 품종은 역병균의 침입에 취약했기 때문에 에피데믹으로 발달했을 것이 확실하다.

1843년 미국 펜실베이니아주 필라델피아 근처 지역에서 미국에서 발생한 적이 없던 외래병인 감자 역병이 처음 발생했다. 1844년 아일랜드 신문에서

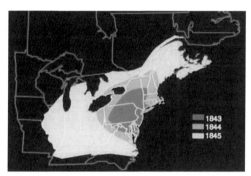

1843~1845년 사이 미국에서의 감자 역병 에피데믹 확산

는 미국 북동부 지역에서 발생한 감자 역병의 심각성을 보도하며 유럽을 왕복하는 배로 감자 역병이 전파될 수 있음을 우려했다. 1845년에는 감자 역병이 캐나다 해안 지역에서 미국 중서부 지역까지 확산됐다.

이러한 상황에서 미국에서 생산된 씨감자가 유럽 감자밭에 공급됨으로써 감자 역병이 유럽 전역으로 전파돼, 1845년 6월 말 유럽 국가 중 벨기에에서 감자 역병이 발생했다. 1845년 8월 중순에 벨기에, 네덜란드, 프랑스 북부, 영국 남부 등 북유럽과 중앙유럽까지 감자 역병 에

1845년 유럽에서의 감자 역병 에피데믹 확산
(출처: 식물병리학)

피데믹이 확산되기 시작해서 1845년 10월 중순 아일랜드 대부분 지역에도 감자 역병이 발생했고, 동쪽으로는 독일까지 감자 역병이 확산됐다. 특히 아일랜드에서 감자 역병이 대발생하고 피해가 심했던 이유는 섬나라인 아일랜드 특유의 서늘하고 습한 날씨 때문이었다.

일단 유럽에 도입된 감자 역병균은 씨감자 국제무역을 통해 세계의 다른 지역으로 전파됐다. 서늘한 기후와 그에 따라 감자 바이러스의 매개충인 진딧물 빈도가 상대적으로 낮은 북유럽의 감자 재배자들은 바이러스 발생이 낮은 감자를 생산하는 데 주력했다. 그래서 남아메리카와 아프리카, 그리고 중동아시아를 비롯한 아시아의 감자 재배자들은 북유럽에서 생산된 씨감자를 사용했다. 불행하게도 감자 역병에 감염된 모든 씨감자를 쉽게 찾아낼 수 없기 때문에 일부 감염된 씨감자들이 이 지역에도 심겨져왔다. 그래서 씨감자 무역은 감자 역병균의 편리한 이동 수단이 됐으리라 여겨진다.

이렇게 감자 역병이 1840년대와 1850년대 전 세계적 차원에서 첫 번째로 유행했던 시기에는 흥미롭게도 감자 역병균 A1 교배형에 속하는 균주(HERB-1)만 중앙멕시코에서 전 세계로 퍼져나갔다. 멕시코를 제외한 다른 국가들에서는 A1 교배형과 친화적으로 교배할 수 있는 A2 교배형이 없었으므로 유성생식에 의한 난포자는 형성하지 못했고 무성생식에 의한 포자낭과 유주포자만 형성하는 감자 역병균이 팬데믹을 일으켰을 것으로 추정된다.

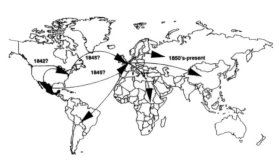

1840~1850년대 감자 역병균의 이동 경로

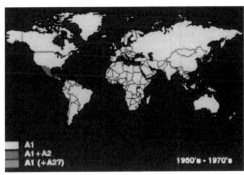

1950-1970년대 감자 역병균 교배형 분포

1842년 무렵 멕시코에서 미국으로 감자 역병균 A1 교배형이 전파되고 1845년 멕시코와 미국에서 서유럽으로 A1 교배형이 다시 전파된 후 서유럽에서 아시아와 아프리카에 있는 다른 국가로 전파된 것으로 추정되고 있다. 1840년대와 1850년대 감자 역병 팬데믹을 일으켰던 감자 역병균 A1 교배형이 중앙멕시코에서 전 세계로 퍼져나간 것을 '제1차 감자 역병균의 세계적 이동(The First Global Migration of *Phytophthora infestans*)'이라고 부른다.

제2차 감자 역병 팬데믹

'제2차 감자 역병 팬데믹'은 1970년대에 감자 역병균 A2 교배형의 세계적 이동으로 발생했다

한편 1950년대부터 1970년대 중반까지 중앙멕시코에만 분포해 왔고 1981년 이전에

1970년대와 1980년대 감자 역병균의 이동 경로

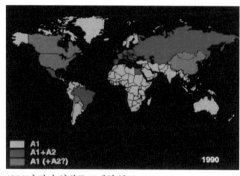

는 유럽에서 채집된 바 없는 감자 역병균 A2 교배형 균주 (US-1)가 1970년대 후반에 남극과 오스트레일리아를 제외한 전 세계로 퍼져나간 것을 '제2차 감자 역병균의 세계적 이동(The Second Global

1990년 감자 역병균 교배형 분포

Migration of *Phytophthora infestans*)'이라고 부른다.

감자 역병균 교배형의 변화

A1 교배형이 존재하던 지역에 A2 교배형이 도입되면
기존의 A1 교배형이 빠르게 A2 교배형에 의해 대체됐다

멕시코를 비롯해 많은 국가에서 A1 교배형과 A2 교배형이 공존하고 있는 것을 알 수 있는데, 최근에는 A1 교배형만 분포하던 국가에서 A2 교배형이 새롭게 발견되는 것으로 밝혀졌다. 이러한 감자 역병균 A2 교배형의 세계적 이동도 감염된 감자를 통해 이루어진 것으로 추정되고 있다. 실제 1970년대 후반에 엄청난 양의 감자가 내수용으로 멕시코에서 서유럽으로 수입됐다.

　감염된 감자 일부가 저장된 후 파종되거나 퇴비 더미나 파치 더미에 버려진다면 감자 역병균은 거기에서 월동한다. 이듬해 감염된 감자의 일부는 잎

을 내서 감자 역병균의 생장을 도와주고, 감염된 조직에 형성된 포자낭은 근처에 있는 감자나 토마토로 전파된다.

1976년 멕시코로부터 서유럽으로 감자 역병균 A2 교배형이 이동한 후 서유럽으로부터 다른 대륙 국가들로도 A2 교배형이 이동했다. 이는 서유럽과 다른 대륙 국가들 사이에 씨감자 무역이 이루어질 때 감염된 감자를 통해 A2 교배형이 전 세계로 퍼져나간 것으로 추정된다.

이처럼 일단 A1 교배형 집단이 존재하던 지역에 A2 교배형이 도입되면 A2 교배형이 A1 교배형에 비해 적응력이 뛰어나고 병원력도 강하기 때문에 기존의 A1 교배형 집단이 빠르게 A2 교배형 집단에 의해 대체되고 있는 것으로 밝혀졌다.

유럽의 네덜란드와 독일에서도 1970년 후반까지만 해도 A1 교배형만 분포했었는데, 1980년 초반에 A2 교배형이 도입된 후 1980년대 후반에 이르러서는 A1 교배형이 완전하게 A2 교배형으로 대체됐다. 즉 1977~1978년까지는 A1 교배형만 분포하고 있었지만, 1970년대 후반에 A2 교배형이 전파되자 1980년대 후반에는 A1 교배형이 A2 교배형으로 대체되는 것을 알 수 있다.

감자 역병균 A1 교배형과 A2 교배형이 단독 집단으로 분포할 때에는 무성생식에 의해 형성되는 포자낭이나 유주포자에 의해 증식하면서 에피데믹을 일으키지만, 두 가지 교배형이 공존할 때에는 친화적인 A1과 A2 교배형이 융합해서 난포자를 형성하는 유성생식이 일어난다. 유성생식이 일어나면 훨씬 병원력이 강한 새로운 유전형을 포함하는 수많은 유전형을 탄생시킨다.

또한 난포자는 이른 봄 감자에 역병을 일으킬 수 있는 초기 전염원으로 작용해서 감자 역병 에피데믹은 극적으로 반전할 수도 있다. 무성생식만 하는 감자 역병균 집단은 기주에서 떨어진 토양에서 월동할 수 있는 생존기관을 가지고 있지 않지만, 난포자는 토양에서 수개월 또는 수년 동안 생존할 수 있기 때문이다.

그래서 감자 역병균은 유성생식을 한다면 난포자가 감자와 토마토에서 역병을 일으킬 수 있는 매우 중요한 초기 전염원이 돼서 더욱 심한 에피데믹을 일으킬 수도 있을 것이다.

역병균에 대한 감자 품종의 저항성 역전

감자 재배 품종과 야생종의 잡종으로 저항성 품종을 육성해도 새로운 레이스에 의한 저항성 역전 현상이 되풀이되고 있다

감자 역병 저항성 품종의 육성은 보통 재배 품종 간에 교배시키는 것을 시작으로 차츰 역병에 강한 품종을 만들었지만, 이 방법으로는 고도의 저항성 품종 육성은 도저히 바랄 수 없었다. 일반적으로 품종 개량에는 풍부한 유전자의 확보가 필요하다. 그래서 각국의 연구자들은 감자의 원산지인 멕시코나 남아메리카를 탐험해 역병에 강한 유전자를 가지고 있는 야생종을 찾아서 육종의 재료로 활용했다. 이 지역은 각종 감자의 야생종이 자생하고 있으며, 동시에 세계에서 발견된 역병균 레이스(race) 모두가 활약하는 장소이기도 하다.

여러 가지 감자 중에서 야생종 감자인 '솔라눔 데미숨(*Solanum demissum*)'은 역병균에 대해 면역이라고도 할 수 있을 만큼 강해 지금까지 재배 품종과

는 월등한 차이가 있었다. 따라서 솔라눔 데미숨을 역병 저항성 품종 육성에 이용하는 시도가 영국을 비롯한 세계 각국에서 추진돼, 솔라눔 데미숨과 재배종 감자인 '솔라눔 투베로숨(*Solanum tuberosum*)'을 교배시켜 육성한 종간 잡종의 신품종이 계속 재배됐다. 솔라눔 데미숨이 나타내는 저항성을 '진성저항성(眞性抵抗性)'이라고 한다.

이처럼 저항성 종간 잡종 신품종이 널리 보급됨에 따라 신품종을 침입하는 새로운 레이스도 잇따라 출현해 솔라눔 데미숨이 가진 저항성 유전자를 도입한 저항성 품종이 소용없게 됐다. 솔라눔 데미숨은 역병균 레이스에 저항성을 나타내는 4개의 유전자 R1, R2, R3, R4를 가지고 있다. 이 유전자들은 단순한 멘델형 유전을 하기 때문에 교배에 의한 저항성 유전자를 도입하는 것이 비교적 쉽다.

또한 4개의 유전자 조합으로 16개의 유전자형이 가능하기에 16개의 역병균 레이스가 있을 것으로 예상해 세계 공통의 명명법이 제창됐다. 예를 들면 R1 유전자형의 감자에 병원성을 가지는 역병균 계통을 race1이라 하고, R2 유전자형의 감자에 병원성을 가지는 역병균 계통을 race2라 한다. 그리고 R1R2 유전자형의 감자에 병원성을 가지는 역병균 계통을 race1,2라고 한다. 현재까지 세계적으로 race2,3을 제외한 15개의 레이스가 발견됐다.

세계 각국에서 활발하게 감자 역병 저항성 육성 연구가 진행돼 우수한 저항성 종간 잡종 신품종들이 육성됐다. 그러나 이 저항성 종간 잡종 품종들을 침범하는 레이스가 출현했다.

이렇게 인간이 어떤 작물에서 특정 병에 대해 저항성을 가지는 품종을 육성함에 따라 병원체는 이 저항성을 무너뜨리고 병을 일으키기 위해 스스로 유전적 변이를 일으켜 새로운 레이스를 출현시키는 진화를 거듭한다. 즉 인간이 작물을 강한 저항성을 가지도록 꾸준하게 육성해나가는 것을 '도태압 (淘汰壓, selection pressure)'이라고 하고, 이러한 일정한 방향으로 가해진 도 태압에 대항해 병원균도 살아남기 위해 저항성을 무너뜨릴 수 있는 강한 병 원성을 가진 새로운 레이스를 출현시키는 진화 현상을 '인간이 유도하는 진 화(man-guided evolution)'라고 한다.

결국 작물을 두고 인간은 작물이 병에 걸리지 않게 육성하고 병원체는 저 항성을 무너뜨려 병을 일으키려고 변이하는 줄다리기가 끊임없이 일어난다. 그래서 인간이 새로운 저항성 품종을 육성할 때마다 작물에 비해 유전체의 크기가 작아 보다 쉽게 변이를 일으키는 병원체는 새로운 레이스를 출현시 켜 작물을 침범한다. 결국 이렇게 식물병을 일으키게 되는 현상을 '저항성 역 전(抵抗性逆轉, break-down)'이라고 한다.

이러한 저항성 역전 현상은 벼 도열병을 비롯한 수많은 주요 식물병에서도 보고돼왔다. 만약 자연계에 존재하는 식물병원체가 식물을 침범할 수 없다면 영원히 소멸될 수밖에 없다. 그래서 병원체는 소멸되지 않기 위해 끊임없이 변이를 일으키며 생존해간다. 결국 세계 곳곳에서 인간과 병원체의 총성 없 는 전쟁이 되풀이되고 있다.

1971년 페루 리마(Lima)에 설립된 '국제감자연구소(International Potato Center, CIP)'의 추산에 따르면 감자 역병에 의한 손실률은 15% 정도다. 해 마다 약 27억 5천만 달러어치의 직접 손실이 발생하고, 농약 살포에 의한 방제 비용도 10억 달러나 된다.

우리나라 감자 역병균 집단 분포

우리나라에서도 A1 교배형이 빠르게 A2 교배형에 의해 대체되고
메타락실(metalaxyl) 저항성균이 출현했다

감자 역병 팬데믹과 감자 역병균의 집단유전에 관심을 가지고 있던 필자는
1987년 순천대학교 교수로 임용된 후 5년째 되던 1991년 12월부터 1년 동안
한국과학재단(현 한국연구재단)에서 지원해주는 방문연구자로 선발됐다.

　미국 코넬대학교 식물병리학과 프라이(W. E. Fry) 교수 연구팀에 합류해
'감자 역병균 집단의 분자유전학적 분석'이라는 주제로 감자 역병균에 대한
집단유전을 연구할 기회를 얻었다. 프라이 교수는 감자 역병균의 세계적 이
동에 관한 연구를 수행하고 있었기 때문에 필자가 우리나라에 분포하는 감
자 역병균을 수집해서 연구에 동참하면 별도의 재정적인 지원도 해주겠다는
매우 호의적인 제의를 했다.

　1991년 가을 필자는 감자 역병균 균주 수집에 나섰다. 전라남도, 전라북도
와 경상남도의 감자 재배지는 평지에 있어서 감자밭을 찾기도 쉬웠고 병든
시료 채집도 수월했다. 경상북도와 강원도 감자 재배지는 안동대학교 이순구
교수님(현 안동대학교 명예교수)께서 안내해주셨고, 당시 4학년 재학생이었
던 이동현 박사(현 미실란 대표)가 동행했다.

　그런데 경상북도와 강원도에서는 산 위에 조성된 대규모 감자 재배지에서
주로 씨감자를 생산하고 있어서 감자밭을 찾아가기가 여간 어려운 것이 아
니었다. 비포장 산길은 비탈진 데다 진흙 수렁도 많아 승용차 바퀴가 도랑에

빠지거나 차체가 바닥에 걸리면 이순구 교수님과 이동현 박사가 차를 밀어야 하는 곳도 여러 번 지나쳐야 할 만큼 험난한 여정이었다.

강원도 태백에 있는 이름 모를 산 능선에 끝없이 펼쳐진 감자밭 풍경은 아직도 어제 일처럼 생생하기만 하다. 필자는 연구 재료를 얻으려는 욕심으로 힘든 줄도 모르고 강행군했던 당연한 여정이었지만, 동행해서 고초를 겪었을 이순구 교수님과 이동현 박사에게 다시금 감사한 마음을 전하고 싶다.

감자에는 감자 잎말림병 같은 바이러스병이 많이 발생한다. 그래서 건전한 씨감자를 생산하기 위해서는 바이러스병을 매개하는 진딧물의 밀도가 낮은 고산지대가 안성맞춤이고, 고산지대의 서늘한 날씨도 감자 생육에 적합했다. 그러나 고산지대는 바이러스병의 발생은 회피할 수 있는 반면에 안개가 자주 끼고 비가 잦아 감자 역병 발생이 심한 편이었다. 따라서 감자 역병 피해를 막기 위해서는 감자 재배 농민들이 메타락실(metalaxyl)을 비롯한 감자 역병 방제용 약제를 빈번하게 살포할 수밖에 없는 실정이었다.

필자는 우여곡절을 겪으면서 수집한 감자 역병균 균주를 가지고 1991년 12월부터 1992년 12월까지 미국 코넬대학교 프라이 교수 연구팀에 합류했다. 코넬대학교는 뉴욕에서 승용차로 약 4시간 거리에 있는 인구 3만 명의 이타카(Ithaca)에 있었다. 미국 동부 명문 사학의 하나인 코넬대학교는 빙하기 때 만들어진 핑거호수(Finger Lake) 가장자리에 있어서 경치가 아름다운 캠퍼스로 알려져 있다.

외국 생활이 처음인 데다 자주 눈이 내리는 이타카 날씨 때문에 마땅하게 이타카를 벗어나서 여행하기도 쉽지 않았다. 그래서 이듬해 4월까지는 평일은 물론이거니와 토요일에도 저녁 식사 후에 브래드필드 홀(Bradfield Hall)에 있는 실험실에서 실험을 하는 재미에 푹 빠져 지냈다.

　감자 역병균 집단유전 연구를 전문으로 수행하고 있던 프라이 교수 실험실은 여러 대학원생과 박사후 연구원들이 유사한 주제의 연구들을 수행하고 있던 터라 실험 수행에 편리하게 기자재들이 준비돼 있었다.

　필자는 미국에 건너오기 전에 이러한 실험을 해본 경험이 없었기 때문에 실험 기법을 배우고 직접 실험을 하는 것이 매우 즐거웠다. 우리나라에서 수집한 감자 역병균 균주들을 코넬대학교에 보유 중인 중국, 일본, 대만, 필리핀 균주들과 함께 교배형과 메타락실 저항성 정도를 조사하고 몇 가지 유전적 마커를 사용해 비교 분석했다.

　흥미롭게도 제주도, 전라남도, 경상남도, 전라북도에 있는 소규모 감자 재배지에 분포하는 균주들은 대부분 메타락실에 대해 감수성인 반면에 경상북도와 강원도 고산지대에 분포하는 균주들은 대부분 메타락실에 대해 저항성이었다. 고산지대의 대규모 감자 재배지에서 감자 역병을 방제하기 위해 메타락실을 빈번하게 살포하는 현실이 정확하게 반영된 결과였다. 한편 당시까지만 해도 중국, 대만, 필리핀 등 동아시아 국가에는 A1 교배형만 분포하고, 일본에서는 A1 교배형과 A2 교배형이 공존하고 있었다.

　예상 밖으로 1991년 우리나라에서 채집한 감자 역병균 집단은 대

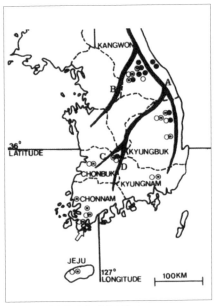

1991년 우리나라 감자 역병균 분포
(○: 메타락실 감수성 균주, ◉: 메타락실 중도 감수성 균주, ●: 메타락실 저항성 균주)

부분 A2 교배형으로 과거 A1 교배형 집단에서 A2 교배형 집단으로 바뀐 것을 알 수 있었다. 그러나 지금은 A1 교배형이 다시 등장해서 감자 역병균 집단은 여러 가지 약제 살포와 품종 교체 등과 더불어 끊임없이 진화하고 변화하고 있음을 보여주고 있다.

이렇게 약 1년에 걸친 필자의 연구 결과는 프라이 교수 연구팀에서 집중적으로 수행하고 있던 전 세계적인 감자 역병균의 이동과 분포에 대한 연구에서 동아시아 지역의 감자 역병균 집단을 보탠 셈이다.

필자가 분석한 일부 실험 결과는 프라이 교수가 주저자로, 필자가 공동저자로 작성한 논문(Historical and recent migrations of *Phytophthora infestans* : Chronology, pathways and implications)에 삽입돼 미국식물병리학회에서 발간하는 학회지 《플랜트 디지즈(Plant Disease)》 1993년 7월호에 게재됐다. 또한 한국과학재단(현 한국연구재단) 방문연구 지원사업을 신청할 때 계획된 실험을 성공적으로 잘 마무리하고 결과를 정리해서 주저자로 작성한 논문(Migrations and displacements of *Phytophthora infestans* populations in East Asian countries)도 미국식물병리학회에서 발간하는 학회지 《파이토패쏠로지(Phytopathology)》 1994년 9월호에 게재됐다.

이 논문은 코넬대학교에서 1년 동안 열심히 연구한 노력에 대한 보상이나 해주듯이 필자가 1995년 4월 28일 한국과학기술단체총연합회에서 시상하는 '제5회 과학기술우수논문상'으로 선정돼 수상하는 영광을 갖게 해주었다. '과학기술우수논문상'은 국내 과학기술과 관련된 300여 개의 학술 단체와 학회로부터 우수 논문을 추천받아 이학, 공학, 농수산, 보건, 종합 등 5개 분야에서 엄격한 심사 과정을 통해 학술적 가치가 충분하다고 판단되는 논문을 선정해 시상하는 상으로, 국내 과학기술 분야에서는 가장 권위가 있는 상이다.

1995년 '과학의날' 기념식 행사로 개최된 시상식에 부부 동반으로 초청받아 상패와 더불어 부상으로 부부용 커플 손목시계를 수상했던 기억이 난다. 돌이켜 생각해보면 1년 동안 신명나게 연구에 몰입했던 추억이 코넬대학교 캠퍼스의 아름다운 전경과 교차하며 주마등처럼 스쳐 지나간다.

1995년 수상한 제5회 과학기술우수논문상

제3장

포도나무에 한꺼번에 찾아온
'세 가지 재앙'

포도의 기원

포도는 중동아시아에서 6천~8천 년 전부터 재배하기 시작했고,
와인 주조도 8천 년 전 조지아에서 시작됐다

포도나무(*Vitis vinifera*)

'포도(葡萄, grape, *Vitis vinifera*)'는 중동아시아에서 6천~8천 년 전부터 재배하기 시작했다. 포도 표피에서 자라는 '효모(yeast)'를 이용해서 '와인(wine)' 같은 주류도 만들었다. 인류 문명에서 와인 주조에 관한 초기 고고학적 증거는 8천 년 전 조지아(Georgia)까지 거슬러 올라간다. 아르메니아(Armenia)에서 가장 오래된

와인 주조 공장은 기원전 4000년경으로 거슬러 올라간다.

9세기까지 페르시아(Persia)의 도시인 시라즈(Shiraz)는 중동아시아에서 가장 훌륭한 와인을 생산하는 곳으로 알려졌다. 따라서 '시라 레드 와인(Syrah red wine)'은 이 와인을 만드는 데 사용됐던 포도가 생산되는 도시인 시라즈의 이름을 따서 명명됐다.

고대 이집트 상형문자(象形文字)로 쓴 자주색 포도 재배 기록이 있고, 고대 그리스인, 페니키아인, 로마인들이 식용과 와인용으로 자주색 포도를 재배한 역사가 있다. 포도 재배는 나중에 유럽의 다른 지역과 북아프리카로 전파됐고 마침내 북아메리카에도 전파됐다.

북아메리카에서는 다양한 종류의 '포도속(Vitis)'에 속하는 자연산 포도가 대륙 전역에 야생으로 번성해서 아메리카 원주민들의 다이어트 식단의 일부가 돼주었지만, 초기 유럽 식민지 사람들은 북아메리카 자연산 포도가 와인에 부적합한 것으로 여겼다. 19세기에 매사추세츠주 콩코드(Concord)의 불(Ephraim Bull)은 '야생 포도(Vitis labrusca)' 덩굴에서 씨앗을 재배해 미국에서 중요한 농작물이 될 '콩코드 포도'를 만들었다.

대부분의 포도는 지중해와 중앙아시아에서 자생하는 '유럽포도(Vitis vinifera)' 품종에서 생산된다. 현재 유럽포도는 5천~1만 가지의 품종이 있지만 와인과 생식용 상품으로 중요한 것은 소수 품종에 불과하다.

첫 번째 재앙 - 포도나무 흰가루병 에피데믹

포도나무의 첫 번째 재앙은 자낭균의 일종인
'운시눌라 네카토(*Uncinula necator*)'라는 곰팡이에 의해 발생하는
'포도나무 흰가루병 에피데믹'이었다

포도나무 잎의 흰가루병 (출처: 식물병리학)

포도송이의 흰가루병
(출처: 식물병리학)

유럽에는 나쁜 것은 세 가지가 한 꺼번에 온다는 속담이 있다. 그런데 이 속담은 1800년대 후반 동안에 유럽인, 특히 프랑스의 포도 및 와 인 산업에 딱 들어맞았다. 미국에서 는 포도나무에 이미 알려져 있었으 나 유럽에서는 예전에 볼 수 없었던 증상이 1840년대 영국에서 처음으로 나타났고, 얼마 지나지 않아 프랑스에도 나타났다.

어린 포도나무 잎에 하얀 가루가 생기기 시 작하더니 잎 크기가 커지고 늙어감에 따라 하 얀 가루는 잎 대부분을 덮어버려 잎의 일부는 자갈색 또는 검은색으로 변하며 죽었다. 열매 에도 하얀 가루가 생기더니 열매가 지저분한 잿빛으로 변하면서 시들고 갈라지고 떨어졌 다. 어쩌다 작고 색깔이 흐려진 채 남아 있어도 생식뿐만 아니라 와인 생산용 으로도 부적합했다. 훗날 이러한 증상은 곰팡이의 일종인 '운시눌라 네카토

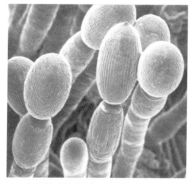

포도나무 흰가루병균(*Uncinula necator*)
(출처: 식물병리학)

'(*Uncinula necator*)'라는 '포도나무 흰가루병균'에 의해 발생하는 '포도나무 흰가루병(powdery mildew)'으로 확인됐다.

흰가루병균은 균계에 속한다. 자낭균류 중에서 '자낭구(子囊球)'를 형성하고 그 안에 자낭과 자낭포자를 형성하며, 무성생식에 의해 식물체 표면에 분생포자를 사슬 모양으로 많이 형성하기 때문에 흰가루병은 가장 흔하고 누구나 쉽게 인지할 수 있는 식물병 중 하나다.

포도나무 흰가루병은 다습한 지역에서도 발생해 심각한 피해를 주지만, 주로 온난건조한 지역에서 흔히 발생하고 피해도 심하다. 대기 중의 상대습도가 높으면 식물체 표면에 수막(水膜)이 형성되지 않아도 흰가루병균의 포자가 방출되고 발아해 감염할 수 있기 때문이다. 일단 감염이 되면 흰가루병균은 대기 습도와 관계없이 식물 표면에서 계속 퍼져나간다.

흰가루병균은 살아 있는 식물체에서만 기생하면서 살아가는 곰팡이로 '절대기생체(obligate parasite)' 또는 '활물기생체(活物寄生體)'라고 한다. 따라서 식물체 표면에만 서식하면서 표피세포 속에 '흡기(吸器)'를 넣고 식물체로부터 양분을 흡수하기 때문에 식물을 죽이지는 않는다. 그렇지만 양분 탈취, 광합성 감소, 호흡 증가, 증산 증가, 생장 불균일 등을 일으켜 수량 감소를 초래한다.

유럽에 새롭게 유입된 흰가루병 때문에 프랑스에서는 와인 생산이 1854년까지 무려 80%나 감소했다. 그러자 흰가루병 에피데믹에 살아남는 것이 일부라도 있으리라는 기대 속에 여러 나라에서 새로운 포도나무를 미친 듯이 수입했다. 다행스럽게도 영국에서 석회 가루와 황을 섞어서 포도나무 덩굴에 뿌려주면 포도나무 잎과 열매를 흰가루병으로부터 눈에 띄게 보호해준다는 사실이 밝혀졌다. 이러한 작업을 프랑스에서 받아들이기 시작하면서 흰가루병에 의한 손실은 상당히 줄일 수 있었다.

황은 액제(液劑), 분제(粉劑) 또는 온실에서 훈연제(燻煙劑)로 사용하기도 한다. 대부분 1주일에 1회 살포함으로써 흰가루병을 성공적으로 방제할 수 있지만, 새순이 활발하게 자라나는 시기나 강우가 잦은 시기에는 살포 횟수를 늘려야 한다.

두 번째 재앙 - 필록세라진딧물 대발생

포도나무의 두 번째 재앙은 필록세라진딧물에 의한
'프랑스 포도나무 시들음병 대발생(Great French Wine Blight)'이었다

외래 포도나무 수입과 그에 따른 포도 품종의 혼재(混在)는 프랑스와 유럽의 포도 및 와인 산업에 흰가루병보다 훨씬 더 참혹한 두 번째 재앙인 '프랑스 포도나무 시들음병 대발생(Great French Wine Blight)'을 초래했다.

1860년대 초반 프랑스 포도나무의 어린잎 뒷면에 작은 혹이 여러 개 생겨나더니, 몇 주 후 이른 봄과 초여름에 누런색 또는 붉은색으로 변하고 곧 시들기 시작해서 7~8월에 낙엽이 졌다. 이러한 증상이 나타난 포도나무 덩굴은

열매를 거의 맺지 않았으며 이듬해 죽
어버렸다.

이렇게 프랑스의 수많은 포도밭을 황
폐화시킨 재앙은 다른 유럽 국가의 포
도밭에도 막대한 피해를 입혔다. 말라
서 죽은 잎을 보고 이러한 상태를 '필록
세라(phylloxera)'라고 부르기 시작했

필록세라진딧물에 의해 포도나무 잎에 생긴 혹
(출처: Wikipedia)

다. 그리스 어원으로 '필로(phyllo)'는 '잎'을 뜻하고 '세라(xera)'는 '마르다'라
는 뜻이어서 '필록세라(phylloxera)'는 '마른 잎'이라는 뜻이다.

훗날 필록세라는 진딧물에 의한 피해라는 사실이 밝혀졌는데, 진딧물의 일
부는 어린잎을 가해하지만 대부분은 포도나무 뿌리를 가해하는 것이 확인됐
다. '필록세라진딧물'은 작은 뿌리에 혹을 만들 뿐만 아니라 빠르게 증식하고
뿌리로부터 양분을 흡즙해서 뿌리를 죽였다. 이러자 뿌리로부터 물과 양분
을 흡수하지 못하게 돼 포도나무 잎이 변색되고 시들면서 낙엽이 지게 만들
었다. 필록세라 증상은 서서히 전파됐지만 필록세라 증상이 나타난 포도밭은
황폐화됐다.

필록세라 증상을 일으킨 필록세라진딧물인 '닥틸로스파이라 비티폴리애
(*Dactylosphaira vitifoliae*)'는 미국에서 수입한 흰가루병 저항성 포도나무에
묻어 수입된 것으로 드러났다. 미국포도나무 뿌리에서 기생하는 진딧물이 처
음에는 프랑스 남부 지역에서 발견됐다가 점차 보르도(Bordeaux) 지방을 중
심으로 확산돼가면서 유럽의 포도밭을 황폐화시켰다.

미국포도나무는 수천 년 동안 이 진딧물과 같이 진화하면서 저항력을 갖추
고 있지만, 유럽포도나무는 저항력이 없어 순식간에 포도밭이 쑥대밭이 돼버

포도나무 뿌리를 가해하는 필록세라진딧물
(출처: 식물병리학)

렸다. 프랑스에서 필록세라진딧물에 의한 피해는 1870년에 일어난 '보불전쟁(普佛戰爭, Franco-Prussian War)'에 의한 피해보다 더 컸다고도 한다.

필록세라진딧물에 의한 재앙은 프랑스뿐만 아니라 이후 20년 동안 유럽 전역의 포도밭을 황폐화시켰고, 이어서 바다 건너 남아프리카, 오스트레일리아, 뉴질랜드까지 확산됐다. 다만 칠레를 비롯한 남아메리카까지는 확산되지 않았다.

그러는 사이에 농약 살포, 포도밭에 물대기, 유럽포도나무와 미국포도나무의 교잡종 묘목 개발, 심지어는 전기 쇼크까지 수많은 시도가 있었지만 별 효과가 없었다. 그러자 급기야 1873년까지 프랑스 정부는 이 문제를 해결하기 위해서 현상금 3만 프랑을 내걸었다.

그러다가 프랑스와 미국 과학자들의 협동으로 해결책을 내놓았다. 필록세라진딧물에 대해 저항력이 강한 미국포도나무 '대목(臺木, rootstock)'에 유럽포도나무 '접수(接穗, scion)'를 접붙이는 아이디어가 실현돼서 차츰 그 실마리를 풀어나가기 시작했다.

수입한 미국포도나무를 대목으로 사용해서 유럽포도나무 품종에 접목했더니 일부 대목이 필록세라진딧물에 대해 우수한 저항력을 나타냈다. 이러한 노력으로 프랑스를 비롯해서 유럽의 포도밭은 시간이 지나감에 따라 필록세라진딧물에 의한 피해로부터 상당히 재건됐다.

세 번째 재앙 – 포도나무 노균병 에피데믹

포도나무의 세 번째 재앙은 난균의 일종인
'플라스모파라 비티콜라(*Plasmopara viticola*)'에 의해 발생하는
'포도나무 노균병 에피데믹'이었다

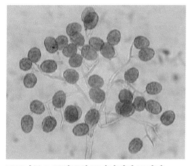

포도나무 노균병균의 포자낭경과 포자낭
(출처: 식물병리학)

필록세라의 재앙으로부터 벗어나는 방법을 알아냈다고 느끼기 시작할 무렵 불행하게도 세 번째 재앙인 '포도나무 노균병(露菌病, downy mildew)'이 유럽의 포도밭을 강타했다. 포도나무 노균병은 난균의 일종인 '플라스모파라 비티콜라(*Plasmopara viticola*)'라는 '포도나무 노균병균'에 의해 발생한다. 포도나무 노균병균은 유성생식에 의해 난포자를 형성하고 무성생식에 의해 포자낭경과 포자낭을 형성한다. 잎 뒷면에 있는 포자낭경에서 형성되는 포자낭은 발아 후 2개의 편모를 가진 유주포자를 형성해서 포도나무 잔가지, 잎, 포도 알을 감염시킨다.

　노균병균도 흰가루병균처럼 살아 있는 식물체에만 기생하면서 살아가는 곰팡이로 절대기생체다. 따라서 노균병균은 식물체 표면에만 서식하면서 흡기를 세포 속에 집어넣어 영양분을 흡수하며 자란다. 그렇기 때문에 식물을 잘 죽이지는 않지만 양분 탈취, 광합성 감소, 호흡 증가, 증산 증가, 생장 불균일 등을 일으켜 수량 감소를 초래한다.

　포도나무 노균병은 전 세계 포도가 재배되는 어느 지역에서나 발생한다.

포도나무 노균병은 본래 북아메리카가 원산지이고, 그곳에 자연적으로 서식해온 야생 포도나무인 '비티스 라브루스카(*Vitis labrusca*)'는 오랫동안 노균병과 함께 진화해왔기 때문에 노균병에 의해 그리 심각한 피해를 입지 않는다.

그러나 아마도 1875년경 포도나무 노균병이 부주의하게 미국에서 유럽으로 유입됐을 때 노균병이 없이 진화해온 유럽포도나무들은 노균병에 대해 극도로 감수성이었다.

잎 뒷면의 노균병 증상 (출처: 식물병리학)

1878년 프랑스 일부 포도밭에서 재배하는 포도나무 잎의 뒷면에 군데군데 하얀 솜털 같은 증상이 나타나기 시작했다. 하얀 솜털 같은 증상이 나타난 잎의 앞면에는 처음에는 누런 증상이 나타나고, 이어서 흑갈색으로 변하면서 증상이 나타난 부위는 죽었다.

어린 포도송이의 노균병 증상 (출처: 식물병리학)

병반이 수와 크기가 증가함에 따라 잎의 대부분 또는 전부가 영향을 받아 죽고 덩굴로부터 낙엽이 졌다. 어린 포도송이와 어린 가지도 감염돼 하얀 솜털 같은 증상이 나타나서 갈색으로 변하며 결국 쭈그러든다. 생육 후기에 감염된 열매는 건전한 열매에 비해 연녹색 또는 붉은색 얼룩을 나타내며 결국 낙과된다.

생육 후기 노균병 증상 (출처: 식물병리학)

노균병은 포도밭 안에서, 그리고 다

른 포도밭으로 빠르게 전파되면서 포도 생산량과 품질을 떨어뜨렸고 많은 포도밭에서 어린나무들을 죽였다. 노균병은 특히 서늘하고 비가 많이 내리는 기상 조건일 때 창궐했고 잘 확산됐다.

프랑스에 노균병이 나타난 지 5년 안에 전국으로 확산됐으며, 인접한 나라들로 확산되면서 포도밭을 황폐화시켰다. 포도나무 노균병은 아직도 여전히 유럽이나 미국의 중동부 포도 산지에 가장 피해를 많이 주는 병으로 해마다 심한 에피데믹을 일으키고 있다.

포도나무 노균병은 잎, 열매, 덩굴 등 거의 모든 식물체 부위에 영향을 미치는데, 잎 조직을 죽이거나 조기 낙엽을 일으킴으로써 품질을 저하시킨다. 또

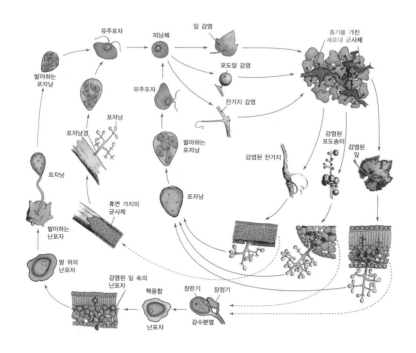

포도나무 노균병(*Plasmopara viticola*)의 병환 (출처: 식물병리학)

완전히 포도 열매를 파괴하고 어린순을 약하게 만들며 식물이 자라지 못하게 하거나 나무를 완전히 죽임으로써 막대한 손실을 일으킨다.

포도나무 노균병은 유럽의 포도 생산자들을 또다시 공포에 떨게 만들었다. 1880년대와 1890년대에 포도나무 노균병 에피데믹으로 유럽에서 와인 생산 감소에 의해 50조 원의 손실이 발생했다.

최초의 살균제 보르도액

최초의 살균제 보르도액은 포도 좀도둑을 퇴치하려는
아이디어에서 우연히 개발됐다

포도나무 노균병 에피데믹은 많은 과학자들에게 포도나무 노균병에 대한 관심을 불러일으키면서 해결책을 찾으려는 동기를 부여했다.

Pierre Alexis Millardet
(출처: 식물병리학)

어느 날 프랑스 보르도대학교의 식물학 교수 미야르데(Pierre Alexis Millardet)가 포도밭 사잇길을 거닐다가 길가에 있는 포도나무 덩굴의 잎이 푸르스름한 막으로 덮인 것을 보았다. 미야르데 교수는 이 덩굴에 달린 잎은 건전한 반면에 포도밭 안쪽에 있는 포도나무 잎이나 어린 가지와 포도송이는 노균병에 심하

154

게 감염돼 있다는 사실에 주목했다.

견물생심이라는 말처럼 보기 좋은 물건을 탐내는 것은 동서고금을 막론하고 사람들의 일반화된 심리인 모양이다. 당시 프랑스에서도 포도밭을 지나던 사람들이 포도나무에 달린 탐스러운 포도송이를 지나치지 못하고 몰래 따가는 포도 서리를 했던 모양이었다.

그러자 포도밭 주인이 포도밭 사잇길을 지나가던 사람들이 길가의 포도나무 덩굴에서 포도를 따 가는 것을 막으려고 포도가 독성이 있다는 인상을 주기 위해 포도나무 덩굴에 어떤 혼합액을 뿌렸다. 포도밭에 있는 푸른 돌덩어리인 '황산구리(copper sulfate, $CuSO_4$)'를 갈아 잎에 더 잘 달라붙게 '생석회(生石灰, 산화칼슘, CaO)'와 섞은 혼합액이 포도나무 덩굴의 잎에 푸르스름한 막을 만든 것이었다.

노균병이 발생한 포도 과수원 (출처: 식물병리학)

미야르데는 즉시 그 정보를 가지고 실험실로 돌아와서 황산구리와 생석회를 다양한 비율로 섞어 노균병에 걸린 포도나무에 처리하는 실험을 수행했다. 마침내 1885년 미야르데는 포도나무 노균병 방제에 가장 적합한 혼합 비율을 찾아냈다. 이렇게 발명된 용액은 '보르도액(Bordeaux mixture)'

보르도액을 처리한 포도나무 (출처: Wikipedia)

으로 알려지기 시작했으며 화학 약제를 이용한 식물병 방제 시대를 선도했다.

보르도액은 우수한 살균 효과(殺菌效果)와 더불어 살세균 효과(殺細菌效果)를 지니고 있어서 한 세기가 지난 현재까지도 포도나무 노균병 방제뿐만 아니라 여러 가지 과수나 화훼 작물에 발생하는 식물병 방제에 널리 사용되고 있다.

결국 화학 농약의 효시(嚆矢)인 보르도액은 포도밭에서 포도를 서리해 가는 좀도둑을 퇴치하려다 우연히 개발된 셈이었다.

제4장

두 집 살림하는
'잣나무 털녹병'

잣나무의 기원

오엽송인 잣나무는 우리나라 고유의 나무이기 때문에
영문명 'Korean pine'이라고도 부른다

잣나무(*Pinus koraiensis*)

'오엽송(五葉松)'이라고도 부르는 '잣나무
(*Pinus koraiensis*)'는 '소나무속(*Pinus*)'에 속
하는 우리나라 고유의 나무이기 때문에 영어
로도 'Korean pine'이라 부른다. 주로 우리나
라, 만주, 일본 등 동북아시아 한반도 근처에
서 자생하며, 남부는 해발 1천m 이상, 중부는
해발 300m 이상에서 잘 자란다. 추운 곳에
서도 잘 자라는 강인한 상록수로 나무의 높

157

이는 30m가 넘고 굵기는 1m가 넘어 목재로도 질이 좋고, 열매인 '잣'은 식용 또는 약용으로 유용하게 쓰인다.

잣나무 털녹병의 원인

'잣나무 털녹병'은 담자균의 일종인 '크로나르티움 리비콜라(*Cronartium ribicola*)'라는 '잣나무 털녹병균'에 의해 발생한다

'잣나무 털녹병(Korean pine blister rust)'은 '크로나르티움 리비콜라(*Cronartium ribicola*)'라는 '잣나무 털녹병균'에 의해 발생한다. 잣나무 털녹병균은 균계에 속하는 곰팡이의 일종으로 '담자균류(擔子菌類)' 중에서 '녹병균(rust)'의 일종이다. 녹병균은 두 가지 기주식물체를 오가는 '기주교대(寄主交代)'로 생활사를 완성하는 '이종기생균(異種寄生菌)'이며, 두 기주식물 중 경제성이 낮은 기주식물을 '중간기주(中間寄主)'라고 한다.

잣나무 털녹병균은 잣나무와 야생 또는 재배 '송이풀(*Pedicularis resupinata*)'과 '까치밥나무(*Ribes mandshuricum*)'를 오가면서 생활사를 완성한다. 즉 잣나무 털녹병균은 잣나무와 중간기주인 송이풀 또는 까치밥나무에서 두 집 살림을 하는 욕심 많은 곰팡이인 셈이다.

녹병균은 다섯 가지 포자를 형성하면서 생활사를 완성한다. 잣나무 털녹병균은 잣나무에서 '녹병정자기(spermagonium)'와 '녹병정자(spermatium)' 그리고 '녹포자기(aecium)'와 '녹포자(aeciospore)'를 만들고, 중간기주인 송

이풀과 까치밥나무에서 '여름포자퇴(uredium)'와 '여름포자(urediospore)', '겨울포자퇴(telium)'와 '겨울포자(teliospore)' 그리고 담자기(basidium)와 담자포자(basidiospore)를 형성한다.

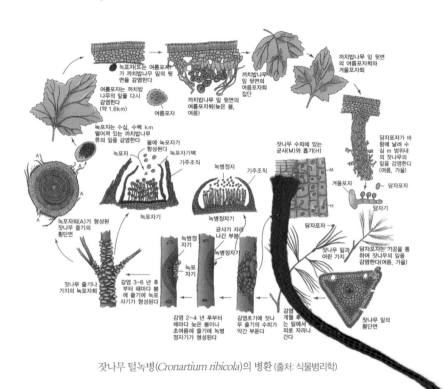

잣나무 털녹병(*Cronartium ribicola*)의 병환 (출처: 식물병리학)

잣나무 털녹병의 증상

잣나무 털녹병은 줄기에 생긴 물집 모양의 돌기에서
주황색 녹포자가 터져 나오고 수지가 흘러내리는 증상을 나타낸다

잣나무 털녹병 초기 궤양 증상
(출처: 식물병리학)

잣나무에 생긴 거친 돌기
(출처: 식물병리학)

잣나무 털녹병의 병징으로 잣나무 줄기나 가지에 처음에는 변색된 작은 방추형 모양의 융기체가 오렌지색을 띤 좁은 밴드에 둘러싸여 수피에 나타난다. 이어서 융기체에서는 부정형의 작고 짙은 갈색을 띤 집 모양의 녹병정자기가 출현하는데 녹병정자기는 터지면서 당년에 형성된 녹병정자가 가득 찬 점질성 방울이 누출되며 곧 마른다. 융기된 부분이 확장됨에 따라 녹병정자기의 크기 및 형성 범위도 넓어지며, 녹병정자기가 형성되었던 부위에서 1년 후에 녹포자기가 형성된다.

녹포자기는 감염된 수피를 밀어 뚫고 나오는 흰색 물질 모양으로 주황색 녹포자가 가득 차 있는 돌기로 나타난다. 녹포자퇴인 이 물집돌기는 곧 터지고 주황색의 녹포자가 바람에 날린다. 녹포자는 수백km까지 이동해 중간기주인 송이풀과 까치밥나무의 잎에 떨어져 감염시킨다.

비록 녹포자기가 형성됐던 수피는 말라 죽지만, 녹포자가 방출된 후에도 물집돌기는 몇 주 동안 수피 위에 잔존한다. 가끔 줄기를 타고 수지가 흘러내리면서 굳어서 덩어리를 이루기도 한다.

그러나 병원균은 병든 주위의 건전한 수피 쪽으로 확산하며 줄기나 가지를 일주해서 결국 나무가 죽을 때까지 해마다 계속해서 포자를 만들면서 수피를 점진적으로 말라 죽게 한다. 죽어서 갈색을 띤 바늘잎(針葉)들이 달려 있어 깃발처럼 보이는 죽은 가지들이 멀리서도 뚜렷하게 보인다.

잣나무 줄기에 굳어 있는 수지
(출처: 식물병리학)

송이풀과 까치밥나무에서의 병징은 주황색을 띤 여름포자퇴가 잎의 앞면에서 약간 돌출하는 형태로 나타나는데, 여름포자퇴는 둥글거나 불규칙한 모양의 점무늬 그룹을 지어 형성된다. 여름포자퇴는 수많은 오렌지색의 여름포자를 형성하는데, 이 여름포자들은 다른 송이풀과 까치밥나무를 다시 감염한다.

까치밥나무 잎의 여름포자퇴
(출처: 식물병리학)

잣나무 털녹병 팬데믹

잣나무 털녹병은 아시아 풍토병이었는데, 1900년경 유럽과 북아메리카로 유입돼 팬데믹을 일으켰다

잣나무 털녹병은 중국에서 유래하는 아시아 풍토병이었다. 1854년 소련의 발

틱해 연안에서 처음 발견된 후 1900년경에 유럽과 북아메리카로 유입돼 '스트로브스잣나무' 숲에 심각한 피해를 주는 팬데믹을 일으켰다. 이 병은 북아메리카에서 가장 중요한 삼림병해 중 하나로 해마다 막대한 생장량 감소와 함께 높은 고사율을 보이고 있다. 방제하지 않으면 생육 자체가 불가능해지고 목재로서의 이용 가치도 없어진다.

우리나라에는 시베리아 캄차카반도, 만주, 헤이룽장성(黑龍江省), 지린성(吉林省) 등을 거쳐 침입해 1936년 강원도 유양군(현재 북한 지역)과 경기도 양평군에서 처음 발견됐고, 그 후 1965년에 강원도 평창군에서 재발견된 이래 전국의 잣나무 숲으로 확산됐다.

1980년에는 강원도의 평창군, 횡성군, 정선군을 중심으로 총 3,700여ha의 잣나무 숲에 피해를 주어 우리나라의 대표적인 삼림병해로 꼽혔으나 그 후에는 점차 감소하는 추세다. 최근에는 강원도 평창군, 양구군, 정선군 등지에 해발 1천m 내외의 고산 지역 약 50~80ha의 잣나무 조림지에서만 부분적으로 발생하고 있다.

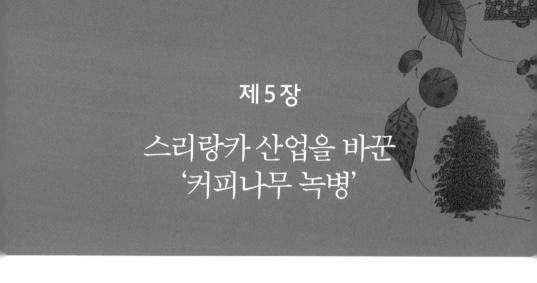

제5장

스리랑카 산업을 바꾼 '커피나무 녹병'

커피의 기원

커피나무는 850년경 에티오피아에서 발견됐고,
15세기부터 에티오피아에서 커피 농사를 짓기 시작했다

'커피나무(*Coffea arabica*)'는 850년경 에티오 피아 남서쪽 카파주에서 양을 치던 목동 칼디 가 발견했다고 전해지는데, 15세기에 에티오 피아에서 지속적으로 가지치기를 해서 2m 정 도로 키우는 커피 농사를 짓기 시작했다.

커피나무의 꽃은 흰색이고 향기가 있으며 잎이 떨어지고 나면 그 자리에 열매가 맺는데, 이것을 '커피체리(coffee cherry)'라고 한다. 이

커피나무(*Coffea arabica*)
(출처: Wikipedia)

커피나무 꽃 (출처: Wikipedia)

체리 안에는 '생두(green bean)'가 있는데, 이를 다시 구운 것이 바로 '원두(coffee bean)'다.

한자 문화권인 동아시아 3국에서는 커피를 한자로 번역해서 '가배(珈琲)'로 표기했고, 조선시대에는 '양탕국'이라고도 불렀었다.

커피나무속의 종류는 아프리카와 아시아 열대지방에 약 40종이 자라지만, '아라비카 커피(Coffea arabica)'와 '카네포라 커피(Coffea canephora)'를 커피 2대 원종으로 부른다. 커피 품종에서 가장 최고로 치는 아라비카 커피는 세계 커피 생산량의 70% 이상을 차지하는데, 원산지는 에티오피아이지만 콜롬비아가 최대 생산국이다. 고지대에서 재배되는 아라비카 커피는 재배 조건이 까다롭고 녹병에 취

커피나무 열매 (출처: Wikipedia)

약하지만, 카페인 함량이 1.4% 정도로 낮고 맛과 향이 뛰어나서 많은 나라에서 아라비카 커피를 재배하고 있다.

'로부스타(Robusta)'라고 부르는 카네포라 커피는 아프리카 콩고가 원산지로 아라비카 커피에 비해 저지대에서도 잘 자라고 녹병에 강하지만, 카페인 함량이 아라비카 커피보다 2배 정도 높고 맛과 향이 떨어진다. 그래서 카네포라 커피는 전 세계 커피 품종의 약 30%를 차지하는데, 주로 '블렌딩 커피'나 '인스턴트 커피'의 재료로 쓰인다.

콜롬비아는 병충해에 강한 '세니커피(Cenicafe)'라고 하는 신품종을 개량해서 재배하며 경쟁력을 키우고 있다. 하지만 세니커피도 결국 기후 온난화로 커피나무 녹병균에는 역부족이라 2016년에는 콜롬비아가 다시 '카스티요(Castillo)'라는 신품종을 재배하기에 이르렀다.

전 세계 사람들이 향기로운 커피를 찾는 한, 기후 온난화로 커피 녹병이 끊이지 않는 한, 커피나무 녹병에 강한 신품종 개발은 끊임없이 이루어지고 있다. 그리고 커피나무 녹병균도 저항력을 키우며 진화하면서 인간과 공존하고 있다.

커피나무 녹병의 원인

'커피나무 녹병'은 담자균의 일종인 '헤밀레이아 바스타트릭스 (*Hemileia vastatrix*)'라는 '커피나무 녹병균'에 의해 발생한다

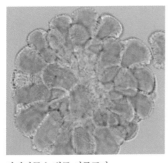

커피나무 녹병균 여름포자
(출처: Carvalho et al.)

'커피나무 녹병(Coffee leaf rust)'은 '헤밀레이아 바스타트릭스(*Hemileia vastatrix*)'라는 '커피나무 녹병균'에 의해 발생한다. 커피나무 녹병균은 균계에 속하는 곰팡이이고, 담자균류 중에서 녹병균의 일종이다. 녹병균은 두 가지 기주식물체를 오가는 기주교대를 하면서 생활사를 완성하는데, 커피

나무 녹병균의 중간기주는 아직까지 알려지지 않았다.

그래서 녹병균은 유성생식기구인 담자기에 유성포자인 담자포자, 여름포자
퇴에 여름포자, 겨울포자퇴에 겨울포자를 형성하지만, 중간기주에 형성되는
녹병정자기와 녹병정자, 그리고 녹포자기와 녹포자는 아직까지 발견되지 않
았다.

커피나무 녹병의 증상

커피나무 잎 아랫면에 오렌지색의 곰팡이가 자라는 모습이 마치
녹슨 것처럼 보여 녹병이라고 한다

커피나무 잎의 녹병 증상 (출처: Wikipedia)

커피나무 녹병균은 잎에서 주로 균
사, 여름포자퇴 및 여름포자 상태로
존재한다. 커피나무 녹병균은 가끔
겨울포자를 만들고 겨울포자는 발아
해 담자포자를 만들지만, 담자포자는
커피나무를 감염하지 않으며 중간기
주는 아직까지 발견되지 않아 녹병정
자와 녹포자도 발견된 바 없다.

여름포자는 바람과 비, 곤충에 의해서도 쉽게 옮겨진다. 여름포자는 충분
한 수분이 있어야만 발아하고 잎 뒷면에 있는 기공을 통해 식물체로 침입한

다. 균사는 잎의 세포간극에서 자라면서 세포 안으로 흡기를 삽입해 영양을 흡수한다.

일반적으로 어린잎은 성숙한 잎보다 병에 더 잘 걸리며, 기후 조건에 따라서 다르지만 감염 후 10~25일 내에 잎의 뒷면에 새로운 여름포자퇴를 형

녹병에 의해 낙엽이 진 커피나무
(출처: Carvalho et al.)

성한다. 일단 여름포자퇴가 형성되면 병든 잎은 시기에 상관없이 떨어질 수 있으며, 때로는 단 하나의 여름포자퇴가 생긴 잎도 떨어진다.

새로운 잎은 노화된 잎이 떨어진 다음에 감염된다. 처음에 커피나무 잎의 윗면에 작은 황백색 점무늬가 생기고, 감염이 진행되면서 점무늬가 점차 커

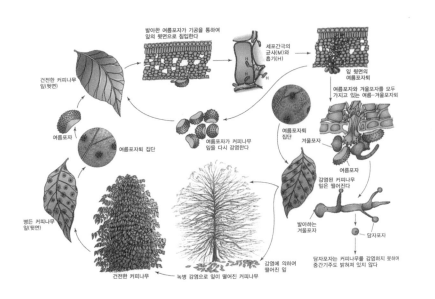

커피나무 녹병(*Hemileia vastatrix*)의 병환 (출처: 식물병리학)

진다. 그러면서 잎 아랫면에 오렌지색의 곰팡이가 자라는 모습이 마치 녹슨 것처럼 보여 녹병이라고 한다.

이렇게 감염된 잎은 성숙하기도 전에 떨어지기 때문에 커피나무는 쇠약해지고 감염된 잎이 많다면 다수의 잎이 떨어진다. 그 결과로 커피 열매 생산량이 감소하고 품질도 떨어져 상업적 가치도 없어진다. 나무는 가지가 말라 죽으면서 결국 커피나무 전체가 죽게 된다.

커피의 전파

커피나무는 에티오피아에서 이집트와 예멘을 거쳐
인도와 동남아시아로 전파됐다

커피나무가 에티오피아에서 이집트와 예멘으로 전파된 후 커피 열매는 '이슬람의 음료'로 발전했다. 예멘에서 커피의 기원은 1450년 예멘에 살던 수피 수도승이 첫 커피를 수확하고 추출한 것에서 시작한다. 예멘에서는 커피를 독점하기 위해 커피나무의 유출을 막으려고 수확한 커피 열매를 바로 불에 볶아서 싹이 트지 못하게 했는데, 이런 이유로 커피콩 로스팅을 거쳐 원두를 탄생시킨 것이다. 그래도 커피는 예멘의 모카(Mocha) 항구를 통해 이탈리아를 거쳐 유럽으로 전파됐다.

1600년 인도의 이슬람 승려 부단(Baba Budan)은 메카로 성지순례를 다녀오면서 커피나무 종자를 숨겨 들여와 몰래 농장을 만들었다. 마치 고려시대문익점이 1364년 원나라에 사신으로 갔다가 귀국할 때 수입 금지품이던 목화씨를 붓두껍 속에 숨겨 들어온 것을 연상케 하는 일이 인도에서도 벌어진 것이다.

1616년 네덜란드의 동인도회사는 스파이를 파견해서 인도에서 커피나무 묘목을 훔쳐 왔다. 네덜란드 온실에서 시험재배와 증식을 거친 커피나무는 1696년 인도네시아 자바섬에서 처음 재배됐다. 이를 계기로 동남아시아는 커피나무 재배의 중심지가 됐다.

커피 대국 브라질의 탄생 일화

브라질은 기아나의 프랑스 총독 부인과의 정략적 불륜으로
커피나무를 훔쳐 온 군인 때문에 커피 대국이 됐다

그러나 커피나무 녹병이 동남아시아, 인도 전역에서 다시는 커피를 재배하지 못하도록 만들었다. 그리고 커피와 관련된 모든 커피 제조 산업까지 문을 닫게 만들었다. 그 후 커피 생산은 신대륙으로 옮겨졌고, 커피나무의 엄청난 재배 증가가 중앙아메리카와 남아메리카에서 이루어지기 시작했다.

남아메리카에서 커피를 재배한 네덜란드인들의 커피나무 농장은 네덜란드령 기아나에 있었으며, 그 동쪽에 프랑스령 기아나가 있었다. 네덜란드와 프랑스는 국경 분쟁을 벌이다 포르투갈을 통해 브라질에 중재를 부탁했다.

포르투갈이 지배했던 브라질에는 커피나무가 없었는데, 이 기회에 커피 씨

앗이나 묘목을 구하려는 작전을 펼쳤다. 프랑스인이었던 기아나의 총독이 커피 씨앗과 묘목의 외국 반출을 심하게 꺼려하며 엄격하게 관리하는 상황을 파악하고 총독 부인을 유혹하는 방법을 선택했다.

수소문한 끝에 수려한 용모를 갖춘 포르투갈 육군 상사 팔헤타(Francisco de Melo Palheta)가 선발돼 기아나에 영토 문제를 협상한다는 핑계를 대고 커피나무를 훔치러 파견됐다. 1727년 팔헤타는 수려한 용모와 언변으로 총독 부인의 마음을 빼앗았고, 영토 문제를 해결하고 돌아오는 날 팔헤타와 사랑을 나누었던 총독 부인에게서 이별 선물로 커피나무 묘목 5그루가 숨겨져 있는 부케를 받는 영화 같은 결말이 연출됐다.

현재 전 세계 커피 시장은 브라질이 움직이고 있다. 비교적 낮은 고도에 적당한 습기, 흐린 날씨의 연속, 비옥한 토지, 그리고 저렴하고 풍부한 노동력이라는 조건으로 전 세계 커피의 50%를 차지하는 브라질은 커피 생산량 1위, 소비량 2위를 기록하고 있다.

커피나무 녹병 팬데믹

기후 온난화와 커피의 대규모 상업적 재배가 커피나무 녹병 팬데믹을 일으켰다

1970년 처음으로 브라질에서 커피나무 녹병이 발견된 이래 세계에서 가장 중요한 커피 생산지인 중앙아메리카와 남아메리카에서 꾸준하게 피해가 증

가하고 있으며, 이 지역에 재배하는 모든 상업용 커피나무 품종은 감수성이다. 과테말라에서는 녹병 에피데믹의 확산으로 커피콩 생산이 1999년 대비 2012년에는 약 40% 감소했고 2013년에는 50% 이하로 감소했다. 커피나무 녹병이 큰 문제가 된 것은 기후 온난화와 커피나무의 대규모 상업적 재배가 원인이라고 관련 연구 전문가인 미국 퍼듀대학교의 에이미(Cathy Aime) 박사는 추정했다.

커피나무 녹병으로 인해 중앙아메리카 일대의 커피 생산량이 2012년 약 15%가 감소하는 바람에 거의 40만 명이 일자리를 잃었고, 에이피(AP) 통신에 따르면 중앙아메리카와 남아메리카 국가에 끼친 손해가 이미 10억 달러(약 1조 원) 이상이라고 추산하고 있다. 그러는 사이 동남아시아의 커피 산업은 재도약하고 있다. 베트남은 로부스타 커피콩 생산 세계 1위이고 총 커피콩 생산 세계 2위로 등극했다.

커피나무는 원래 음지식물이었지만 상업적 대량 재배 환경에서는 양지에서 고밀도로 재배된다. 양지에서 자라는 커피나무에서 직사광선에 따른 기온 상승으로 곰팡이가 잘 번식하는 것으로 알려져 있다. 전염병 문제에 더해 대규모 상업적 재배는 생물의 서식지 파괴와 농약의 대량 살포, 노동력 착취와 같은 여러 문제를 안고 있다. 커피의 상업적 생산에 대한 우려는 이런 농업 형태에 대한 근본적인 해결책을 요구하고 있다.

커피나무 녹병은 살균제를 사용해 피해를 줄일 수 있지만, 살균제 살포에 따른 추가적인 경제적 비용과 커피의 안전성에 영향을 준다는 측면에서 영세 농장주들은 난색을 표명하고 있다. 사태의 심각성을 인식해 미국 국무부 산하 '국제개발처(USAID)'에서 500만 달러(약 51억 원)를 들여 텍사스에이앤엠대학교의 '커피연구센터'와 함께 커피나무 녹병에 저항성을 지닌 유전자

조작 커피에 대한 연구를 할 계획이다.

인류가 식탁에 올리는 대부분의 먹거리는 원래 지역 원주민의 먹거리에서 출발한다. 초기 자연사 연구가들은 먹거리 자원을 탐색해서 전 세계에 전파시키는 역할을 했다. 아프리카 원주민의 질병 치료제였던 커피도 비슷한 경로로 전 세계에 전파돼 열대지역이면 어디든 바나나와 커피를 재배하게 됐다.

커피나무의 재배가 확대되면서 병과 해충에 대한 연구가 활발히 진행됐는데, 야생의 원종(原種)은 재배종에 비해 그 경제성이 떨어지지만 야생의 원종이 지닌 다양한 유전적 특성들에서 질병에 내성을 갖춘 유전자를 찾을 가능성이 높다. 어쩌면 대표적인 경제식물인 바나나와 커피의 '구원투수'가 자연 그 자체에 있는지도 모른다.

스리랑카 커피나무 녹병 에피데믹

커피나무 녹병 에피데믹은 스리랑카를 세계적인 커피 생산지에서
차 생산지로 국가 주력 산업을 전환시켰다

커피나무 녹병은 커피나무에 가장 파괴적인 병으로 아시아와 아프리카의 모든 커피 재배지에서 매우 심각한 피해를 일으켜왔다. 커피나무 녹병은 모든 종류의 커피나무에서 발생하지만 특히 아라비카에서 가장 심하다.

1835년 실론(1972년 스리랑카로 개명)에서 영국인의 커피 재배 면적은 200ha 정도밖에 되지 않았었는데, 1870년경에는 커피 재배 면적이 거의 20

만ha에 이르러 매년 5천만kg의 원두커피를 수출할 정도로 늘어났다. 커피 무역으로 영국의 동양은행(The Orient Bank)은 번창했고 영국인들은 커피를 애호하는 국민이 됐다.

1869년 유명한 균학자인 버클리는 성숙하기 전에 조기 낙엽을 보이는 커피나무에서 녹병을 일으키는 '헤밀레이아 바스타트릭스(*Hemileia vastatrix*)'라는 곰팡이를 새로 발견했다. 버클리는 병든 잎 속에 균사를 가지고 있고 잎 뒷면에 포자를 형성하는 커피나무 녹병균은 일단 확산되기 시작하면 박멸하기가 대단히 어렵기 때문에 즉각 황제(黃劑)를 살포하라고 권장했다. 1874년 당시 정부 및 커피 재배자 모두 버클리의 권고를 간과하는 바람에 커피나무 녹병이 실론섬 커피나무 전체로 확산됐다. 커피나무 녹병균은 커피나무를 죽이지는 않지만 커피나무를 허약하게 만들어 생산량을 감소시켰는데, 1878년 커피 생산량은 55% 이하로 감소했다.

드바리에게서 식물병리학을 배운 영국의 워드(H. M. Ward)는 1880년 실론에 가서 커피나무에 슬라이드 글래스(slide glass)를 걸어놓고 녹병균 포자를 채집해서 관찰해 녹병균의 생활사를 기술했고, 1882년에는 석회유황합제를 병든 커피나무에 살포해서 방제 효과 시범을 보이기도 했다.

그러나 커피나무 녹병 에피데믹으로 이미 파산 상태에 빠진 커피 재배업자들은 커피나무를 베어내고 대신 차밭을 조성했다. 다행스럽게도 커피 대신 홍차는 얼마 후 영국에서 기호음료로 각광을 받기 시작했다. 실론에서 커피 산업이 퇴조하자 홍차가 새로운 산업으로 부흥하면서 대중화됐다. 커피를 주로 마셨던 영국인이 커피의 주요 수입지였던 실론에서 커피나무 녹병으로 인해 커피 수급에 차질이 빚어지자 차로 커피를 대신한 것이 오늘날 영국의 '차(tea) 문화' 즉 '실론티(Ceylon tea) 문화'를 유행시켰다.

우리나라를 비롯한 동양에서는 '녹차(綠茶, green tea)'를 주로 마시지만 전통적으로 서양에 알려진 차는 '홍차(紅茶, red tea)'로 지금도 서양에서 팔리는 차의 90% 이상을 차지하고 있다. 찻물의 빛이 붉기 때문에 홍차라고 부르지만 서양에서는 찻잎의 검은 색깔 때문에 '흑차(black tea)'라고 부른다. 서양에서 '홍차(red tea)'는 보통 남아프리카의 루이보스차를 의미한다.

눈에 보이지도 않아 현미경으로 관찰이 가능할 뿐인 '헤밀레이아 바스타트릭스'라는 작은 곰팡이가 한 나라의 주력 산업을 뒤바꾼 사례로 꼽힌다.

제6장

미국밤나무 숲을 황폐화시킨 '밤나무 줄기마름병'

밤나무의 기원

한반도 전역에 넓게 분포하는 밤나무는 우리나라와 일본이 원산지다

한반도 전역에 분포하는 '밤나무(*Castanea crenata*)'는 참나무과의 낙엽성 '활엽교목(闊葉喬木)'이다. 원산지인 우리나라와 일본 외에 중국, 타이완, 스페인, 이탈리아, 포르투갈, 미국 등에서도 재배한다. 일반적으로 밤나무는 높이 15m, 직경 1m 정도까지 자란다. 밤꽃은 암수한그루로 꽃은 흰색이나 옅은 노란색을 띠며, 6~7월에 피어 '정액(精液, sperm)'과 비슷한 독특한 냄새를 풍긴다. 밤꽃

밤나무(*Castanea crenata*)

175

이 정액에 들어 있는 성분인 '스퍼미딘(spermidine)'과 '스퍼민(spermine)'을 함유하기 때문이다.

밤나무 줄기마름병의 원인

'밤나무 줄기마름병'은 자낭균의 일종인 '크라이포넥트리아 파라시티카(*Cryphonectria parasitica*)'라는 '밤나무 줄기마름병균'에 의해 발생한다

밤나무 줄기에 생긴 줄기마름병균 분생포자각 (출처: 식물병리학)

'밤나무 줄기마름병(Chestnut blight)' 은 '크라이포넥트리아 파라시티카 (*Cryphonectria parasitica*)'라는 '밤나무 줄기마름병균'에 의해 발생한다. 밤나무 줄기마름병균은 균계에 속하며 자낭균류 중에서 '자낭각균강'에 속한다.

밤나무 줄기마름병균은 유성생식에 의해 '자낭각' 속에 '자낭'을 형성하고 자낭 속에 8개의 '자낭포자'를 형성하며 무성생식에 의해 '분생포자각(分生胞子殼, pycnidium)' 속에 '분생포자(分生胞子, conidium)'를 형성한다.

밤나무 줄기마름병의 증상

밤나무 줄기마름병은 가지에서 궤양이 생기고 뾰루지 같은
분생포자각과 자낭각이 많이 형성된다

밤나무 줄기마름병 병징 (출처: 식물병리학)

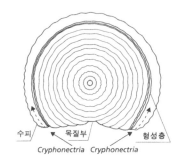

밤나무 줄기마름병 피해 부위 (출처: 균학개론)

밤나무 줄기마름병균은 어린 밤나무나 가지의 상처를 통해 줄기의 수피(樹皮, bark)를 뚫고 들어와 수피 내부의 형성층(形成層, cambium)에서 자란다. 밤나무 줄기마름병의 초기 증상은 밤나무 또는 감염된 나무의 가지에서 부풀어 오르거나 움푹 들어간 궤양으로 발달한다. 궤양의 수피는 적황색 내지 황록색이며, 뾰루지 같은 분생포자각과 자낭각이 많이 형성된다. 흔히 궤양의 표면에 수cm에서 수십cm까지 이르는 긴 균열이 생기고, 줄기나 가지를 에워싸면 궤양의 윗부분은 시들어 죽는다.

날씨가 습하면 분생포자는 분생포자각에서 긴 오렌지색의 고수머리 같은 덩어리로 흘러나오며, 새나 각종 곤충류 또는 튀는 빗방울에 의해 전파된다. 자낭포자는 공기 중으로 강하게 방출돼 바람에 의해 먼 거리까지 전파된다. 밤나무 줄기마름병균은 줄기마름병에 감염돼 죽은 밤나무 또는 밤나무의 죽

은 부위에서 살면서 계속 침입해 포자를 형성한다.

줄기마름병에 감염된 나무는 궤양 아래쪽에서 새 가지를 만들어 지름이 5~10㎝가 될 때까지 감염되지 않고 자란다. 그러나 밤나무 줄기마름병균은 새 가지들이 열매를 만들기 전에 순식간에 공격해서 죽인다. 원래의 커다란 밤나무는 여러 해 동안 해마다 새 가지를 만들지만 항상 밤나무에 존재하는 밤나무 줄기마름병균에 의해 죽어 마침내 지치고 말며 결국에는 뿌리까지 죽는다.

밤나무의 어떤 뿌리도 밤나무 줄기마름병의 공격에서 빠져나가기 힘들다는 사실이, 밤나무를 현대에 들어와 곰팡이에 의한 식물병으로 인해 거의 멸종까지 다다른 첫 번째 나무로 만들었다.

밤나무 줄기마름병 팬데믹

우리나라와 일본에만 있던 밤나무 줄기마름병균이 1900년경 미국으로 유입되고, 다시 유럽으로 도입된 밤나무와 함께 전파돼, 미국의 동부 지역과 유럽의 밤나무 숲을 황폐화시켰다

미국 조지아주와 미시시피주의 남부 지역에서부터 메인주와 미시간주의 북부 지역까지, 그리고 캐나다의 온타리오주까지 너비 수백 마일의 숲에서, 거대한 미국밤나무는 예전부터 그곳에 있어왔고 또 영원히 자리할 것 같은 가장 흔한 나무였다. 미국밤나무는 밤을 제공해 사람과 야생동물의 식량원 역

할을 했고, 나무는 야생동물의 은신
처가 돼주었다. 그리고 가구, 집, 울
타리, 땔감 등으로 사용되거나 전
봇대나 철도 침목 등으로 사용됐다.
목재와 밤 모두 지역 주민들에게 주
요 수입원이었다.

그런데 1904년 머켈(H. W.
Merkel)은 뉴욕의 브롱크스(Bronx)
동물원에 있는 큰 미국밤나무의 몇
몇 가지의 잎과 어린 밤나무 몇 그
루가 갈색으로 변하며 죽기 시작한
것을 목격했다. 무슨 일이 일어났는

미국밤나무 자연 서식 범위 (출처: 식물병리학)

지 생각해내기도 전에 더 많은 어린 나무와 늙은 나무의 가지들이 죽었고, 미
국밤나무는 마른 모습을 드러냈다.

훗날 밤나무 줄기마름병으로 밝혀진 이 병은 그곳으로부터 북아메리카 동
부 전역으로 빠른 속도로 퍼져갔다. 밤나무 줄기마름병의 확산 속도는 1년에
50마일 정도에 달했다.

밤나무 줄기마름병은 원래 우리나라와 일본에만 분포하고 있었지만 1900
년경 극동아시아에서 미국으로 유입됐다. 어쩌면 조선 후기 한반도로부터 미
국으로 건너갔을지도 모른다. 극동아시아에 있는 밤나무들은 밤나무 줄기마
름병균과 오랫동안 공존하면서 진화해왔기 때문에 극동아시아 밤나무들은
밤나무 줄기마름병균에 대해 저항성을 가지고 있었다.

그러나 미국밤나무들은 밤나무 줄기마름병균이 없는 상태에서 오랫동안

미국밤나무 줄기마름병의 확산 경로 (출처: 균학개론)

진화해왔기 때문에 극동아시아에서 풍토병이었던 밤나무 줄기마름병이 유입된 후 광범위한 에피데믹으로 확산되기 시작했다. 1911년 밤나무 줄기마름병은 뉴저지주 전역, 뉴욕주의 일부, 코네티컷주, 로드아일랜드주, 델라웨어주, 버지니아주, 웨스트버지니아주로 확산됐으며 그 후에도 계속 확산돼나갔다. 1920년대에는 미국밤나무 숲 전역에서 줄기마름병을 발견할 수 있었다. 1920년대 후반까지 약 35억 그루의 미국밤나무가 감염됐다. 1940년까지 캐나다 국경 지대의 남쪽으로부터 멕시코만에 이르는 미국 동부 지역의 미국밤나무 숲을 거의 황폐화시켰다. 줄기마름병으로 죽은 미국밤나무는 미국 동부의 활엽수 '임분(林分)' 중 50%에 달했다.

밤나무 줄기마름병은 미국밤나무를 한때 미국의 주력 수종에서 드문 수종으로 전락시켰다. 죽어가는 미국밤나무를 베어낸 그루터기에서 겨우 새 가지가 올라오는 정도의 나무가 된 것이다. 밤나무 줄기마름병으로 거의 모

밤나무 줄기마름병 피해를 받은 어린 미국밤나무 숲 (출처: 식물병리학)

거대한 미국밤나무
(출처: Essential Plant Pathology)

든 미국밤나무들이 죽었고, 더 이상 미국밤나무들을 '탄닌(tannin)'의 원료로 사용할 수 없게 됐다. 밤나무 벌목으로 생계를 유지해오던 애팔래치아산맥 인근 마을 주민들은 다른 생계를 찾아 뿔뿔이 흩어졌다.

또한 전봇대와 철도 침목은 미국밤나무 대신 소나무로 대체됐는데, 소나무는 잘 썩었기 때문에 소나무를 썩지 않게 하기 위해 방부제를 처리하기 위한 거대한 방부제 공장들이 새로이 지어졌다. 또한 많은 에너지를 소요하는 유기합성 대체 화합물이 탄닌을 대신해 가죽을 무두질하는 데 사용되게 됐다.

1938년 이탈리아 제노바(Genova) 근처에서 밤나무 줄기마름병이 유럽에서는 최초로 관찰됐다. 밤나무 줄기마름병균은 미국에서 유럽으로 도입된 밤나무와 함께 전파돼 1990년대에 이르러서는 서쪽으로는 포르투갈, 북쪽으로는 독일 라인(Rhine)강 유역과 스위스, 동쪽으로는 터키에 이르기까지 유럽의 밤나무 숲을 황폐화시켰다. 현재 유럽에

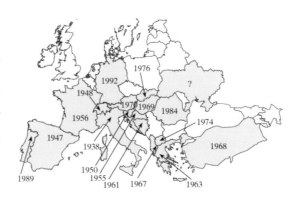

1938년부터 유럽에서 밤나무 줄기마름병의 확산 경로
(출처: Robin & Heiniger)

서는 영국과 네덜란드 밤나무만 줄기마름병 피해를 입지 않았을 뿐이다.

밤나무 줄기마름병은 외국에서 유입된 외래병이 팬데믹으로 발달한 대표적인 병으로 알려져 있다. 밤나무 줄기마름병균은 참나무도 가해하며 때로는 다른 나무도 가해하지만 미국밤나무처럼 심하게 감염하지는 않는다.

밤나무 줄기마름병의 미생물적 방제

밤나무 줄기마름병균 저병원성 균주를 이용한 미생물적 방제를
시도하고 있다

지금까지 밤나무 줄기마름병에 완전히 저항성인 미국밤나무 품종은 발견되지 않았다. 1980년 중반 이후로 '저병원성(低病原性, hypovirulence)'을 지닌 밤나무 줄기마름병균 균주(菌株, isolate)들이 유럽과 미국에서 발견됐다. 이러한 균주들은 모두 '겹가닥 RNA(double-stranded RNA, dsRNA)'를 지니고 있다. 이러한 dsRNA는 곰팡이를 침해하는 많은 바이러스에 존재하는 RNA의 일종이다.

전형적인 병원성(病原性, pathogenicity)을 지니고 dsRNA가 없는 '야생형(野生型, wild type)' 밤나무 줄기마름병균 균주에 감염된 밤나무에 저병원성 dsRNA 바이러스를 가진 계통(系統, strain)을 접종했을 때, '균사융합(菌絲融合, anastomosis)'이 일어나 바이러스는 균사와 분생포자 속으로 들어가지만 병원성 밤나무 줄기마름병균 균주의 자낭포자에는 들어가지 않는다. 이 바이

러스를 획득한 야생형 밤나무 줄기마름병균 균주들은 저병원성 밤나무 줄기마름병균 균주로 변하기 때문에 줄기마름병의 확산이 지연되거나 완전히 멈춘다.

1950년대 이탈리아에서 몇몇 심하게 만연된 밤나무 농장에서 밤나무 줄기마름병에 감염된 밤나무들이 자연적으로 회복되기 시작했다. 줄기 둘레에 만연된 병반은 정지됐고, 여기에서 분리된 밤나무 줄기마름병균 균주들은 비정상적인 특징을 보였다. 이 균주들은 배지에서 서서히 그리고 불규칙적으로 자라고, 정상적인 오렌지색보다는 흰색을 띠며, 분생포자를 현저히 적게 형성했는데, 밤나무에 상처접종했을 때 낮은 병원성을 보였다. 이러한 저병원성은 배지에서 균사융합이 일어나는 동안 다른 균주로 전달됐는데, 이러한 현상은 '전반가능 저병원성(傳盤可能低病源性, transmissible hypovirulence)'으로 명명됐다.

밤나무 줄기마름병균의 완전한 병원성 균주에는 dsRNA가 없는 데 반해 모든 저병원성 균주는 dsRNA를 가지고 있다. 전자현미경으로 이러한 dsRNA가 세포질 안에서 원형 또는 장갑형의 막에 둘러싸인 액포(液胞, vacuole)에 들어 있는 것이 밝혀졌고, 많은 구형의 바이러스 유사 입자와는 달리 이것은 밤나무 줄기마름병균의 정단세포(頂端細胞)에서 뚜렷하게 많은 양이 존재하는 것도 보여주었다.

이탈리아에서 밤나무 줄기마름병이 자연적으로 감소된 것을 계기로 프랑스 연구자들은 대단히 성공적인 생물적 방제 계획을 발전시킬 수 있었다. 밤나무 줄기마름병균의 저병원성 균주를 실험실에서 배양해 자연 상태에서 발병 부위의 가장자리에 접종해서 짧은 시간 동안에 밤나무 줄기마름병의 성장을 정지시켰다. 원래 밤나무 줄기마름병균의 병원성 균주가 있던 곳에서 밤나무 줄기마름병균의 저병원성 균주들만 분리했다. 이러한 '표현형(表現型, phenotype)'의 변화에는 항상 dsRNA가 전이(轉移)돼 있었다.

밤나무 줄기마름병은 미국에서도 큰 문제를 일으켰는데 자연적으로 분포하는 미국 재래종 밤나무를 거의 다 파괴시켰다. 그래서 밤나무 줄기마름병균의 저병원성 균주들을 유럽에서 미국으로 도입했지만 방제 효과는 부분적이었고 일부 지역에서만 나타났다.

밤나무 줄기마름병균의 저병원성 증명

1992년 미국 로슈분자생물학연구소의 최길호 박사는
밤나무 줄기마름병균의 형질전환 시스템을 개발해 dsRNA가
저병원성의 원인이라는 것을 증명했다

밤나무 줄기마름병균에 알맞은 '형질전환(形質轉換, transformation)' 시스템이 개발되지 않아 밤나무 줄기마름병균의 dsRNA의 역할을 이해하는 데 한동안 진전이 없었다. 그런데 1992년 미국 '로슈분자생물학연구소(Roche Institute of Molecular Biology)'의 최길호 박사가 형질전환 시스템을 개발해 완전한 길이의 dsRNA로부터 cDNA를 생산하는 데 성공했고, 이것을 밤나무 줄기마름병균의 병원성 균주에 형질전환시켜 dsRNA가 저병원성의 원인이라는 것을 확실하게 증명함으로써 밤나무 줄기마름병 방제에 획기적인 전기를 마련했다.

이러한 연구 결과를 최길호 박사는 1992년 8월 7일자 국제 저명 학술지 《사이언스(Science)》지에 논문(Hypovirulence of chestnut blight fungus conferred by an infectious viral cDNA)을 통해 발표했는데, 이 논문이 게재된 《사이언스》지의 표지에 밤나무 줄기마름병 병징 사진이 실렸다. 지금까지 세계 최고 권위를 자랑하는 《사이언스》지의 표지에 식물병원체가 등장한 사례는 찾아보기 힘든 만큼, 당시 미국에서 밤나무 줄기마름병이 얼마나 많은 관심을 받는 중요한 식물병으로 자리하고 있었는지 반증해준다.

필자의 1년 선배인 최길호 박사는 서울대학교 식물병리 전공 식물균병학 실험실에서 정후섭 교수님의 지도로 석사 학위를 마치고 나서 미국 켄터키 대학교에서 박사 학위를 취득한 후 로슈분자생물학연구소에서 근무하고 있었다. 필자가 1991년 12월부터 1992년 12월까지 미국 뉴욕주 이타카에 있는 코넬대학교에서 방문연구를 위해 1년 동안 머물고 있었던 중에 최길호 박사를 만나러 뉴저지주에 있는 로슈분자생물학연구소를 방문했었다. 최길호 박사는 《사이언스》지에 밤나무 줄기마름병 논문이 막 게재된 후라서 연구 내용에 대한 설명과 함께 공동연구자인 너스(D. L. Nuss) 박사를 비롯한 동료 연구원들을 소개해주었던 기억이 난다.

당시 최길호 박사는 재미교포 2세와 결혼을 준비하고 있었는데, 미국 교포 사회의 결혼 풍습대로 들러리와 화동(花童)이 필요하다고 필자에게 긴급 도움을 요청했다. 다음 달 얼떨결에 노총각을 장가보내기 위해 메릴랜드주에서 열린 최길호 박사 결혼식에 온 가족이 함께 참석해서 필자가 들러리를 맡고 여덟 살 아들과 여섯 살 딸이 화동 역할을 했던 재미있는 추억도 어느덧 삼십 년이 돼간다.

그때 들러리를 맡아 신랑과 함께 턱시도를 난생 처음 입어봤는데, 또다시 그런 턱시도를 입을 기회가 올까 싶다. 최길호 박사 부부는 결혼 직후 신혼여행을 겸해서 필자가 머물던 뉴욕주 이타카로 답방을 했었다. 최길호 박사는 그 후 의학 연구 쪽으로 전향했다고 들었다. 안타깝게도 훌륭한 세계적인 식물의학자를 잃은 셈이다.

제 7 장

남산 위에 저 소나무를 위협하는 '소나무재선충병'

소나무의 기원

소나무는 한반도에서 중생대 백악기부터 가장 성공적으로 적응해온 나무다

'소나무(*Pinus densiflora*)'는 우리나라를 대표하는 나무로 우리나라와 일본이 원산인 상록 침엽교목이다. 소나무의 '솔'은 '으뜸'을 의미하며, 소나무는 나무 중에 으뜸인 나무라는 뜻을 가진

소나무(*Pinus densiflora*)

다. 나무줄기가 붉어서 '적송(赤松)'이라고 부르기도 하고, 주로 내륙 지방에서 자란다고 '육송(陸松)'이라고 부르기도 하며, 여인의 자태처럼 부드러운

느낌을 준다고 '여송(女松)'이라 부르기도 한다. 일본이 먼저 세계에 소개했기 때문에 영어 이름은 '일본적송(Japanese red pine)'이 됐지만, 광복 70주년을 맞아 국립수목원에서 '한국적송(Korean red pine)'이라는 이름을 붙였다.

소나무는 높이가 3~80m이고 대부분의 종은 15~45m에 달한다. 겨울에도 항상 푸른빛을 유지하는 상록수다. 나무껍질은 거북 등처럼 세로로 넓게 갈라지고 줄기 밑은 회갈색이며 윗부분이 적갈색을 띤다. 바늘잎은 8~9㎝의 길이로 두 개가 한 묶음이 돼서 가지에 촘촘히 붙는다.

소나무는 수명이 길며 일반적으로 100~1천 년 또는 더 많은 연령에 이른다. 소나무는 한반도의 자연에 가장 잘 적응한 나무로 현재 우리나라, 중국, 일본, 러시아 등 동북아시아에 분포한다. 한반도와 일본에서 소나무는 거의 전역에서 자라고, 중국에는 한반도 쪽 해안 일부가 자생지다. 러시아에서는 연해주에 극히 일부가 분포해 멸종위기종으로 지정된 보호식물이다.

한반도에서 소나무속은 중생대 백악기부터 신생대를 거쳐 현재까지 전국에서 나타나 가장 성공적으로 적응한 종류이며, 현재도 한랭한 북부 고산지대부터 온난한 제주도 해안가에 이르기까지 다양한 생태적 범위에 걸쳐 널리 분포한다.

이상한 명칭 '소나무재선충병'

원래 '소나무 시들음병'을 '소나무재선충'에 의해 발생하기 때문에 '소나무재선충병'이라고 부르고 있다

'소나무재선충병(-材蟬蟲病, pine-wilt nematode)'은 '소나무재선충(-材蟬蟲, pine-wood nematode, *Burrsaphenchus xylophilus*)'에 의해 발생한다. 소나무재선충병은 소나무에 기생하는 재선충이 수분과 양분의 이동을 막아 소나무를 죽게 하는 시들음병이기 때문에 '소나무 시들음병(pine wilt)'이 올바른 병명이다.

영어권에서도 '소나무재선충병'을 'Pine wilt'라고 부르기 때문에 소나무 시들음병이라는 병명이 타당하다. 소나무재선충병은 소나무재선충이 소나무에 시들음 증상을 일으킨 결과로 나타나는 병을 지칭한다. 그러나 병명 자체를 그대로 두고 보면 인체병은 인체에 생기는 병이고 조류독감은 조류가 걸리는 독감이기 때문에 소나무재선충병은 소나무재선충이 걸리는 병이라는 의미가 된다.

따라서 소나무가 걸려 시들음 증상을 나타내는 병은 소나무 시들음병이 옳은 병명이다. 소나무재선충병은 학술적으로 전혀 근거가 없이 잘못 붙여진 이상한 명칭인 셈이다. 필자가 수년 전 국립산림과학원 과제평가회의에서 이러한 의견을 피력했더니, 소나무재선충병이라는 명칭이 이미 굳어져 통용되고 있는 병명이라 소나무 시들음병으로 바꾸기가 어렵다는 관계자의 답변을 들은 바 있다. 아마도 소나무재선충병 발생 초기에 어떤 사람이 생각 없이 붙인 이름이 고착됐을 것으로 추정된다.

그렇다하더라도 이러한 이상한 소나무재선충병이라는 병명이 고착된 것에는 식물병명을 부여하고 관리하는 한국식물병리학회가 제 역할을 다하지 못했기 때문일 것이다.

소나무재선충병의 원인

'소나무재선충병'은 '부르사펜쿠스 자일로필루스(*Burrsaphenchus xylophilus*)'라는 '소나무재선충'에 의해 발생한다

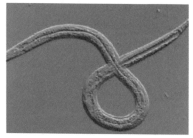

소나무재선충(*Burrsaphenchus xylophilus*)
(출처: 식물병리학)

매개충인 하늘소의 기관 안에 있는
소나무재선충 (출처: 식물병리학)

'선충(線蟲, nematodes)'은 거의 모든 지역과 동식물에서 발견되는 선형동물(線形動物), 즉 기생충으로 8만 종 정도가 발견됐으나, 자연계에는 약 100만 종이 있을 것으로 추측될 정도로 종류와 개체 수가 많다. 상당수의 선충은 다른 생물에 별다른 해를 끼치지 않고 생태계에서 특정 층위를 차지하고 있지만, 식물기생성 선충은 기생하는 모든 작물에 피해를 주고 있다. 특히 배추나 고구마, 당근 등 식량 작물의 11%, 경제 작물 14%에 피해를 주는 것으로 알려져 있다.

'부르사펜쿠스 자일로필루스(*Burrsaphenchus xylophilus*)'라는 소나무재선충은 28종 이상의 소나무와 다른 여러 침엽수를 가해하며, 특히 '구주(歐洲)소나무(*Pinus sylvestris*)'에서 가장 피해가 심하다. 소나무재선충은 길이가 약 800μm에 직경이 22μm인 실 같은 선충인데, 매우 빠르게 생장하고 증식하며 여름에는 4일 안에 생활사가 완성된다. 한 마리의 암컷은 약 80개의 알을

낳고, 이들이 부화하고 탈피해 4령(齡)의 유충 세대를 거쳐 성충이 된다.

수목이 살아 있는 동안은 소나무재선충이 식물 세포를 먹는데, 수목이 죽으면 죽어가고 있거나 죽은 나무를 침입한 곰팡이를 먹는다. 소나무재선충은 식균성(食菌性)이므로 '알터나리아(*Alternaria*)' '푸자리움(*Fusarium*)' '세라토시스티스(*Ceratocystis*)' 등 여러 종류의 곰팡이를 먹으면서 생활사를 완성한다.

소나무재선충은 특히 매개충인 '솔수염하늘소(*Monochamus alternatus*)'와

솔수염하늘소

북방수염하늘소 (출처: 국립산림과학원)

'북방수염하늘소(*Monochamus saltuarius*)'의 호흡기관에서 잘 생존할 수 있도록 적응돼 있어서 정착해 있다가 새순을 갉아 먹을 때 상처 부위를 통해 건전한 수목으로 옮겨져 침입한다.

소나무재선충병은 소나무와 다른 수목에 치명적인 병이다. 소나무재선충병은 일본의 여러 지역에서 소나무에 아주 심한 피해를 일으켜왔다. 미국에서는 넓은 지역에 분포하나 아직까지 중요한 문제는 아니지만, 소나무재선충은 나무를 전부 또는 일부를 죽이는 능력을 가지고 있고 곤충에 의해 죽은 소나무에서 건전한 소나무로 옮겨질 수 있기 때문에 잠재적인 위협의 대상이 되고 있다.

소나무재선충병의 증상

소나무재선충병에 감염된 소나무는 잎이 갈색으로 변하면서
시들어 죽는다

소나무재선충병에 걸린 소나무(왼쪽)
(출처: 식물병리학)

죽은 소나무에 발생해서 소나무재선충이 먹는
청변균 (출처: 식물병리학)

소나무재선충병에 감염된 소나무는 가지나 나무 전체의 잎이 갑자기 회녹색으로 변하고, 줄기에 상처가 생겨도 송진이 흘러내리지 않는다. 그런 다음 잎의 색깔이 황록색으로 변하며, 처음에는 소나무 잎의 일부가, 나중에는 소나무의 모든 바늘잎이 4~6주 안에 완전하게 갈색으로 변하고 시들어 보인다. 하지만 가끔은 잎이 처지지 않고 그대로 남아 있다.

소나무재선충병에 감염된 많은 나무의 목질부에는 청변(靑變)이 심하며, 병든 나무는 반드시 죽는다. 죽은 소나무 줄기와 가지에 발생하는 '청변균(靑變菌, blue-stain fungi)'은 색이 있는 균사를 형성하기 때문에 변재(邊材)의 변색을 초래하며, 이 균사들은 주로 방사조직(放射組織)에서 자라지만 그 둘레의 변재까지 번져가므로 변재에 줄무늬 변색이 생긴다.

대표적인 청변균은 세라토시스티스(*Ceratocystis*), 하이포자일론(*Hypoxylon*),

자일라리아(*Xylaria*), 그라피움(*Graphium*), 렙토그라피움(*Leptographium*), 디플로디아(*Diplodia*), 클라도스포리움(*Cladosporium*) 등이 있다. 이 청변균들은 소나무재선충의 먹이가 된다.

소나무재선충병 팬데믹

소나무재선충병은 1905년 일본에서 최초로 발생해서 전 세계로
확산돼 팬데믹을 일으키고 있다

소나무재선충병은 1905년 일본 나가사키현에서 최초로 발생했다. 이후 1934년 미국, 1982년 중국 난징(南京), 1985년 대만, 1985년 캐나다 온타리오주, 1993년 멕시코, 1999년 포르투갈, 2009년 스페인에 순차적으로 퍼져나갔다. 이 중 특히 문제가 되고 있는 지역은 우리나라와 포르투갈, 스페인이다. 한반도 수종의 약 30%, 이베리아반도 수종의 약 50%가 소나무로 이뤄져 있기 때문이다.

   특히 미국 등 북아메리카 지역은 재선충에 감염돼도 죽지 않는 저항성 소나무인 '리기다소나무' '리기테나소나무'가 대부분인 반면, 우리나라는 감염되면 100% 고사하는 '해송' '낙엽송' '잣나무' 등이 주종을 이뤄 그 피해가 크다.

우리나라 소나무재선충병 에피데믹

소나무재선충병은 1988년 우리나라에도 유입돼서 전국적으로
확산되면서 '남산 위에 저 소나무'를 위협하고 있다

더구나 우리나라에서는 소나무가 민족의 절개를 상징하는 특별한 수종으로
인식되면서 숲 피해뿐 아니라 대중의 정서적 상실감 또한 크다. 소나무재선
충병은 우리나라에서는 1988년 최초로 발생했다. 부산광역시 동래구 금정
산에서 처음 발생한 후 매우 빠르게 확산돼 2005년 '소나무재선충병 방제
특별법'이 제정됐고, 2015년에는 소나무재선충병 방제지침이 제정됐으며,
2016년 한국임업진흥원 안에 '소나무재선충병 모니터링센터'를 개원하기에
이르렀다.

소나무재선충병은 2018년 4월 기준으로 전국 117개 시, 군, 구에서 발생하
고 있다. 2014년 피해 고사목은 218만 그루였는데, 2015년에는 174만 그루,
2016년에는 137만 그루, 2017년에는 99만 그루, 2018년에는 69만 그루, 2019
년에는 49만 그루로 매년 감소하고 있지만, 여전히 지역별로 피해 고사목이
발생하고 있는 실정이다.

매개충이 이동할 수 있는 거리는 최대 200m로 오로지 자연적 확산만으로
는 짧은 기간에 넓은 면적을 감염시키기가 불가능하다. 사람에 의한 인위적
인 확산이 더 빠르게 일어난다. 소나무재선충병 발생 초기에 감염된 숲 근처
에 있는 주민들이 감염목을 땔감으로 사용하기 위해 다른 곳으로 이동시키
는 경우가 많았다. 즉 감염된 소나무가 사람에 의해 수십㎞ 떨어진 곳으로 옮
겨지면, 그곳에서 다시 매개충이 자연적으로 확산이 되거나 인위적인 확산이

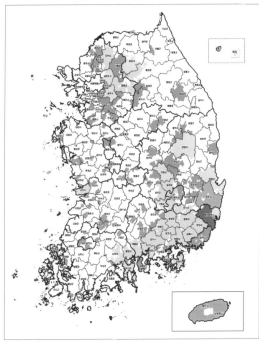

소나무재선충병 피해 현황으로 색이 붉을수록 피해가 심하다
(출처: 산림청)

다시 일어난다.

소나무뿐만 아니라 2006년에는 경기도 광주에 있는 잣나무에서도 북방수염하늘소에 의한 소나무재선충병이 처음 발생하는 것이 확인됐다. 2007년에는 서울 노원구에서 소나무 1그루, 2014년 성북구에서 잣나무 10그루에서 발생한 이후 2015년 용산구 한남동 남산에 있는 소나무 1그루에서 소나무재선충병

이 발견됨으로써 서울의 대표적 소나무 군락지인 남산도 안전지대가 아니라는 것이 밝혀졌다.

우리 〈애국가〉 2절에는 '남산 위에 저 소나무 철갑을 두른 듯 바람서리 불변함은 우리 기상일세'라는 가사가 있다. 비바람이나 서리를 이겨내는 소나무의 기상이 반만 년 동안 온갖 위기를 슬기롭게 극복해온 우리 민족의 기상을 닮았다는 상징적인 표현이다.

그런데 어쩌면 소나무재선충병의 추가 확산을 막지 못한다면 '남산 위의 저 소나무'가 사라지고 〈애국가〉 가사를 바꿔야 할지도 모를 일이다.

산림청에서는 소나무재선충병의 확산을 방지하기 위한 조처로 소나무재

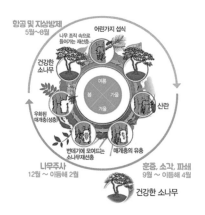

소나무재선충병의 생활사와 방제 방법
(출처: 산림청)

선충병의 신규 발생을 신고하거나 반출 금지 구역에서 소나무 이동 제한 위반 사항을 신고한 경우에 민간인과 공무원에 대해 일정 금액의 포상금을 지급하는 제도를 시행하고 있다.

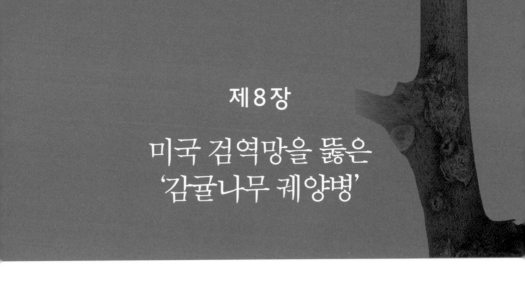

제 8 장

미국 검역망을 뚫은
'감귤나무 궤양병'

감귤나무의 기원

감귤의 원산지는 중국 남부 및
베트남 등 동남아시아 지역으로
추정된다

'감귤나무(*Citrus reticulata*)'는 운향과
(芸香科, Rutaceae)에 속하는 과일 나
무다. 열매인 '감귤(柑橘)'은 '귤(橘)' 또
는 '밀감(蜜柑)'이라고도 부르며, 영어
권에서는 '만다린(mandarin)'으로도

감귤나무(*Citrus reticulata*) (출처: Wikipedia)

부른다. 원산지는 중국 남부 및 베트남 등 동남아시아 지역으로 추정된다.

　감귤나무는 '망산귤(*Citrus mangshanensis*)' 등 원생종 감귤이 자라는 난

링산맥 북부와 남부에서 적어도 두 차례에 걸쳐 순화(馴化)된 것으로 보인다.

감귤나무 궤양병의 원인

'감귤나무 궤양병'은 세균의 일종인 '잰토모나스 악소노포디스
시트리(*Xanthomonas axonopodis* pv. *citri*)'라는
'감귤나무 궤양병균'에 의해 발생한다

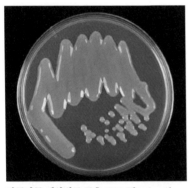

감귤나무 궤양병균 균총 (출처: *The American Phytopathological Society*)

'감귤나무 궤양병(潰瘍病, Citrus canker)'은 세균의 일종인 '잰토모나스 악소노포디스 시트리(*Xanthomonas axonopodis* pv. *citri*)'라는 '감귤나무 궤양병균'에 의해 발생한다. 감귤나무 궤양병균의 기원은 동남아시아로 알려져 있으며, 감귤나무 궤양병에 걸린 묘목이나 열매 등을 통해 세계 각 지역으로 전파됐다. 감귤나무 궤양병균은 병원성이 다른 4개 계통으로 분류하는데, A그룹은 아시아형 궤양병균으로 기주 범위가 넓다. B그룹은 '캥크로시스(cankrosis)' 또는 '거짓궤양병(false citrus canker)'으로 알려진 병을 일으키는 병원균이고, C그룹은 '멕시코라임 유사궤양증상(Mexican lime canker cankrosis)'을 일으키는 병원균이며, D그룹은 '멕시코 세균감염증상(Mexican bacteriosis)'을 일으키는 병원균이다.

그러나 1984년 미국 플로리다주에 새롭게 나타난 궤양병은 처음에는 감귤나무 궤양병으로 불렀지만 지금은 '감귤나무 세균성 점무늬병(citrus bacterial spot)'으로 부르며, 이 병을 일으키는 병원균은 새로운 E그룹으로 분류한다. A그룹이 보통 성숙하고 노쇠한 감귤나무에 궤양병을 일으키는 반면에 E그룹은 특히 묘포에 있는 유묘에 집중적으로 궤양병을 일으킨다.

감귤나무 궤양병은 열대와 아열대 지역에서 재배되고 있는 중요한 감귤류에 막대한 피해를 끼치기 때문에 감귤류의 유묘, 열매 등의 유입을 철저하게 규제하고 있다.

감귤나무 궤양병의 증상

감귤나무 궤양병은 잎, 가지, 열매에 노란색의 둘레무리가 있는
회백색 궤양 증상을 나타낸다

감귤나무 잎의 궤양병 (출처: 식물병리학)

감귤나무 궤양병균은 잎, 가지, 열매의 궤양 부위에서 월동한 후 22~33℃ 정도로 따뜻하고 비가 많이 오는 시기에 강한 비바람이 감귤나무 궤양병균을 전반시켜 기공이나 상처를 통해 식물체 안으로 들어간다. 또한 일본이나 우리나라에서는

감귤나무 잎의 궤양병 (출처: 식물병리학)

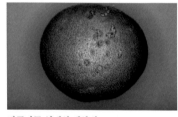

감귤나무 열매의 궤양병 (출처: 식물병리학)

감귤나무 잎을 가해하는 '굴파리'들이 감귤나무 궤양병을 매개한다.

제주도에서 가장 많이 재배되고 있는 온주밀감나무에서 궤양병은 잎, 가지, 열매에 발생한다. 감귤나무 잎에서는 처음에 주변 조직보다 약간 돌출된 작은 수침상의 둥근 초록색 점무늬 병반들이 나타난다. 나중에 병반 중앙은 회백색이 되고 병반 주위는 노란색의 둘레무리(halo)가 나타난다. 병이 진전됨에 따라 병반은 갈라 터지고 코르크화돼서 가운데가 움푹 들어간다. 병반들이 주위의 병반들과 합쳐져 불규칙한 1~9㎜ 정도의 병반을 만든다.

감귤나무의 가지와 열매에서는 잎에서처럼 1㎝ 정도 크기의 병반이 형성되는데, 열매는 딱지투성이가 되며 기형을 초래하기도 하고 상품성이 떨어진다. 궤양병에 심하게 감염된 감귤나무의 잎은 낙엽이 지고 수세가 약화된다.

감귤나무 궤양병 팬데믹

감귤나무 궤양병은 일본을 비롯해 동남아시아의 풍토병인데
유럽을 제외한 전 세계로 전파돼 팬데믹을 일으키고 있다

감귤나무 궤양병은 일본을 비롯해 동남아시아의 풍토병인데, 이곳에서 유럽을 제외한 전 세계 감귤류 재배 지역으로 전파됐다. 미국에서는 1910년 일본으로부터 감염된 감귤나무 유묘 수입을 통해 조지아주와 플로리다주 접경지에서 멀지 않은 곳에서 감귤나무 궤양병이 처음 발견됐다. 그 후 감귤나무 궤양병은 1912년 600㎞ 이상 떨어진 데이드(Dade) 카운티에서 발견됐고, 이후 플로리다주를 넘어 걸프만에 있는 주에서 발견됐으며, 북쪽으로는 사우스캐롤라이나주까지 확산됐다.

  1913년에서 1931년 사이에 대대적인 감귤나무 궤양병 박멸 사업으로 플로리다주에서 감귤나무 궤양병이 제거되기까지 300만 그루 이상의 유묘와 25만 그루 이상의 감귤나무를 불태웠고, 수백만 달러 이상의 비용과 엄청난 불편과 고통의 20년이 소요됐다. 그러고도 미국에서 감귤나무 궤양병이 완전하게 제거되는 1949년까지 20년이 더 소요됐다.

  그러나 불행하게도 1984년 8월에 감귤나무 궤양병균에 의해 생기는 궤양병과 유사한 세균성 점무늬병이 플로리다주에서 다시 발생했으며, 이것이 궤양병으로 의심되자 즉시 제거 방침이 전개돼서 1990년까지 2천만 그루의 유묘와 어린나무가 제거됐다. 그러나 1986년 진짜 감귤나무 궤양병이 플로리다주에서 다시 발견됐고, 1992년까지 이 병을 제거하기 위한 노력으로 감염된 감귤나무의 반경 1,900피트(579m) 안에 있는 모든 감귤나무를 뿌리까지

뽑아 불태웠다. 그 후 2년 동안 감귤나무 궤양병이 발견되지 않아서 1994년 초 플로리다주에는 감귤나무 궤양병이 없다고 선포됐다.

그런데 감귤나무 궤양병이 농업경제학자 프랑시옹(Louis Willio Francillon)에 의해 1995년 9월 28일 플로리다주 데이드 카운티에서 다시 발견됐고, 감귤나무 궤양병에 감염된 감귤나무의 반경 1,900피트 안에 있는 모든 감염된 감귤나무를 제거하는 정책을 채택했다. 그럼에도 불구하고 감귤나무 궤양병이 2005년 말까지 500㎞ 떨어진 오렌지파크에서도 발견됐다. 결국 이 프로그램은 2006년 1월에 감귤나무 궤양병 박멸이 불가능하다는 USDA의 권고에 따라 종료됐다.

감귤 산업은 오스트레일리아에서 가장 큰 신선 과일 수출 산업이다. 오스트레일리아에서는 감귤나무 궤양병이 3번 발생해 모두 박멸됐다. 감귤나무 궤양병은 오스트레일리아 북부 지역에서 1900년대에 두 번 발견됐으며 모두 박멸됐다. 2004년 퀸즐랜드주 중심가에서 감귤나무 궤양병이 발생하자 주 정부와 연방 정부는 에메랄드 근처의 모든 감귤나무와 '라임나무(*Citrus glauca*)'를 제거했고, 2009년 초 농민들에게 다시 재배하도록 허가했지만 2018년에 다시 발견됐다.

브라질에서 감귤은 수출 작물이다. 감귤은 세계에서 가장 큰 스위트오렌지 생산 지역인 상파울루주에서 두 번째로 중요한 농업이다. 상파울루주에는 약 200만 그루의 감귤나무 중 80% 이상이 단일 종류의 오렌지이며 나머지는 감귤과 레몬나무다.

감귤류 품종의 균일성이 감귤나무 궤양병에 영향을 미쳐 상파울루주에서는 엄청난 손실을 초래했다. 브라질에서는 감귤나무 궤양병을 박멸하기 위해 전체 숲을 파괴하는 대신 30m 반경 내의 오염된 감귤나무를 제거했는데,

1998년까지 50만 그루 이상의 나무가 제거됐다.

브라질에서는 감귤나무 궤양병 제거 노력으로 넓은 감귤류 생산 지역을 궤양병이 없는 지역으로 유지할 수 있게 됐다. 감귤나무 궤양병이 발생하지 않는 감귤류 재배 국가에서는 감귤나무 궤양병이 발생하는 국가로부터 유묘나 열매 수입을 철저하게 막고 있다.

감귤나무 궤양병은 일본, 남아프리카공화국 및 중앙아프리카, 중동아시아, 방글라데시, 태평양제도, 남아메리카 일부 국가 및 미국 플로리다에도 있다. 오스트레일리아에서는 가장 최근 감귤나무 궤양병이 발생한 후 박멸은 1991년에 이루어졌다. 남아메리카에서는 1957년에 브라질에서 발생한 후 우루과이, 파라과이, 아르헨티나로 전파됐고, 박멸을 위한 많은 노력에도 불구하고 감귤나무 궤양병은 완전히 정착해버렸다.

우리나라에서 감귤나무 궤양병 발생은 1935년 처음 기록돼 있으며, 일본에서 유입돼 국내에 정착한 것으로 추정되고 있다. 1964년 2월 박정희 대통령은 연두 순시에서 제주도의 감귤을 중점적으로 키우라는 지시를 내렸고, 이에 따라 1965년부터 온주밀감나무 심기 붐이 일어났다. 과거 감귤나무는 키가 큰 나무라 사다리를 타고 감귤을 수확해야 했는데, 현재의 관목처럼 키가 작은 온주밀감나무는 바로 이때 일본 농림성으로부터 묘목을 수입해 농가에 도입된 것이다. 그러나 우리나라에서 재배되고 있는 온주밀감나무는 감귤나무 궤양병에 대해 중도 저항성이며, 1993년 무방제 포장에서 5% 이내의 발병률을 보인 것으로 조사됐다.

필자의 고향인 제주도에서 감귤나무는 가장 큰 농가 소득원으로 2만여ha 정도 재배되고 있다. 필자가 초등학교와 중학교에 다닐 무렵에는 주로 서귀포시에서만 감귤나무를 재배했고, 서귀포시에 비해 상대적으로 기온이 낮은 제주시에서는 감귤나무를 재배하지 않았다.

온주밀감은 귀하고 비싼 과실이어서 온주밀감나무 한 그루를 잘 키우면 대학 등록금을 마련할 수 있다고 해서 '대학나무'라고 불렀다. 실제 학교에서 각종 행사 때 수여하는 상장과 함께 온주밀감나무 묘목을 부상으로 주기도 했다.

지금은 온주밀감 재배 면적과 생산량의 증가로 가격 폭락을 겪는 경우가 자주 발생해 간벌(間伐)을 하거나 키위와 같은 다른 과수로 전환하는 과수원도 적지 않아 격세지감을 느끼지 않을 수 없다.

제 9 장

진딧물이 옮기는
'감귤나무 트리스테자병'

감귤나무 트리스테자병의 원인

'감귤나무 트리스테자병'은 접목과 진딧물로 전염되는 '사이트러스 트리스테자 바이러스(Citrus Tristeza Virus)'에 의해 발생한다

'감귤나무 트리스테자병(Citrus tristeza)'은 '사이트러스 트리스테자 바이러스(Citrus Tristeza Virus, CTV)'에 의해 발생한다. CTV 는 실 모양의 바이러스로 입자(粒子, particle) 의 길이는 2천nm, 지름은 12nm이다. 각 입자는 20kb인 한 개의 'ssRNA(single stranded RNA, 외가닥 RNA)'와 분자량 2만 5천의 '단백질 소 단위체(subunit)'로 이루어진 '외피(envelope)'

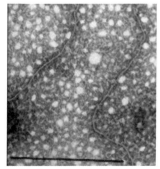

사이트러스 트리스테자 바이러스 (Citrus Tristeza Virus)의 전자현미경 사진 (출처: 식물병리학)

를 갖는다. CTV의 RNA는 10~12개의 단백질을 코딩하지만 그중 몇 종류는 아직 기능이 확실하지 않다.

CTV는 눈접 또는 접목으로 전염하며, 여러 종의 진딧물에 의해 반영속형(半永續形)으로 전염된다. 즉 진딧물은 바이러스를 획득하는 데 적어도 30~60분 흡즙해야 하며, 이후 24시간 동안 바이러스를 보독(保毒)한다.

CTV의 가장 효율적인 매개충으로서 감귤나무에만 집단 서식하는 것으

로 알려진 '귤소리진딧물(*Toxoptera citricida*)'은 다른 진딧물에 비해 CTV 전염 능력이 10~25배가량 좋다. 또한 귤소리진딧물은 다른 종들이 잘 전염시키지 못하는 '쇠락(衰落, decline)'과 '줄기홈(stem-pitting)'을 일으키는 CTV 계통들을 전염시킬 수 있다.

귤소리진딧물(*Toxoptera citricida*)
(출처: 식물병리학)

감귤나무 트리스테자병의 증상

감귤나무 트리스테자병은 과실의 양과 질을 크게 떨어뜨리고
만성 또는 급성 쇠락을 일으켜 결국 감귤나무를 죽인다

감귤나무 트리스테자병은 감귤나무가 자라는 곳이면 세계 어느 곳을 막론하고 발생한다. 감귤나무 트리스테자병은 모든 종류의 감귤류에 발생하지만,

특히 '오렌지나무' '자몽나무' '라임나무' 등에 주로 발생한다. CTV의 고병원성 계통은 과실의 양과 질을 크게 떨어뜨리고 만성 또는 급성 쇠락을 일으켜 결국 감귤나무를 죽인다. 쇠락으로 나타나는 감귤나무 트리스테자병의 병징은 광귤나무 대목에 접붙인 감귤나무에서 특히 더 흔하고 더 심하다. 감귤나무 종류에 따라 CTV에 의해 나타나는 병징은 주로 바이러스의 계통과 접수가 붙은 대목에 따라 다르다.

트리스테자병에 의해 죽은 오렌지나무
(출처: 식물병리학)

대부분의 CTV 계통은 병원성이 약해서 시판 감귤나무 품종에 눈에 띄는 병을 일으키지 않는다. 감수성 지표식물인 '멕시칸 라임나무'에 검정하거나 혈청학 및 분자생물적 방법에 의해서만 검출할 수 있다. CTV의 고병원성 계통은 유묘의 황화를 일으킨다. 즉 광귤나무, 레몬나무, 자몽나무 등의 어린나무가 특히 온실 안에서 재배될 때 심한 황화와 왜소 증상이 나타난다.

포장에서 어린 오렌지나무, 자몽나무 및 다른 감귤류는 광귤나무 대목에 접

트리스테자병에 걸린 자몽 (출처: 식물병리학)

감귤나무의 줄기홈 증상 (출처: 식물병리학)

트리스테자병에 감염된 감귤나무의 줄기홈 증상 (사진 출처: 식물병리학)

붙여 자라므로 CTV의 고병원성 계통이 접종되면 수 주 안에 급격히 쇠락한다. 급성 쇠락을 보이는 나무는 잎이 누렇고 갈변돼 나중에는 시들고 떨어지지만 과실은 죽은 나무에 그대로 매달려 있다.

그러나 CTV의 일부 고병원성 계통은 급성 쇠락을 일으키지 않는 반면에, 어린 나무의 생장을 방해해 심하게 위축시키고 수확을 기대할 수 없게 만들거나 여러 해에 걸쳐 쇠락해 잘 자라지 못해 수확량이 줄고 결국 죽게 한다.

광귤나무 대목에 쇠락 증상을 일으키는 CTV 계통은 접목부에 '체관괴사(phloem necrosis)'를 일으켜 접목부에 광합성산물의 축적을 초래하고 접수의 과대 생장을 가져오는 반면에, 양분은 뿌리로 거의 내려가지 못한다. 그 결과 뿌리가 거의 자라지 못하거나 죽어 나무의 지상부도 쇠락한다.

CTV에는 저병원성으로 쇠락을 일으키는 계통 외에도 줄기홈 증상을 일으키는 고병원성 계통이 있다. 감염된 나무는 줄기, 가지 그리고 접목된 대목에 상관없이 심지어는 감염된 자몽나무 또는 광귤나무의 잔가지에까지 수피 밑 목질부에 세로 방향의 깊은 홈이 생긴다. 줄기홈이 있는 나무는 위축되고 과실의 수가 줄어들며 크기가 작아지고 질이 떨어진다. 가지는 약해서 잘 부러지고 나무가 쇠락하지만 몇 년 동안 죽지는 않는다.

감귤나무 트리스테자병 팬데믹

감귤나무 트리스테자병은 1910년대 이후 전 세계로 확산돼
팬데믹을 일으키고 있다

남아프리카에서는 1910년대 이후, 아르헨티나와 브라질에서 1930년대 이후, 그리고 콜롬비아와 스페인에서는 1970년대 이후에 수백만 그루의 감귤나무가 감귤나무 트리스테자병 팬데믹에 의해 계속 죽고 있다.

미국에서는 1950년대에 플로리다주에서 감귤나무 트리스테자병이 처음 보고됐으나, 1980년대에 감귤나무 트리스테자병을 일으키는 고병원성 바이러스가 널리 퍼진 이후 손실이 심해지기 시작했다. 게다가 더 강력한 CTV 계통과 전염 능력이 뛰어난 매개충이 남아메리카로부터 중앙아메리카와 카리비안 군도를 거쳐 북상하고 있어서 미국의 감귤 생산을 크게 위협하고 있다.

또한 1995년에는 감귤나무에 줄기홈을 일으키는 것을 포함한 고병원성 CTV에 대한 가장 효율적인 매개충으로 여겨지는 귤소리진딧물이 플로리다주에 유입됐고, 그 이듬해 거의 대부분의 감귤나무 재배 단지로 확산됐다. 이 귤소리진딧물은 플로리다주에서 광귤나무 대목에 접붙인 2천만 그루의 감귤나무에 큰 위협이 되고 있다. 또한 플로리다주와 미국의 전체 감귤 산업에

엄청난 손실이 우려되고 있다.

감귤나무 트리스테자병 팬데믹에 의해 아르헨티나에서는 1천만 그루, 브라질에서는 600만 그루, 미국에서는 300만 그루 등 전 세계적으로 8천만 그루 이상의 감귤나무가 죽었다. 또한 스페인에서는 4천만 그루 이상의 '스위트오렌지나무'와 '만다린나무'에서 생산량이 점진적으로 감소하고 있다.

제 10 장

로마의 신으로 군림했던 '밀 줄기녹병'

밀의 기원

밀은 기원전 9600년경부터 중동아시아의 비옥한 초승달 지역에서 처음 재배되기 시작했다

'밀(wheat, *Triticum aestivum*)'은 밀 속(*Triticum*)에 속하는 식물의 낟알을 두루 일컫는 말이다. 전 세계 곡물 생산량에서 옥수수에 이어 2위를 차지하는 밀은 빵, 과자, 국수, 맥주 등의 원료로 이용한다. 밀은 기원전 9600년경 중동아시아의 비옥한 초승달 지역에서 재배되기 시작했다.

밀(*Triticum aestivum*) (출처: Wikipedia)

우리나라에서는 평안남도 대동군 미림리에서 기원전 200~100년경의 것으로 추정되는 밀이 발견됐다. 일본에는 3~4세기에 우리나라에서 밀이 전래됐다.

밀 줄기녹병의 원인

'밀 줄기녹병'은 담자균의 일종인 '푹시니아 그라미니스 트리티시 (*Puccinia graminis f. sp. tritici*)'라는 '밀 줄기녹병균'에 의해 발생한다

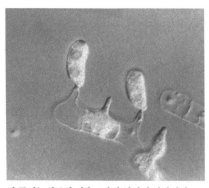

밀 줄기녹병균의 겨울포자에 형성된 담자기와 담자포자 (출처: 식물병리학)

'밀 줄기녹병(Wheat stem rust)' 은 '푹시니아 그라미니스 트리티시 (*Puccinia graminis f. sp. tritici*)'라 는 '밀 줄기녹병균'에 의해 발생한 다. 밀 줄기녹병균은 균계에 속하 는 곰팡이의 일종으로 담자균류 중 에서 녹병균목에 속하며, 밀과 보리, 귀리, 호밀 등 맥류와 '매발톱나무

(*Berberis vulgaris*)'에 녹병을 일으킨다. 밀 줄기녹병균은 유성생식에 의해 담 자기와 담자포자를 형성하고, 밀과 매발톱나무를 오가는 기주교대를 하면서 생활사를 완성하는 이종기생균이다. 중간기주인 매발톱나무에는 녹병정자 기와 녹포자기를 만들고, 밀에는 여름포자퇴와 겨울포자퇴를 형성한다.

1660년 프랑스 루앙(Rouen)에서 밀밭 근처에 매발톱나무 식재를 금지하

는 법률이 제정됐다. 이것은 유럽 농부들이 밀에서 매발톱나무와 밀 줄기녹병 에피데믹 사이의 상관관계를 발견했기 때문이다. 밀 줄기녹병균은 봄부터 가을까지는 밀에서 생활하고, 가을부터 이듬해 봄까지는 매발톱나무에서 생활한다. 따라서 매발톱나무를 제거하면 밀 줄기녹병균은 겨울을 보낼 곳이 없어져 얼어 죽기 때문에 더 이상 밀 줄기녹병이 발생하지 않게 된다.

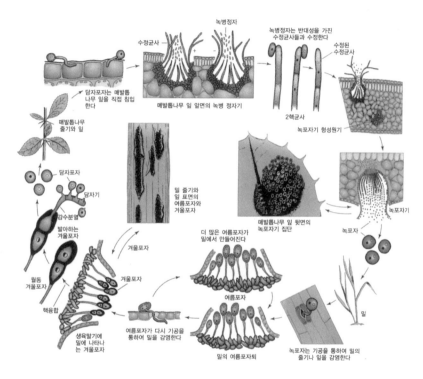

밀 줄기녹병(*Puccinia graminis* f. sp. *tritici*)의 병환 (출처: 식물병리학)

이탈리아 과학자 폰타나(Fontana)와 토제티(Tozzetti)가 1767년 처음으로 밀 줄기녹병균을 기술했고, 30년 후 퍼슨(Persoon)은 밀 줄기녹병균을 '푹시니아 그라미니스(*Puccinia graminis*)'라고 명명했다. 1854년에 루이스(Louis René)와 찰스(Charles Tulasne)는 녹병에서 알려진 5개의 포자 단계를 발견했다. 드바리는 중간기주로 매발톱나무가 필요하다는 사실을 검증했다.

형태가 같은 병원균 중에서 병을 일으킬 수 있는 기주식물의 속(屬, genus)이 다른 집단을 '분화형(分化形, forma specialis)'이라 하고, 줄여서 'f. sp.'라고 표기한다. '푹시니아 그라미니스(*Puccinia graminis*)'는 여러 가지 곡류에 녹병을 일으키기 때문에 여러 가지 분화형으로 세분된다. 밀에 줄기녹병을 일으키는 분화형은 '푹시니아 그라미니스 트리티시(*Puccinia graminis* f. sp. *tritici*)'라고 명명됐다.

밀 줄기녹병의 증상

밀 줄기녹병은 녹이 슨 것처럼 여름포자퇴가 줄기, 잎, 잎집에서 긴 축을 따라 형성된다

밀 줄기녹병의 병징은 녹이 슨 것처럼 보이는 여름포자퇴가 길고 좁은 타원형 돌기나 주머니 모양으로 나타나는데, 밀의 줄기, 잎, 잎집에서 긴 축을 따라 형성된다. 여름포자퇴는 밀 이삭목과 낟알에서도 형성된다. 여름포자퇴 돌기를 덮고 있는 표피 조직은 나중에 불규칙하게 찢어져 뒤

밀 줄기녹병균 여름포자퇴
(출처: 식물병리학)

로 젖혀지면서 적황색을 띤 여름포자 덩어리가 드러난다. 생육 후기에 식물체가 성숙함에 따라 여름포자퇴 돌기는 검은색 겨울포자퇴로 전환된다.

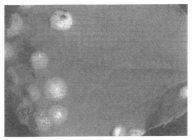
매발톱나무 잎 앞면의 녹병정자기
(출처: 식물병리학)

매발톱나무에는 주로 잎에 누런색에서 오렌지색을 띤 점무늬로 나타난다. 주로 잎의 앞면에 있는 병반 안쪽에 매우 작고 오렌지색을 띤 녹병정자기가 많이 나타나고, 녹병정자기 아래 황색 뿔 또는 컵 모양의 녹포자기가 나타난다. 감염된 기주조직은 흔히 부풀어 오르고 찢어지면서 흰색을 띠는 녹포자기 벽이 녹포자기 가장자리에 돌출한다.

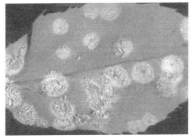
매발톱나무 잎 뒷면의 녹포자기
(출처: 식물병리학)

녹병에 감염된 밀에서는 증산활동과 호흡은 증가하지만, 광합성을 할 수 있는 잎 면적은 파괴돼 감소하기 때문에 광합성량이 크게 감소한다. 녹병균은 밀의 조기 성숙을 유도하기 때문에 충실한 종자를 형성할 시간이 부족하다.

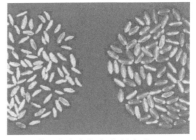
줄기녹병균에 감염된 밀 낟알(왼쪽)
(출처: 식물병리학)

특히 개화 전이나 개화 중에 녹병에 심하게 감염되면 100% 수량 손실을 초래할 수도 있다.

밀 줄기녹병 팬데믹

미국에서는 1916년부터 밀 줄기녹병 에피데믹이 시작됐고,
1999년 우간다에서부터 전 세계적인 팬데믹이 시작됐다

밀 줄기녹병은 기원전 아리스토텔레스 시대까지 거슬러 올라가는 지속적인
문제였다. 로마인들의 초기 고대 관습에 의하면 해마다 4월 25일 '로비갈리
아(Robigalia)'로 알려진 축제에 식물병을 지배하는 신 '로비구스(Robigus)'에
게 적포도주와 붉은 여우, 개, 소와 같은 동물을 제물로 바쳤다.

　이 시기는 밀 수확을 앞두고 이삭이 익어가는 시기인데, 붉은색 포자 덩어
리가 잎과 줄기에 나타나 밀에 피해를 주는 줄기녹병과 색깔이 같은 적포도
주와 붉은 짐승을 제물로 바쳐 제례의식을 치른 것이다. 식량 작물로서 밀에
전적으로 의존했던 로마인들이 만성적인 굶주림에서 벗어날 수 있게 녹병에
의해 밀이 파괴되지 않도록 보호해달라는 소원을 비는 행사였다.

　당시의 날씨 기록에 따르면 로마제국의 멸망은 밀 줄기녹병이 극심해 밀
수확을 감소시키는 우기가 연속됐기 때문에 생긴 식량 부족의 결과로도 추
정할 수 있다.

　밀 줄기녹병의 중간기주인 매발톱나무 열매는 와인과 잼 재료로 사용되고
나무는 도구 손잡이 재료로 사용되기 때문에 유럽 식민지 사람들은 매발톱
나무를 밀과 함께 북아메리카로 전파시켰다. 미국 동부 지역 농부들이 서부
를 개척하기 위해 서부 지역으로 이동하면서 밀 줄기녹병을 전파시켜서 1915
년과 1916년 미네소타주, 노스다코타주, 사우스다코타주 등 3개 지역에서 발
생한 밀 줄기녹병 에피데믹은 무려 60%의 밀 수량 감소를 일으켰고 급기야

2년 후인 1918년에 '매발톱나무 제거 프로그램'을 만들기에 이르렀다. 매발톱 나무를 제거하지 않으면 빵을 먹을 수 없을지도 모른다는 절박함 때문에 당시 구호는 '매발톱나무냐 빵이냐(Barberry or Bread)'였다.

봄에 매발톱나무 한 그루에는 무려 640억 개의 녹포자가 생겨 밀을 공격하기 때문에 동시다발적으로 매발톱나무를 제거하기 위해 엄청난 인력이 동원됐다. 심지어 학생들도 참여를 독려하는 매발톱나무 제거 경진대회와 시상식도 열릴 정도였고, 1920년대에는 '녹병균 파괴자 모임(Rust Buster Club)'이라는 학생 단체까지 결성됐다. 1980년까지 미국 18개 주에서 무려 5억 그루의 매발톱나무를 제거했지만 기대했던 만큼의 성과는 얻지 못했다.

미국에서 매발톱나무를 제거하기 위한 제초제 살포 (출처: *Essential Plant Pathology*)

미국 남부 및 멕시코에서는 밀 줄기 녹병균이 매발톱나무에서 겨울을 지내지 않고 그냥 밀에서 월동을 했다. 겨울이 지나고 밀 줄기녹병이 이른 봄 온화한 미국 남부 지역에 심하게 발생하면 남부 지역에 큰 손실을 일으킬 뿐만 아니라, 봄과 여름의 따뜻한 남풍을 따라

매발톱나무 잎 뒷면의 녹포자기 (출처: 식물병리학)

북쪽으로 날아가는 여름포자를 형성하므로 북쪽 지역의 밀도 연속적으로 감염시켰다. 그 결과 미국 전역에 밀 줄기녹병 에피데믹이 심하게 발생하게 돼서 엄청난 피해를 초래했다.

미국에서 밀 줄기녹병균의 비행로 (출처: 식물병리학)

이렇게 밀 줄기녹병균 포자가 날아가는 경로를 '녹병균 비행로(Puccinia Pathway)'라고 부르는데, 매발톱나무를 제거해도 밀 줄기녹병균 포자가 줄어들지 않고 유입돼 계속 줄기녹병을 일으키는 이유를 알 수 있게 해준다.

미국 오리건주립대학교의 육종학 교수인 피터슨(Jim Peterson)에 따르면 밀 줄기녹병균은 1917년에서 1935년 사이에 미국 밀의 20% 이상을 파괴시키는 에피데믹을 여러 차례 일으켰다. 1950년대에는 9%의 밀 손실을 일으킨 에피데믹을 두 차례 일으켰고, 1962년 미국에서 발생한 마지막 에피데믹으로 5.2%의 밀 손실을 초래했다.

노벨평화상을 안겨준 '앉은뱅이 밀'

우리나라 '앉은뱅이 밀'이 '녹색혁명의 아버지'라고 불린 볼로그(Norman Borlaug)가 1970년 노벨평화상을 수상하게 만들었다

1943년 미국 록펠러재단과 포드재단은 멕시코 정부와 공동으로 질병으로부

Norman Ernest Borlaug
(출처: Wikipedia)

터 안심할 수 있는 옥수수와 밀 품종을 육성하기 위해 '국제옥수수맥류연구소(International Maize and Wheat Improvement Center, CIMMYT)'를 설립했다. 1942년 미국 미네소타대학교에서 식물병리학과 유전학 박사 학위를 취득한 볼로그(Norman Ernest Borlaug)는 1944년 이 연구소에 초빙된 후 키 작고 수확량이 많으며 줄기녹병에 대해 저항성인 품종 육성 연구에 주력해서 1950년대 말 밀 줄기녹병에 대한 저항성 밀 품종 '소노라 64호'를 개발했는데, 50여 년 동안 밀 줄기녹병에 대한 저항성 효과가 매우 탁월했다.

이 밀 품종의 기원은 우리나라 토종 밀로 기원전 300년부터 재배해온 '앉은뱅이 밀'이다. '앉은뱅이 밀'은 수확량이 많고 병해에 강한 특징을 가지고 있는데, 일제강점기 때 '달마(達磨)'를 거쳐 '농림10호'로 개량됐다가 볼로그가 '소노라 64호'로 개량했다. 볼로그는 이 품종을 멕시코, 파키스탄, 인도 등에 보급했다. 밀밭 95%에 이 품종을 심은 멕

우리나라 토종 밀 '앉은뱅이 밀'
(출처: Wikipedia)

시코는 1963년부터 밀 수입국에서 밀 수출국이 됐는데, CIMMYT에서 근무를 시작한 1944년에 비해 불과 20년 만에 멕시코의 밀 수확량이 6배나 증가하는 기적을 일궈냈다.

이 무렵 인도와 파키스탄은 분쟁과 기아에 허덕였다. 미국의 식량 원조도 임시방편에 불과했고, 두 나라 정부는 무능하기 그지없었다. 1965년 볼로그

는 육성한 밀 신품종 종자 250톤을 파키스탄으로, 200톤을 인도로 보냈다. 그 후 인도는 1966년에 1만 8천 톤, 파키스탄은 4만 2천 톤, 터키는 2만 1천 톤의 밀 신품종 종자를 수입했고, 파키스탄과 인도에서는 1965년에서 1970년 사이에 밀 생산량이 두 배로 증가했다. 드디어 파키스탄은 1968년에, 인도는 1974년에 식량 자급을 달성했다.

볼로그는 전 세계적으로 10억 명이 넘는 사람들을 굶주림에서 구해 종종 '녹색혁명의 아버지'라고 불리며, 식량 증산을 통해 세계 평화에 공로한 기여로 1970년 노벨평화상을 수상했다. 식물병리학자로서 첫 노벨평화상 수상자가 탄생한 것이다.

노벨위원회는 "이 시대의 어느 누구보다도 볼로그는 배가 고픈 세상을 위해 빵을 제공하는 데 도움을 주었습니다. 우리는 빵을 제공하는 것도 세계 평화를 가져다줄 것이라는 희망으로 그를 선정했습니다."라고 노벨평화상 선정 이유를 발표했다.

그러나 아이러니하게도 노벨평화상을 안겨준 '앉은뱅이 밀'의 원산지인 우리나라에서는 1960년대부터 값싼 수입 밀이 들어오고, 1982년에 밀 수입 자유화가 이루어졌으며, 1984년에 정부가 밀 수매를 중단하면서 국내 밀 생산 기반이 급격히 무너지고 밀 농사를 거의 짓지 않게 됐다. 우리나라에선 주식인 쌀 자급률이 100%에 육박한 덕분에 코로나19에 따른 위기감이 덜한 편으로 보고 있다. 하지만 주요 식량의 자급률은 밀이 1.2%에 그치는 것을 비롯해 옥수수 3.3%, 콩 25.4%, 보리가 32.6%밖에 되지 않는다.

이에 이들 품목을 주원료로 하는 가공품 대부분이 수입산을 원료로 하는 가운데 코로나19 여파가 장기화되면 밀 가공품 등 주요 곡물 가공품에 대한 수급 불안이 우려되는 상황이다. 최근 코로나19 팬데믹으로 주요 밀 수출국인 러시아, 카자흐스탄이 수출 제한에 나섰고, 아르헨티나가 브라질로의 밀 수출 전면 중지를 선언했다.

국경 봉쇄로 인력 이동이 제한되면서 프랑스, 영국, 독일에서는 인력 부족으로 농산물 생산에 차질을 빚게 됐고, 유럽과 미국에서는 농산물 공급 부족 현상이 나타날 것으로 예상하고 있다. 더욱이 코로나19가 언제 종식될지 알 수 없는 상황인 데다 새로운 전염병 팬데믹이 수시로 창궐할 가능성은 더 높아져서 현재와 같은 위기가 계속 발생할 우려도 있다.

일본이 자국산 밀을 끝까지 지켜내고 있는 것과는 너무나도 대조적인 우리나라 식량 안보 현실을 들여다보면 글로벌 식량전쟁이 전개될 경우 우리 미래가 암담하기만 하다. 적어도 식량문제에 대해서만은 단순한 비교 경제의 논리로 접근하지 말고 국가 안보 차원에서 접근해야 할 시점에 이르렀다. 우리나라로 식량을 수출하는 나라들이 언제 문호를 폐쇄할지 그 누구도 장담할 수 없는 세상이다. 식량 대용으로 자동차와 핸드폰을 식탁에 올릴 수는 없지 않겠는가?

유럽에서도 밀 줄기녹병에 의해 1932년 동유럽과 중부 유럽에서 5~20%, 1951년 스칸디나비아에서 9~33%의 수확량 감소를 초래했다. 볼로그는 밀 줄기녹병균에 대한 저항성 밀 품종이 새로운 레이스에 감염될 가능성을 확인한 후 경고 메시지를 널리 알렸다. 그 후 전 세계적인 수준에서 밀 줄기녹병을 퇴치하기 위한 '글로벌 밀 줄기녹병 방제 프로젝트(Global Rust Initiative)'가 발족됐다.

그런데 1999년 아프리카의 우간다에서도 밀 줄기녹병 에피데믹이 발생했다. 'Ug99'로 명명된 신종 밀 줄기녹병균은 케냐, 에티오피아, 수단, 예멘, 탄자니아, 모잠비크, 짐바브웨, 남아프리카, 이집트, 이란 등으로 확산돼서 각국의 밀 수확량의 80%까지 손실을 초래하는 팬데믹을 일으켰다. Ug99에 의한 신종 밀 줄기녹병 팬데믹은 중앙아프리카 및 동아프리카로 확산된 후 아시아, 남아프리카, 오스트레일리아 지역으로 매우 빠른 속도로 확산되면서 세계 밀 생산 1위 중국과 2위 인도의 밀밭도 위협하고 있다.

어쩌면 신종 밀 줄기녹병균 Ug99가 일으키는 팬데믹이 새로운 노벨평화상 수상자를 탄생시키는 계기가 되는 것은 아닐까?

제 11 장

나무좀과 공생하는 '느릅나무 시들음병'

느릅나무의 기원

느릅나무는 약 2천만 년 전 제3기 중신세 지질시대에 처음으로 중앙아시아에서 유래했다

'느릅나무(*Ulmus davidiana var. japonica*)'는 '느릅나무과'에 속하는 낙엽수로 약 2천만 년 전 제3기 중신세(Miocene) 지질시대에 처음으로 현재의 중앙아시아에서 유래한다. 느릅나무는 북반구 대부분에서 번성하고 북아메리카와 유라시아의 온대 지역과 열대 저산대(低山帶)에 서식하는데, 현재는 적도의 남쪽에서 인도네시아까지 뻗어 있다. 느릅나무는 자연적으로 자라기도 하지

느릅나무(*Ulmus davidiana*)
(출처: Wikipedia)

223

만 19세기와 20세기 초에 많은 느릅나무가 유럽, 북아메리카 및 남반구의 일부, 특히 오스트레일리아에 관상수, 정원수 및 공원수로 심어졌다.

느릅나무 시들음병의 원인

'느릅나무 시들음병'은 자낭균의 일종인 '오피오스토마 울미 (*Ophiostoma ulmi*)'라는 '느릅나무 시들음병균'에 의해 발생했는데, 최근에는 '오피오스토마 노보울미(*Ophiostoma novo-ulmi*)'라는 '신종 느릅나무 시들음병균'이 팬데믹을 일으키고 있다

'느릅나무 시들음병(Dutch elm disease)'은 자낭균의 일종인 '오피오스토마 울미(*Ophiostoma ulmi*)'라는 '느릅나무 시들음병균'에 의해 발생했는데, 최근에는 '오피오스토마 노보울미(*Ophiostoma novo-ulmi*)'라는 '신종 느릅나무 시들음병균'이 팬데믹을 일으키고 있다. 신종 느릅나무 시들음병균은 '노보울미 아종(*Ophiostoma novo-ulmi* subsp. *novo-ulmi*)'과 '북아메리카 아종(*Ophiostoma novo-ulmi* subsp. *americana*)'으로 분리됐다. 이들 계통은 자연 상태에서 교잡됐으며, 이전에 우점했던 느릅나무 시들음병균 (*Ophiostoma ulmi*) 계통을 빠르게 대체했다.

균사는 상아색이고 물관 안에서 짧은 가지를 형성하며 '세팔로스포리움 (Cephalosporium)형 분생포자' 덩어리를 형성한다. 죽어가는 나무나 죽은 나무에 있는 균사는 대부분 '분생포자경다발(synnema)' 위에 '그라피움

(*Ggraphium*)형 분생포자'를 형성하는데, 이 분생포자경다발은 목질부로부터 다소 벌어진 수피(樹皮)나 매개충이 수피 속에 만든 터널 안에서 형성된다. 분생포자경다발은 곧고 검으며 단단한 자루와 무색으로 나팔꽃처럼 벌어진 머리로 구성된 균사의 집합체다. 분생포자경다발의 머리에는 분생포자가 가득 붙어 있어 반짝거리는 흰색 내지 황색의 점액방울로 보인다.

느릅나무 시들음병균은 성적(性的)으로 친화성이 있는 두 계통의 접촉으로 유성생식을 해, 구형인 자낭각을 분생포자경다발이 만들어지는 수피 안에 형성한다. 자낭각의 내부에는 수많은 자낭이 발달하지만, 자낭은 성숙해 곧 터지므로 자낭포자는 자낭각 속에 흩어져 있다. 자낭포자는 자낭각의 목구멍을 통해 방출되고 끈적끈적한 점액물질에 축적된다.

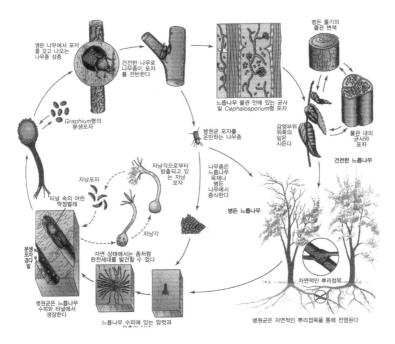

느릅나무 시들음병(*Ophiostoma novo-ulmi*)의 병환 (출처: 식물병리학)

느릅나무 시들음병의 전파

느릅나무 시들음병은 유럽느릅나무좀과 미국느릅나무좀 그리고
자연적인 뿌리접목에 의해서 확산된다

유럽느릅나무좀(*Scolytus multistriatus*)
(출처: Wikipedia)

느릅나무 시들음병은 병원균과 곤충
사이의 특수한 협력 관계로 발생한
다. 물론 느릅나무 시들음병균 자체
가 느릅나무 시들음병의 직접적인 원
인이지만, '유럽느릅나무좀(*Scolytus
multistriatus*)'과 '미국느릅나무좀
(*Hylurgopinus rufipes*)' 등 2종의 나무좀은 느릅나무 시들음병균의 포자를
병든 느릅나무에서 건전한 느릅나무로 전파시키는 필수적인 매개체다.

느릅나무 시들음병균과 매개충과의 관계는 매개충의 섭식 습성에 따라 느
릅나무 시들음병균이 전파되는 한편, 매개충은 새로이 죽은 느릅나무의 수피
안에 보금자리를 만들 수 있게 돼서 서로에게 이득을 주는 공생 관계라고 볼
수 있다.

느릅나무 시들음병균은 충매전반(蟲媒轉般)을 위해 분생포자 형성기관인
분생포자경다발이 돌출돼 있다. 분생포자가 점질성의 머리 부위에 형성돼 매
개충의 몸체에 가까운 곳에서 위치하도록 돼 있고, 유성생식으로 목이 긴 자
낭각을 형성하며 그 안에서 자낭이 터져 점질 물질에 자낭포자가 묻어 자낭
각 목 밖으로 나오게 적응돼 있다. 성충 암컷 나무좀은 수피 안쪽에 터널을
파고 보금자리(brood gallery)를 만들어 터널 측면에 갱도를 만들고 갱도를

226

느릅나무좀이 만든 갱도
(출처: *Essential Plant Pathology*)

따라 알을 낳는다.

유럽느릅나무좀은 목질부의 나뭇결을 따라 평행하게 갱도를 만들고, 미국느릅나무좀은 각지거나 수직으로 갱도를 만든다. 알이 부화하면 유충은 어미가 만들어놓은 갱도의 직각 방향으로 터널을 만든다. 만약에 이미 느릅나무 시들음병에 감염됐다면, 느릅나무 시들음병균은 나무좀이 만들어놓은 터널에 균사와 끈끈한 그라피움(*Ggraphium*)형 분생포자를 형성한다. 이듬해 봄에 번데기에서 나온 어린 성충은 몸체 내외에 수천 개의 포자를 갖고 있게 된다. 성충은 수피를 떠나면서 근처 새로운 느릅나무를 감염시켜 느릅나무 시들음병은 반복된다.

느릅나무 시들음병의 증상

느릅나무 시들음병은 보통 하나 또는 몇 개의 가지에 시들음 증상이 나타난 후 나무 전체로 확산된다

느릅나무 시들음병은 병원균이 상처를 통해 침입하고 물관부에서 효모처럼 생장하면서 물관부를 막아 나무를 죽이는 '유관속 시들음병(vascular wilt)'이다. 느릅나무 시들음병의 초기 병징은 한쪽 가지 또는 나무 전체의 잎이 갑작

느릅나무 시들음병 증상
(출처: 식물병리학)

시들음병에 걸린 느릅나무
(출처: 식물병리학)

스럽게 또는 서서히 시드는 현상이다.

시든 잎은 흔히 말리며 노랗게 변한 후 갈변하며 일찍 떨어진다. 대부분의 병든 가지는 낙엽 후에 바로 죽는다. 느릅나무 시들음병은 처음에는 보통 가지에 나타난 후 나무 전체로 확산된다. 그러한 나무는 수년에 걸쳐 서서히 죽어가거나 회복되기도 한다. 그러나 때로는 나무 전체에 갑자기 병징이 나타나서 수 주일 안에 죽기도 한다. 보통 봄이나 초여름에 감염된 나무는 빨리 죽는 반면에, 늦여름에 감염된 나무는 그리 심하게 피해를 받지 않으므로 다시 감염되지 않는다면 회복된다.

감염된 잔가지나 굵은 가지의 수피를 벗겨보면 갈색 줄무늬나 얼룩이 목질부의 바깥쪽에 나타난다. 가지의 횡단면에는 불연속적이거나 연속적인 원 모양의 갈변 부위가 목질부의 바깥쪽 나이테 부분에 나타난다. 이것을 보다 확대해보면 양분이나 물의 상승 흐름이 막혀 있는 새롭게 감염된 새순의 물관부 안쪽에서 전충체(塡充體, tylose)를 관찰할 수 있다.

느릅나무 목질부의 전충체
(출처: 식물병리학)

느릅나무 시들음병 팬데믹

느릅나무 시들음병 팬데믹으로 20세기 후반에 유럽 전역과
북아메리카 대부분 지역에서 느릅나무를 황폐화시켰다

느릅나무 시들음병(Dutch elm disease)은 원래 아시아 풍토병이었는데, 미국
과 유럽으로 우연히 유입돼 이 병에 저항성이 없는 느릅나무 집단을 황폐화
시켰다. 1917년 프랑스에서 발견됐지만, 1921년 네덜란드 식물병리학자인 슈
와츠(Bea Schwarz)와 부이즈만(Christine Buisman)이 이 병을 처음 동정해서
영어 이름에 네덜란드를 뜻하는 'dutch'가 들어가게 됐다. 식물병 명칭을 부
여하는 데에도 국적이 다른 연구자들 사이에 경쟁이 치열함을 보여주는 사
례다.

　1930년대 초반 미국에서 느릅나무 시들음병은 오하이오주와 동부 해안의
일부 주에서 처음으로 발견됐고, 서쪽으로 퍼져나가 1973년에는 태평양 연
안까지 확산됐다. 느릅나무 시들음병 팬데믹은 20세기 후반에 유럽 전역과
북아메리카 대부분에서 느릅나무를 황폐화시켰다. 지리적으로 고립돼 있고
효과적인 검역을 시행한 덕분에 오스트레일리아와 서부 캐나다의 앨버타주
와 브리티시컬럼비아주에 있는 느릅나무는 시들음병에 의해 영향을 받지 않
고 남아 있다.

　느릅나무 시들음병은 북아메리카와 유럽에 서식하는 모든 느릅나무 종에
영향을 주지만, 많은 아시아 종은 저항성 유전자를 진화시켜 저항성이다. 나
무좀에 의해 생긴 느릅나무의 상처를 통해 곰팡이 포자가 물관부나 유관속
으로 침입한다. 그러면 느릅나무는 전충체를 생성해 뿌리에서 잎으로 양분과

물의 흐름을 차단한다. 북아메리카의 산림에 있는 느릅나무는 일반적으로 도시 느릅나무처럼 뿌리끼리 접촉하지 않고 서로 고립돼 있기 때문에 느릅나무 시들음병에 잘 걸리지 않는다.

1910년 최초로 병원력이 약한 느릅나무 시들음병균(*Ophiostoma ulmi*)이 아시아에서 유럽으로 유입된 후, 1928년 우발적으로 북아메리카로 유입됐다. 유럽에서는 바이러스에 의해 꾸준히 병원력이 약화됐고 1940년대에는 사라졌다. 느릅나무 시들음병균에 대해 '미국느릅나무(*Ulmus americana*)'는 훨씬 더 감수성이었다. 그래서 북아메리카에서는 느릅나무 시들음병균에 의해 훨씬 강하게 오랫동안 영향을 받아, 병원력이 더욱 강한 두 번째 느릅나무 시들음병균 계통인 신종 느릅나무 시들음병균(*Ophiostoma novo-ulmi*)의 출현이 드러나지 않고 있었다.

신종 느릅나무 시들음병균은 1940년대 미국에 나타났으며, 원래 느릅나무 시들음병균의 돌연변이인 것으로 여겨졌다. 느릅나무 시들음병균에서 신종 느릅나무 시들음병균으로의 제한된 유전자 흐름이 아마 신종 느릅나무 시들음병균의 북아메리카 아종(*Ophiostoma novo-ulmi* subsp. *americana*)을 만들었을 것이다. 1970년대 초 영국에서 처음으로 신종 느릅나무 시들음병균의 북아메리카 아종이 인식됐으며, 조선(造船) 공업용 느릅나무 화물을 통해 유입돼 서유럽에서 잘 자라온 성숙한 느릅나무 대부분을 빠르게 전멸시켰다.

신종 느릅나무 시들음병균의 노보울미 아종(*Ophiostoma novo-ulmi* subsp. *novo-ulmi*)은 동유럽과 중앙아시아에서 비슷하게 느릅나무를 황폐화시켰다. 이 아종은 느릅나무 시들음병균이 아시아에서 유럽으로 유입된 것처럼 아시아에서 북아메리카로 유입된 것으로 여겨진다. 두 아종은 이제 유럽에서 교잡돼 확산 범위가 겹친다.

현재 느릅나무 시들음병 팬데믹이 퇴행할 징후는 없다. 느릅나무 시들음병은 매우 파괴적이다. 대부분의 느릅나무 종에 발생하지만 미국느릅나무에 가장 심하게 발생한다. 느릅나무 시들음병에 감염되면 감염 부위로부터 수 주 또는 수년 안에 가지와 나무 전체가 죽는다. 느릅나무 시들음병 때문에 매년 미국 도시에 있는 수십만 그루의 느릅나무가 죽었다. 심하게 병든 나무와 죽은 나무를 베어내는 비용은 매년 수백만 달러에 달한다. 물론 많은 지역에서 느릅나무 시들음병으로 인해 자연경관이 파괴된 것은 금액으로 환산할 수가 없다.

시들음병에 걸려 죽은 느릅나무 가로수 (출처: 식물병리학)

느릅나무 시들음병균의 특성과 느릅나무 시들음병의 기원, 그리고 역사에 대한 연구 결과 느릅나무 시들음병균이 오랫동안 영국과 유럽 대륙 대부분 지역에서 다른 여러 종류의 비병원성 균주들과 함께 존재하면서 기주와 균형을 이루어 거의 피해를 일으키지 않았다.

최근 느릅나무 시들음병은 북아메리카 지역에서 유입된 균주(MAN)와 유라시아 지역에서 유입된 균주(EAN) 등 2가지의 병원성 아집단(subgroup) 균주에 의해 확산됐다. 유럽 지역에서 느릅나무 시들음병이 번져나가는 앞쪽에 존재하는 느릅나무 시들음병균들은 거의 유전적으로 순수성을 지니고 있다. 병원성이 가장 강한 느릅나무 시들음병균 균주들이 병이 퍼져나가는 앞쪽에서 대부분의 나무를 고사시키고, 고사된 느릅나무에서 매개충이 증식하게 되면서 새로운 느릅나무에 느릅나무 시들음병균을 전파시키기 때문이다.

그러나 느릅나무 시들음병이 확산되는 뒤쪽에는 매개충의 수가 느릅나무 시들음병균 전체 집단의 20~30% 정도 수준에 머무르는 것으로 보아, 매개충의 수는 안정적인 수준으로 되돌아가는 것으로 여겨진다. 그 이유는 느릅나무 시들음병균도 밤나무 줄기마름병균처럼 병원성을 억제시키는 dsRNA를 지니고 있기 때문일 것으로 추정된다.

제 12 장

코코야자나무를 넘어뜨리는
'코코야자나무 카당카당병'

코코야자나무의 기원

코코야자나무는 서남아시아와 멜라네시아
사이가 원산지로, 열대 지역을 상징하는 작
물이다

'코코야자나무(Coconut palms, *Cocos nucifera*)'
는 코코스속(Cocos)에 속하는 유일한 살아 있는
종이다. 코코넛이라는 용어는 코코야자나무 전
체, 종자, 또는 열매를 일컫고, 야자나무류를 일

코코야자나무(*Cocos nucifera*)
(출처: Wikipedia)

컫는 'Cocos'는 고대 포르투갈어와 스페인어에서 두개골을 뜻하는 'coco'에서
유래한다. 코코야자나무는 서남아시아와 멜라네시아(Melanesia) 사이의 지역
이 원산지로, 열대 해안 지역에 흔히 분포해 열대 지역을 상징하는 작물이다.

코코야자나무 카당카당병의 원인

'코코야자나무 카당카당병'은 '코코야자나무 카당카당 바이로이드 (Coconut Cadang-Cadang Viroid)'에 의해 발생한다

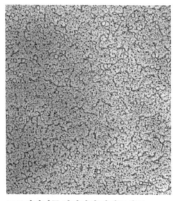

코코야자나무 카당카당 바이로이드
(Coconut cadang-cadang viroid, CCCVd)
(출처: 식물병리학)

'코코야자나무 카당카당병(Coconut cadang-cadang disease)'은 '코코야자나무 카당카당 바이로이드(Coconut Cadang-Cadang Viroid, CCCVd)'라는 가장 작은 식물병원체에 의해 발생한다. CCCVd 는 감염 초기에 246개의 뉴클레오타이드로 구성돼 있다. 그러나 CCCVd는 항상 같은 바이로이드에 시토신 뉴클레오타이드 (cytosine nucleotide)가 하나 더 붙은 247 개의 뉴클레오타이드 형태와 함께 존재한다.

감염 후기에는 2개의 더 긴 구조의 바이로이드가 나타나 결국 잎에서 앞의 작은 바이로이드를 대체한다. 이들은 296개와 297개 뉴클레오타이드로 구성된 형태로 짧은 구조 바이로이드 분자의 오른쪽 끝 부위 중 일부가 중복된 결과로 나타난다. 분자구조에 변형이 생기는 것은 CCCVd만의 특징이며, 또한 지금까지 외떡잎식물을 감염하고 기주식물을 죽이는 유일한 바이로이드로 알려져 있다.

CCCVd와 유사한 바이로이드가 몇 개 남서태평양 군도(群島)의 기름야자나무에서 발생하는데, 코코야자나무에 이 바이로이드들이 감염되면 CCCVd

에 비해 아주 약한 병징을 나타낸다. CCCVd는 감염된 코코야자나무와 다른 야자나무류에서 생존한다. CCCVd는 코코야자나무의 배(胚)와 종피(種皮)를 포함한 대부분의 조직에서 생존하지만, 종자 전염률은 0.3%로 낮다. 또한 감염된 야자나무의 꽃가루에서도 CCCVd는 존재한다.

CCCVd가 어떻게 나무에서 나무로 전파되는지는 확실하지 않다. 아마도 '씹는 입틀(chewing mouthpart)'을 가진 여러 곤충의 입틀이나, 야자나무를 벌목할 때 사용한 칼, 또는 열매를 따거나 꽃에 있는 꿀을 딸 때 생기는 상처와 CCCVd에 감염된 꽃가루를 통한 전파 등 몇 가지 방법들에 의해 좁은 지역에서 전파됐을 것으로 추정된다.

코코야자나무 카당카당병의 증상

열매는 동그랗게 되며 표면에 칼자국 같은 상처가 생기고,
잎은 온통 누런 점무늬로 뒤덮여 식물체 전체가 누렇게 보인다

코코야자나무 카당카당병은 커다란 코코야자나무가 죽어 '콰당콰당' 넘어지는 소리를 나타내는 의성어에서 유래한다. 세상에서 가장 작은 병원체인 바이로이드가 30m에 이르는 거대한 코코야자나무를 죽여 넘어뜨리는 것을 상상해보면 다윗과 골리앗의 결투를 연상하게 한다.

코코야자나무 카당카당병의 병징은 8~15년에 걸쳐 서서히 나타난다. 여러 해 동안 지속적으로 관찰하지 않으면 특별히 코코야자나무 카당카당병을 진

카당카당병에 걸려 죽어가는 코코야자나무들
(출처: 식물병리학)

코코야자나무 잎에 생긴 점무늬병 증상
(출처: 식물병리학)

단하기 어렵다. 코코야자나무는 보통 개화하면서부터 카당카당병에 감염되기 시작한다.

첫 병징은 열매에서 나타나는데, 열매는 동그랗게 되며 표면에 칼자국 같은 상처가 생기고, 잎에 밝은색의 누런 점무늬가 보이기 시작한다. 이로부터 3~4년 뒤 꽃이 다 죽고 더 이상 코코넛이 열리지 못한다. 새잎은 거의 발달하지 못하고 잎에 큰 점무늬가 많이 생겨서 멀리서 보면 식물 전체가 누렇게 보인다.

병징이 나타난 지 5~7년이 되면 계속 증가하는 점무늬로 수관(樹冠, canopy)이 온통 청동빛을 띠며, 수관에 있는 잎의 수와 크기가 계속해서 감소한다. 결국은 자라던 새싹이 죽어 떨어져서 코코야자나무 줄기가 마치 전봇대처럼 서 있게 된다.

코코야자나무 카당카당병 에피데믹

바이로이드에 의해 발생하는 카당카당병은 1930년 필리핀에서 처음 발생해 코코야자나무 3천만 그루를 죽였다

카당카당병은 필리핀의 코코야자나무와 기타 야자나무에 발생하는데, 1930년 처음 발견된 이래로 무려 3천만 그루의 코코야자나무가 이 병으로 죽었다. 지금까지도 매년 약 100만 그루의 코코야자나무가 죽고 있다. 필리핀에서 코코야자나무는 식량과 목재 그리고 코코넛과 야자유가 추출되는 건조된 코코넛 과육인 코프라(copra)를 수출하는 주요 환금작물(換金作物)이기 때문에, 지역 주민들에게 코코야자나무 카당카당병은 경제적으로 매우 중대한 병이다.

코코야자나무 카당카당병은 어떤 방법으로도 아직까지 방제되지 않았으며, 감염 지역으로부터 바깥쪽으로 매년 약 500㎢씩 감염되지 않은 코코야자나무가 있는 새로운 지역으로 계속해서 확산되고 있다.

제 13 장

코코야자나무 킬러
'코코야자나무 치사누렁병'

코코야자나무 치사누렁병의 원인

'코코야자나무 치사누렁병'은 '파이토플라스마'라는 가장 작은
생명체에 의해 발생한다

'코코야자나무 치사(致死)누렁병(Lethal
yellowing)'은 단세포 원핵생물(原核生物)
의 일종인 '파이토플라스마(phytoplasma)'
에 의해 발생한다. 파이토플라스마는 주로 코
코야자나무의 어린 체관(phloem) 세포에 살
면서 증식하며, 체관의 일부를 막고 유기양
분 이동을 방해한다. 또한 파이토플라스마는
유독성 생물활성물질을 생성하고, 코코야자

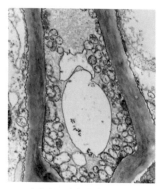

코코야자나무 체관의 파이토플라스마
(출처: 식물병리학)

나무의 잎과 꽃, 눈을 누렇게 만들면서 죽여서 야자나무에 치명적인 누렁 (yellowing) 증상을 일으킨다.

보통 파이토플라스마는 작은 매미충(plant hopper)에 의해 병든 나무로부터 건전한 나무로 옮겨진다. 매미충은 코코야자나무의 체관으로부터 즙액을 빨아들이는데, 파이토플라스마에 감염된 나무인 경우에는 파이토플라스마까지 함께 흡즙한다. 매미충이 건전한 나무에 도달해서 흡즙할 때, 매미충이 옮긴 파이토플라스마의 일부가 체관으로 옮겨진다.

코코야자나무 치사누렁병 매개충의 하나로 '멸구(*Myndus crudus*)'가 주목받고 있다. 파이토플라스마는 일단 체관 세포로 들어가서 증식하면 코코야자나무의 체관 대부분으로 퍼지고, 코코야자나무는 누렁 증상을 일으키면서 죽는다.

코코야자나무 치사누렁병의 증상

코코야자나무 치사누렁병은
익지 않은 열매가 낙과되고
아래 늙은 잎부터 누렇게 변하면서
말라 죽는다

코코야자나무 치사누렁병의 초기 병징
은 열매 크기에 관계없이 코코야자나무

치사누렁병의 초기 증상 (출처: 식물병리학)

치사누렁병으로 죽어가는 코코야자나무
(출처: 식물병리학)

치사누렁병으로 죽어 전봇대 같은 코코야자나무
(출처: 식물병리학)

가 익지도 않은 코코넛을 떨어뜨린다. 그다음에는 코코야자나무의 꽃차례(花序)의 끝이 검게 되면서 수꽃은 거의 모두 검어지고 죽어서 열매를 맺지 못한다.

코코야자나무 치사누렁병은 곧바로 처음에는 아래의 늙은 잎들을 누렇게 만들고, 다음에는 갈색으로 만들면서 죽게 한다. 치사누렁병은 오래된 늙은 잎으로부터 위쪽 어린잎으로 번져간다. 코코야자나무의 오래된 잎은 성숙하기도 전에 죽어서 갈색으로 변한 채 나무에 매달려 있지만, 어린잎은 누렇게 변하기만 한다.

마지막으로 치사누렁병에 의해 코코야자나무의 모든 잎과 싹이 죽고 수관 전체의 잎이 떨어져버리면 전봇대 같은 커다란 야자나무 줄기만 남는다.

코코야자나무 치사누렁병 팬데믹

코코야자나무 치사누렁병은 1955년 미국에서 처음 발생해서 아프리카까지 확산되는 팬데믹으로 발달했다

코코야자나무 치사누렁병은 첫 병징이 나타난 지 3~6개월 안에 코코야자나무가 말라죽는 병으로 미국의 플로리다주, 텍사스주, 멕시코와 카리브해의 여러 섬, 서부 아프리카 등에서 많이 발생하고 있다.

1955년 플로리다주의 키웨스트(Key West)에서 처음 발견됐으며, 그 후 5년 동안 그 섬에 있는 코코야자나무 약 75%가 치사누렁병 에피데믹으로 죽었다. 치사누렁병은 미국 플로리다주 내륙의 마이애미(Miami)에서도 1971년에 처음 발견돼서 1973년 10월까지 1,500그루의 코코야자나무를 죽였으며, 1974년 8월까지 4만 그루의 코코야자나무를 죽였다.

마이애미에 있는 데이드(Dade) 지역에서는 1975년 8월까지 코코야자나무의 75%가 치사누렁병으로 죽거나 죽어가고 있다. 코코야자나무뿐만 아니라 플로리다주에서 자라고 있는 다른 종의 야자나무도 치사누렁병에 감염됐다. 모두 파이토플라스마에 감염돼 쇠락(衰落)하거나 죽었고, 병징은 치사누렁병과 비슷했다.

자메이카에서는 1961년에 코코야자나무 600만 그루가 있었는데, 20년 후인 1981년에는 치사누렁병으로 90%가 죽었다.

멕시코와 탄자니아에서는 수천ha의 코코야자나무가 죽었고, 가나에서는 30년 동안 100만 그루 이상이 죽었으며, 토고에서는 1964년까지 코코야자나무의 약 50% 정도인 50만 그루 이상이 치사누렁병으로 죽었다.

제 14 장

'벵골 대기근'을 일으킨 '벼 깨씨무늬병'

벼의 기원

벼의 기원은 1만 3천 년 전에 우리나라에서 재배를 시작했을 것으로 추정되는 소로리 볍씨까지 거슬러 올라간다

'벼(Rice, *Oryza sativa*)'는 '벼과(Poaceae)'에 속하며, 옥수수, 밀 다음으로 세계에서 가장 널리 재배되는 3대 주요 식량 작물 중 하나다. 일반적으로 재배하는 벼는 아시아 재배종으로 1모작 또는 2모작으로 논에서 재배한다.

벼 재배종은 다시 재배 지역과 형태적 차이에 따라 흔히 '자포니카(japonica)'와 '인디카(indica)'로 세분한다. 우리나라에서 익숙하게

벼(*Oryza sativa*) (출처: Wikipedia)

242

식용으로 소비하는 자포니카 쌀알은 둥글고 짧은 형태에 찰기가 있고, 전 세계에서 생산되는 쌀 중 10%가량을 차지하는데, 우리나라와 일본, 중국 북부에서만 주로 소비한다. 인디카 쌀알은 납작하고 긴 형태에 찰기가 적고, 중국 남부와 동남아시아, 베트남에서 주로 재배한다. 인디카 쌀알은 우리에겐 생소하지만 전 세계 쌀 무역량의 90%를 차지하기 때문에, 세계인들에겐 오히려 자포니카가 더 생소할 것이다.

그동안 학계에는 이런 벼의 기원에 대해 많은 가설과 논란이 있었다. 최근 자포니카와 인디카는 같은 종에 기원을 두고 있는 것이라는 결론을 내렸다. 또한 기존에 각 벼 품종으로부터 분석한 유전체 정보를 통해 벼의 기원은 약 8,200년 전으로 거슬러 올라가고, 자포니카와 인디카는 약 3,900년 전에 분화한 것으로 확인됐다. 고고학자들은 이미 양쯔강 유역에서 8천~9천 년 전에 벼를 재배한 증거를 찾아낸 바 있으며, 인도에서는 갠지스강 유역에서 4천 년 전쯤에 벼농사를 시작했을 것으로 예상되기에 중국이 현재 재배 벼의 기원지라는 결론을 내렸다.

그런데 1998년 4월 충청북도 청주시 흥덕구 옥산면 소로리 구석기 유적에서 방사선 탄소연대 측정으로 1만 3천~1만 6천 년이 나오는 볍씨가 출토됐다. '소로리 볍씨'로 알려진 이 볍씨는 야생 벼와 재배 벼의 중간 단계에 있는 순화 벼인 것으로 밝혀졌다. 이 볍씨가 출토된 후 1999년 '제4회 국제벼유전학술회의'와 2003년 '제5차 세계고고학대회'에서 발표됐고, 2016년 국제 고고학 개론서 《고고학: 이론, 방법 및 실습(Archaeology: theories, methods and practice)》 개정판에서 벼의 기원지를 우리나라로, 그 연대를 1만 3천 년 전으로 개정해서 출간했다. 그러나 재배 벼의 원산지와 순화 과정은 현재까지 학자들 사이에 중요한 논쟁거리가 되고 있다.

벼 깨씨무늬병의 원인

'벼 깨씨무늬병'은 자낭균의 일종인 '코클리오볼루스 미야베아누스 (*Cochliobolus miyabeanus*)'라는 '벼 깨씨무늬병균'에 의해 발생한다

'벼 깨씨무늬병(Rice brown spot)'은 '코클리오볼루스 미야베아누스 (*Cochliobolus miyabeanus*)'라는 '벼 깨씨무늬병균'에 의해 발생한다. 벼 깨씨무늬병균은 균계에 속하는 전형적인 자낭균으로 '소방자낭균강'에 속한다. 유성생식에 의해 위자낭각에 자낭과 자낭포자를 형성하고, 무성생식에 의해 초승달 모양을 하는 분생포자를 형성한다.

벼 깨씨무늬병의 증상

벼 깨씨무늬병은 벼 잎과 낟알에 참깨 같은 점무늬로 나타나기 때문에 붙여진 이름이다

벼 깨씨무늬병의 초기 증상은 벼 잎과 낟알에 중앙 부위는 회색이고 가장자리는 갈색인 참깨 같은 점무늬로 나타난다. 껍질 전체는 암갈색 융단 같은 분생포자경과 분생포자가 존재하는 여러 개의 작은 점무늬나 하나의 커다란 점무늬로 덮인다.
　벼 깨씨무늬병은 주로 생육 초기에는 정상적으로 생육하지만, 후기에 깨

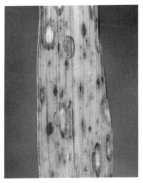

벼 깨씨무늬병 증상
(출처: Wikipedia)

깨씨무늬병에 감염된 벼
(출처: 식물병리학)

씨무늬병의 감염에 따른 생육 저하와 줄기 및 이삭의 변색, 늙은 잎의 시듦 등을 나타내어 수량과 품질 저하를 초래한다. 이 병원균은 1차적으로 유묘기에 잎을 가해하면 식물체는 약해져서 수량이 급격히 감소된다.

벼 깨씨무늬병은 벼의 생식생장기에 아래 잎이 빨리 마르고 퇴색해서 생육이 좋지 않아 수량이 줄어드는 추락답(秋落沓), 환원이 심한 이탄(泥炭) 토양 등에서 주로 발생하는 것으로 알려졌다. 깨씨무늬병에 감염된 벼는 뿌리가 검은색으로 변하고 줄기, 잎 등에 병반이 증가해서 쌀의 수량이 감소하고 미질 악화를 초래하며 지력(地力) 저하의 지표로 사용되기도 한다.

벵골 대기근

1942년 벵골 대기근은 태평양전쟁 중에 기상재해와 더불어
창궐한 벼 깨씨무늬병 에피데믹이 근본적인 단초가 됐다

아일랜드 대기근이 발생한 지 약 100년쯤 된 무렵인 1942년 말부터 1944년

까지 당시 인도제국의 벵골(Bengal) 지역에서 기근이 발생해 약 200만 명의 인도인이 굶어 죽은 사건을 '벵골 대기근(Bengal famine)'이라 부른다. 벵골 대기근은 원인과 경과, 그리고 대처 과정에서 많은 논란이 있다.

몬순 시즌(monson season) 벵골 지역은 세계에서 가장 강수량이 많은 곳 중 하나이고 사이클론(cyclone)이 자주 발생하는 곳이다. 1942년 10월 벵골 연안에서 사이클론이 불어닥치더니 이후 3번이나 연이어 해일이 발생했다. 강풍과 폭우로 벵골 지역 1,200㎢가 휩쓸리고 홍수에 의해 1천㎢의 지역이 침수되는 광범위한 피해가 발생했다. 1만 4천여 명이 사망하고 약 250만 명의 이재민이 발생했으며 19만 마리의 가축이 폐사했다. 또한 많은 곡물과 경작자, 상인, 소비자 들이 보유하고 있던 식량 재고분이 손실됐다.

불행하게도 벵골 지역에 벼 깨씨무늬병 에피데믹이 창궐했다. 우기가 지속되면서 일조량이 부족해서 벼가 연약한 상태인 데다 추락 현상까지 겹쳤다. 여름까지 잘 자라던 벼가 가을에 접어들 무렵 토양에 있는 양분이 고갈돼 활력을 잃게 되면서 깨씨무늬병이 급속하게 퍼졌는데, 이로 인해 50~90%까지 수확을 못하게 돼서 인도인들의 주식인 쌀 생산량을 급감시켰다.

당시 영국은 인구 4억 명의 인도를 불과 1천 명 미만의 영국 공무원으로 통치하고 있었는데, 1935년 제정된 인도정부법에 따라 대부분의 권한을 인도 지자체에 이양했다. 여기서 문제가 발생했는데, 원래 인도는 전통적으로 중앙정부 통제 국가가 아니고 종교 갈등도 뿌리 깊던 나라였다.

그런데 벵골에 기근이 발생하기 직전 펀자브(Punjab), 첸나이(Chennai) 등 힌두교 기반의 지자체들은 자기 지역 우선주의 및 보호무역으로 벵골에 식량 수출을 거부했고, 이것이 벵골 기근의 피해를 가중시켰다. 이러한 종교 갈등이 불씨가 돼서 1971년 벵골은 이슬람 국가인 '방글라데시'로 분리됐다. 또한 힌두교 엘리트들은 무슬림(Muslim)이 대다수인 벵골에 많은 땅을 소유하고 소작농들에게 임차를 주고 있었는데, 벵골에 쌀 부족 현상이 발생하자 그 기간 동안 쌀 거래 통제를 통해 큰 이윤을 취했다.

당시 버마(현재 미얀마)는 아시아 최대의 곡창지대였고, 인도 전체 쌀 수요량의 약 15%를 공급하는 주요 쌀 생산 국가였다. 특히 벵골은 인도의 서북쪽 끝자락에 위치해서 버마와 국경을 바로 맞닿고 있었기 때문에 인도의 다른 어느 지역보다도 버마에 대한 식량 의존도가 특히 높은 지역이었다.

설상가상으로 태평양전쟁이 발발한 이후로 일본군의 남방작전과 버마 침공으로 버마로부터 쌀 수입이 불가능해졌다. 약 50만 명의 버마 피난민마저 벵골에 대거 몰려들면서 쌀 수요가 폭증하자, 악덕 인도 상인들이 쌀을 유통하지 않고 가격을 올리기 위해 사재기를 하면서 쌀 가격 역시 69% 이상 폭등했다.

1943년부터 대기근이 본격적으로 시작되자 당시 인도에 주둔하고 있던 영국 주둔군과 여러 장성들은 인도 지역을 지키기 위해서 영국에 식량 지원을 요청했지만 이루지지 않았다. 당시 영국 수상이었던 처칠(Sir Winston Leonard Spencer-Churchill)의 전쟁 내각에서 반대했다는 설도 있지만, 당시 유럽 전역이 독일에게 넘어가고 영국 본토마저 폭격으로 풍전등화인 상황에서 지중해

Winston Leonard Spencer-Churchill (출처: Wikipedia)

에서 수에즈 운하(Suez canal)를 건너 머나먼 인도까지 식량을 보급하는 것은 사실상 불가능했다. 게다가 그 당시 영국을 비롯한 연합국은 '실론 해전'과 '말레이 해전'에서 일본에 연달아 패배했기 때문에 일본군이 진을 치고 있

던 벵골만에 쉽게 접근하기조차 어려운 형편이었다.

그래서 처칠 내각은 오스트레일리아와 미국 등에 원조 요청을 해서 식량문제를 해결하려고 했다. 그러나 캐나다의 경우에는 안전한 보급 루트 확보가 어려워 2개월 이상의 긴 운송 시간이 걸리기 때문에 거절됐다. 대신 처칠의 요청으로 영연방 소속인 오스트레일리아와 영국의 해외령과 타 인도 지역에서 긴급 식량 지원이 이루어졌는데, 그 시점은 이미 대기근의 기세가 한풀 꺾인 뒤인 1944년 초였다.

당시 굶주림으로 쇠약해질 대로 쇠약해진 수많은 사람들이 캘커타로 몰려들었다. 또 캘커타 지방에서도 당시 인도를 지배하던 영국과 손을 잡은 중산층 인도인들은 클럽이나 자기 집에 쌀을 수북하게 쌓아두고 풍족하게 식사를 하며 살아간 반면, 수많은 사람들은 몰골이 메말랐고 눈이 흐려진 사람들은 음식물 쓰레기를 놓고 다투었으며 피골이 상접한 부녀자와 어린이들이 길거리에서 쓰러져 죽어갔다.

벵골 대기근으로 약 200만 명이 사망했는데, 사망자 중 절반은 식량이 충분히 보급된 1943년 12월 이후 각종 질병에 의해 사망했다. 홍수, 열악한 위생 상태, 기후, 오염된 식수, 면역력 악화로 인한 콜레라, 말라리아, 세균성 이질, 천연두 같은 전염병에 의해 사망했는데, 특히 말라리아는 벵골 지역에서 질병으로 인한 사망의 가장 큰 주범이었다.

1944년이 지나 태평양전쟁이 연합군의 우세로 전황이 바뀌고 나서야 대기근을 수습할 수 있었다. 하지

벵골 대기근으로 굶어 죽은 아이들 (출처: Wikipedia)

만 제1차 세계대전 때 인도와의 약속을 어긴 영국에 대한 불신이 대기근으로 더욱 심해졌고, 이후 벵골 대기근을 제대로 대처하지 못한 것은 처칠에 대한 비판거리로 지금껏 이용되고 있다.

2010년 미국 작가 무케르지(Madhusree Mukerjee)의 저서 《처칠의 비밀전쟁(Churchill's Secret War)》을 바탕으로 수치가 부풀려지거나, 처칠이 인도인을 학살하기 위해서 벵골 대기근을 일부러 저질렀다는 주장이 정설인 양 퍼졌다.

우리나라에서도 2014년 3월 9일 방영된 MBC TV의 〈신비한 TV 서프라이즈〉 프로그램에서 '비밀문서'라는 제목으로 벵골 대기근이 다뤄졌다.

처칠의 무자비한 쌀 수탈 정책으로 벵골 대기근이 발생했고

MBC TV 〈신비한TV 서프라이즈〉 프로그램에 소개된 비밀문서 (출처: MBC 방송 캡처)

700만 명의 목숨을 앗아갔다는 호도된 내용이 방영되면서 우리나라에서도 반영 감정을 가진 사람이 많이 생겼다. 그러나 벵골 대기근은 태평양전쟁 중 1942년 발생한 기상재해와 더불어 창궐한 벼 깨씨무늬병 에피데믹이 근본적인 단초가 됐다는 것이 명백한 역사적 사실이다.

1845~1846년에 발생한 아일랜드 대기근과 그로부터 약 100년 후인 1942~1943년에 발생한 벵골 대기근은 쌍둥이처럼 식물병 에피데믹이 인류에게 미치는 참혹상을 보여주는 역사적 사건으로, 식물병의 중요성을 일깨워준다. 앞으로 이와 유사한 대기근이 발생하지 않으리라고 누가 감히 장담할 수 있겠는가?

제 15 장

통일벼를 몰락시킨
'벼 도열병'

벼 도열병의 원인

'벼 도열병'은 자낭균의 일종인 '마그나포르테 오라이재
(*Magnaporthe oryzae*)' 또는 '피리큘라리아 오라이재(*Pyricularia
oryzae*)'라는 '벼 도열병균'에 의해 발생한다

'벼 도열병(稻熱病, Rice blast)'은 자낭균에 속하는 '마그나포르테 오라이재
(*Magnaporthe oryzae*)' 또는 '피리큘라리아 오라이재(*Pyricularia oryzae*)'라
는 '벼 도열병균'에 의해 발생한다. 벼 도열병균의 학명은 최근에 몇 번의 변동
을 겪었기 때문에 도열병균에 관한 검색을 할 때는 '피리큘라리아 그리세아
(*Pyricularia grisea*)' 또는 '마그나포르테 그리세아(*Magnaporthe grisea*)'라는
학명으로도 검색을 해야 한다. 학명이 변하는 이유는 곰팡이의 종을 결정하는
기준이 바뀌어가기 때문이다.

종의 결정에는 형태적인 '생물학적 종 개념(種概念, species concept)'이 주로 사용됐다. 생물학적 종 개념에서는 유성생식 여부나 생식기관 형태를 기준으로 해서 구분한다. 최근에는 '계통학적 종 개념'이 도입돼 유전자 서열의 차이에 근거해서 종을 구분하는 추세다. 또한 곰팡이의 경우는 오랫동안 유성생식 세대와 무성생식 세대를 구분해서 사용해왔다.

벼 도열병균의 학명 중 마그나포르테 그리세아(*Magnaporthe grisea*)는 유성세대 명칭이고, 피리큘라리아 그리세아(*Pyricularia grisea*)는 무성세대 명칭이다. 최근에는 '하나의 곰팡이에 하나의 학명(one fungus one name)'이라는 모토(motto)로 하나의 이름으로 통합해서 사용하는 추세다. 벼 도열병균의 경우는 피리큘라리아 오라이재(*Pyricularia oryzae*)를 사용하기를 권장하고 있으며, 출판물에는 '*Pyricularia oryzae*(syn. *Magnaporthe oryzae*)'로 병기해서 검색에 문제가 없도록 제안했다. 벼과 식물인 '바랭이(*Digitaria sanguinalis*)'를 침해하는 '바랭이 도열병균'은 피리큘라리아 그리세아(*Pyricularia grisea*)로 부르고, 그외 다른 기주를 침해하는 것은 피리큘라리아 오라이재(*Pyricularia oryzae*)라고 부른다.

벼 도열병균은 자낭균에 속한다. 자연 상태에서 유성세대가 거의 관찰되지 않았기 때문에 도열병을 일으키는 데에는 무성세대가 중요하다. 벼 도열병균의 무성세대 번식은 분생포자를 통해 이뤄진다. 서양배 또는 볼링핀 모양의 벼 도열병균 분생포자는 3개의 세포가 붙어 있는 형태다.

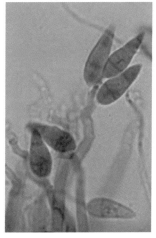

벼 도열병균 분생포자
(출처: 식물병리학)

벼 도열병균의 유전체(遺傳體, genome)는 약 40Mb이며 1만 2천여 개의 유전자로 구성돼 있다. 전장 유전체 서열(全長遺傳體序列) 정보는 공개돼 있어 여러 웹사이트에서 이용이 가능하다. 지속 가능한 벼 도열병 방제 방법을 위해서 유전체 기반의 연구가 진행되고 있다.

이상한 명칭 '벼 도열병'

벼 도열병은 벼 잎이나 줄기에 열이 가해져 마치 불타는 것처럼
진한 갈색 점무늬들이 퍼져가기 때문에 붙여진 이름이다

잎도열병 초기 증상 (출처: 식물병리학)

잎도열병 후기 증상 (출처: 식물병리학)

'벼 도열병'은 벼 잎이나 줄기에 열이 가해져 마치 불타는 것처럼 진한 갈색 점무늬들이 퍼져가기 때문에 붙여진 이름이다.

벼 도열병은 벼의 전 생육기에 걸쳐 발생한다. 그래서 편의상 못자리에서 자라는 어린모에서 발생하면 '모도열병'이라고 부르고, 논에서 자라는 벼의 잎에 발생하면 '잎도열병', 마디에 발생하면 '마디도열병', 이삭목에 발생하면 '목도열병', 이삭에 발생하면

'이삭도열병'이라고 부른다.

식물병명을 표기할 때에는 기주식물명 다음에 병명을 표기하는 것이 일반적이다. 그렇지만 벼 도열병이라는 병명은 기주식물명 '벼' 다음에도 벼의 한자어인 '도(稻)'가 들어간 '도열병'이라고 표기하고 있어서 벼의 의미가 중복으로 사용된 이상한 형태의 병명으로 돼 있다. 일본에서 벼 도열병은 'イヌのいもち病'이라고 표기하는데, 'イヌ(벼, 稻)の(의)いもち(열, 熱)병'이라는 뜻이므로 우리말로 '벼

마디도열병 증상 (출처: 식물병리학)

목도열병 증상 (출처: 식물병리학)

의 열병', 즉 '벼 열병'이어야 옳고 '벼 도열병'은 잘못된 표기인 셈이다.

필자가 대학원 석사과정에 재학 중일 때 한국식물병리학회에서 한자로 된 식물병명을 우리말로 순화하는 작업을 했다. 예를 들면 묘입고병(苗立枯病)은 모잘록병으로, 적성병(赤星病)은 붉은별무늬병 등으로 바꾸는 작업이었다. 그때 필자가 '벼 도열병'도 '벼 열병'으로 바꾸자고 제안했었는데, 당시 회의에 참석했던 회원들 중에서 동의하는 사람이 아무도 없었다. 벼 도열병이라는 명칭이 너무 익숙하게 굳어져 바꿀 수 없다는 원로회원(元老會員)들 앞에 대학원생이었던 필자는 무력하기 그지없었다. 거의 40년 전 일이지만 필자에게는 굳어버린 사고나 관습을 바꾸기가 얼마나 어려운지 통감했던 추억으로 남아 있다.

벼 도열병균은 벼뿐만 아니라 보리, 기장, 옥수수와 같은 작물과 바랭이,

강아지풀과 같은 잡초를 포함해서 약 50개 이상의 벼과 식물에 도열병을 일으킨다. 따라서 이러한 잘못된 병명을 바로잡지 못했기 때문에 보리에 생기는 열병을 '보리 열병'이 아니라 '보리 도열병'이라고 부르고, 바랭이에 생기는 도열병은 '바랭이 도열병'이라고 부르고 있다.

벼 도열병의 영어 병명이 'rice blast'이고 보리 도열병은 'barley rice blast'가 아니라 'barley blast'인 것과 비교하면, 벼 도열병

이삭도열병에 걸린 벼 (출처: 식물병리학)

이라는 병명은 얼마나 어처구니가 없는 명칭인가? 만시지탄이지만 지금이라도 바꿔야 할 잘못된 명칭이다.

기적의 볍씨

통일벼는 인디카와 자포니카 품종의 원연교잡으로 육성한
키 작은 다수확 품종인 '통일'과 이를 개량한 품종들을 통칭한다

냉전 체제에서 미국은 개발도상국들이 인구 압력을 분산시키지 못한다면 공산혁명을 피할 수 없을 것이라 판단하고, 농업 발전을 위해 대대적인 지원을 펴나갔다. 그러한 차원에서 1962년 필리핀에 '국제미작연구소(國際米作硏究

所, International Rice Research Institute, IRRI)'가 설립됐다.

인디카 계통의 벼는 자포니카 계통에 비해 수확량이 월등히 많았다. 이 연구소의 업적 중 하나로 인디카 계통인 키 작은 벼 'IR8'은 기적의 쌀이라 불릴 만큼 다수확 품종이었다.

일본 육종가들은 자포니카 계통과 인디카 계통의 교잡을 통해 자포니카의 맛에 인디카의 생산량을 가진 새로운 품종을 만들어내고자 노력했으나 모두 실패했다. 인디카와 자포니카의 교잡은 유전적으로 거리가 먼 종끼리의 교잡으로 교배기술도 쉽지 않을 뿐 아니라, 암말과 수컷 당나귀 사이에서 태어난 노새가 새끼를 낳을 수 없는 것처럼 '잡종불임(雜種不姙)' 문제에 봉착하게 마련이다.

허문회 교수님

1965년 서울대학교 농과대학 허문회 교수님은 우리나라 기후와 토양에 맞는 기적의 쌀을 만들어내는 꿈을 실현하기 위해 IRRI에서 방문연구를 시작했다. 수많은 시도 끝에 마침내 우리나라 생태조건에 적응하는 키 작은 다수확 품종 육성을 목표로 인디카 품종의 키 작은 특성과 '내병성(耐病性, disease tolerance)'의 장점을 자포니카 품종에 도입하는 '원연교잡(遠緣交雜)'에 의한 신품종 육성에 성공했다.

이러한 신품종 육성을 위한 유전자원으로는 당시 IRRI가 육성한 'IR8' 품종과 대만 품종인 'TN1' 등이 대상이었다. 그러나 이 품종들은 인디카 품종으로서 '내랭성(耐冷性, cold tolerance)'이 약했다. 그래서 이들과 교배되는 자포니카 품종은 내랭성이 강한 품종을 모본으로 선택돼야 할 것으로 판단하고,

일본 북해도로부터 새로 육성된 내랭성이 강하면서 내병성의 특성을 가지는 '유카라(Yukara)' 품종을 선정했다.

1965년 9월 유카라를 IRRI 포장에 파종하고, 11월 말에 유카라가 출수(出穗)돼 대만 품종의 '반왜성(半矮性) 유전자(sd1)'를 가지는 T(N)1 꽃가루로 교잡을 해 '자포니카/인디카 단교잡(Yukara/TN1) 잡종 제1세대(F1)' 종자를 획득했다.

F1 채종 종자는 곧 휴면을 타파시켜 IRRI의 교배 번호 IR568로 파종했다. 그런데 단교잡 IR568의 F1식물체는 야생 벼 초형으로 재배 벼로서의 초형을 갖추지 못하고 있었을 뿐만 아니라, 벼 껍질은 흑색이며 까락은 길고 꽃가루가 거의 없는 심한 불임이었다. 이들의 원연교잡 불임을 극복하기 위해서 1966년 3월에 IR568(유카라, Yukara/TN1) F1 개체로부터 극소량의 꽃가루를 IR8에 교배해서 20여 개의 3원 교잡종 종자를 얻어 파종했다.

허문회 교수님은 인디카와 자포니카의 원연교잡으로 탄생한 잡종이 불임성을 보일 때 제3의 품종과 다시 교배(3원 교잡)했더니 불임 현상이 사라진다는 사실을 발견하는 획기적인 성과를 거두었다. 이렇게 탄생한 IRRI의 교배 번호 667번째 교배조합인 'IR667(IR8//유카라, Yukara/TN1)'이 나중에 '통일'로 명명된 'IR667'이다. '통일' 품종은 인디카와 자포니카 품종의 원연교잡으로 우리나라에서 최초로 육성한 키 작은 다수확 품종이다.

'통일벼'란 통일 품종과 마찬가지로 인디카 계통의 형질을 지닌 개량 품종을 통칭하는 말이다. 통일벼는 수많은 논란에도 불구하고 우리나라 농학과 농업의 발전사에 한 획을 그은 업적으로, 1999년 과학자들 설문 조사에서 우리나라 과학의 10대 성취 중 하나로 선정되기도 했다. 이러한 통일벼 육성에는 허문회 교수님 외에 무려 12년간 통일벼의 보급과 증산 시스템의 구축과 운영을 책임진 김인환 농촌진흥청장과 신품종 육성과 보급을 강하게 밀어붙인 박정희 대통령이 주역이었다.

IR667이 개발된 뒤 1971년 2월 5일, 정부 각료와 경제계 인사들이 참석한 평가회가 열렸다. 통일벼는 자포니카 계통의 일반미에 비해 밥맛이 없었다. 그러나 박정희 대통령은 무기명으로 작성하게 된 설문지의 밥맛 평가란 중 '좋다'에 동그라미를 치고 자기 이름을 적어 넣음으로써 적어도 정부 내에서는 누구도 통일벼 밥맛을 거론할 수 없게 만들었다.

통일벼는 또한 재배 방법이 까다롭다. 기존의 자포니카 품종은 전통적인 물못자리에서 모를 키웠지만, 통일벼는 비닐로 덮은 보온 못자리에서 모를 키워야 냉해를 막을 수 있었고, 비료와 농약도 많이 사용해야 했다. 통일벼 덕에 논에서 메뚜기와 미꾸라지가 사라졌다는 얘기도 나왔을 정도다.

1972년 추수를 앞두고 닥친 냉해(冷害) 때문에 통일은 대흉작을 기록했다. 박정희 대통령이 1972년 10월 17일에 위헌적 계엄과 국회해산 및 헌법 정지 등을 골자로 하는 대통령 특별선언을 발표했다. 훗날 '10월 유신'이라고 부르는 쿠데타로 12월 27일에는 '제3공화국 헌법'을 파괴하고, '유신헌법'을 발효시켜 '유신체제'를 만든 해였다.

그러나 유신체제 첫해인 1973년 가을 박정희 대통령은 통일벼의 성과에 매우 흡족해했다. 통일벼의 단위 면적당 생산량은 자포니카 계통 품종에 비해 37%나 높았다. 통일벼의 개발로 박정희 정부는 오랫동안 찾으려 애썼던 '기적의 볍씨'를 드디어 확보한 것처럼 보였다.

1974년부터 1977년까지 쌀 생산량과 개별 농가의 명목소득도 모두 크게 증가했다. 통일벼는 맛이 없어 시장에서의 경쟁력은 떨어졌지만, 정부는 '추곡수매'와 '이중곡가제'를 통해 통일벼 재배 농가에 확실한 인센티브를 부여했다.

1974년에는 쌀 생산량이 3천만 석을 돌파했고, 3년 후인 1977년에는 4천만 석을 돌파했다. 이때 우리나라의 단위 면적당 쌀 생산량은 세계 최고를 기록했다. 박정희 대통령은 이를 '녹색혁명'의 성취로 대대적인 홍보를 했다.

통일벼의 몰락

1978년 통일벼의 유전적 취약성과 새로운 도열병균 레이스의 출현에 의해 발생한 도열병 에피데믹으로 통일벼는 사라졌다

벼 육종가들은 열심히 통일벼 계열로 밥맛을 개량한 신품종을 개발했다. 높은 수확에도 불구하고 밥맛이 없었던 기적의 쌀 '통일' 품종은 1978년이 되면서 사실상 자취를 감추었다.

1977년에 통일계 품종으로 밥맛을 개선한 '유신' 품종이 새로이 육성됐다. 박정희 대통령을 겨냥해서 '통일벼로 통일, 유신벼로 유신'이라는 구호 속에 유신 품종의 재배 면적을 늘리기 위한 충성 경쟁이 벌어졌다. 1977년은 사상 최대의 풍작을 기록했다고 하지만, 유신 품종을 심은 경기도 일대의 농민들은 눈물을 흘려야 했다. 벼 줄기 첫 마디 부분이 까맣게 썩어 들어가면서 벼 포기들이 급격하게 주저앉는 벼 도열병 에피데믹이 대발생한 것이다. 따라서 통일 품종 대안으로 기대되던 유신 품종도 1978년에는 거의 사라져버리고 신품종들이 다시 등장했다.

박정희 대통령은 1977년 1월 21일 농수산부 연두 순시에서, 신품종이 개발

되면 품종에 육종가의 이름을 붙여 대대손손 영예가 지속될 수 있도록 하라고 지시했다. 이렇게 해서 1977년에 호남작물시험장에서 육성된 '이리327호' 품종은 육종 책임자인 박노풍(朴魯豊) 장장(場長)의 이름을 따서 '노풍' 품종으로, 영남작물시험장에서 육성된 '밀양29호' 품종은 박래경(朴來敬) 장장의 이름을 따서 '래경' 품종으로 부르게 됐다. 정부는 유신 품종의 실패를 만회하기 위해 노풍 품종을 대대적으로 장려했다.

1978년은 극심한 봄 가뭄으로 모내기철이 다 되도록 비가 오지 않았다. 자칫하면 겨우 자급자족 수준에 들어선 벼농사가 다시 퇴보할 위기였다. 노풍 품종이 통일 품종을 훨씬 능가하는 다수확 품종이라는 정부의 대대적인 장려로 농민들은 다수확에 대한 열망도 없지는 않았다. 어쨌든 수확량이 많으면 수매가(收買價)가 낮더라도 이익이 되기 때문이었다.

공무원들은 또 노풍 품종이 농민을 괴롭혀 온 도열병에 특히 강하다고 선전을 했다. 그해 처음 농가에 보급된 노풍 품종은 곡창인 전북 지역 전체 재배 면적의 20% 이상을 차지했다. 엄청난 홍보와 강제 농정이 아니면 불가능한 면적이었다.

공무원들은 하루가 멀다 하고 농가를 돌며 통일벼를 재배하라고 강요해서 들판에서는 공무원들과 농민들이 통일벼 재배를 놓고 언쟁과 몸싸움을 벌이는 상황이 연출됐다. 통일벼를 심지 않으면 면장이 직접 모판을 갈아엎거나 볍씨 담근 통에 약을 쳐서 싹이 안 나게 하는 웃지도 못할 해프닝이 일어나기도 했다. 이 때문에 재래종 볍씨가 담긴 독을 안방에 앉히고 볍씨를 틔우는 사람들도 있었지만, 공무원들의 등쌀에 못 이겨 통일벼가 전국적으로 심어졌다.

심지어 담당 공무원들이 강력한 상부 지시를 따르기 위해 재배 면적 확보에 집착하다 보니, 신품종 종자를 외상으로 공급해 수확기에 풍작을 이루지 못한 경우 종자 대금을 받지 못하는 사례도 발생하는 등 난리가 났다. 마산에서는 일반 벼를 심은 농민들의 명단을 게시판에 공고하고 그들이 출타할 때 교통편을 제공하지 말라는 지시까지 내려질 정도였다. 특히 도로변에는 '노풍단지'라는 이름으로 노풍 품종 외의 다른 벼를 심는 것을 엄격히 금지했다.

극심한 가뭄과 노동력 부족으로 간신히 모내기를 끝낸 농민들이 잠시 숨을 돌리는가 싶었는데, 겨우 이삭이 패기 시작할 무렵부터 벼 포기가 썩어가기 시작했다. 농약을 들이부어도 소용이 없었다. 정부의 선전과 달리 노풍 품종은 도열병에 치명적인 약점을 가지고 있었다. 1978년 정부 발표 자료에 의해서도 도열병이 발생한 면적은 전해보다 무려 50배 이상 증가한 3만 6천ha에 달했다.

긴급한 사태 발생을 두고 가톨릭농민회는 전국 241곳 농가를 대상으로 설문 조사에 들어갔다. 결과는 예상을 뛰어넘어 아예 벼 한 톨 건지지 못한 농가들도 속출했다. 가톨릭농민회가 파악한 피해 규모는 농가당 평균 면적 1,289평, 쌀 20여 가마에 달했다. 이 피해량을 당시 정부 수매가 2등품을 기준으로 하면 농가당 58만 원이었다. 가난한 농가에게 치명적인 액수였다. 농협 빚을 갚지 못해 야반도주하거나 목숨을 끊으려 농약을 마시는 농민들이 속출했다. 강제 농정이 부른 끔찍한 현실이었다. 실제로 노풍 벼 피해가 난 이듬해에 무려 78만 명이 농촌을 떠나 대부분 도시 빈민 신세로 전락했다.

이 사태에 대해 정부 당국은 책임을 농민에게 돌리기에 급급했다. 농림부는 도열병이 크게 발생한 것은 모내기 전에 온도가 높고 햇볕 쬐는 기간이 많아 논에 '건토(乾土)' 효과가 생겨 비료를 더 뿌리지 말도록 했으나, 가뭄으로 모내기가 늦고 벼가 늦게 자라자 농민들이 이를 만회하기 위해서 비료를 지나치게 많이 줘서 벼 줄기가 약해진 것이 가장 큰 이유라면서, 무지한 농민들이 농사를 잘 짓지 못해서 생긴 일이라고 둘러댔다.

다수확이나 병에 잘 안 걸리는 신품종을 만들기 위해서는 특정한 유전적 성질을 강화할 수밖에 없는데, 이렇게 사람의 손을 탄 신품종은 유전적 다양성을 자연히 상실하게 마련이다. 또한 사람이 병에 강한 신품종을 개발해도 더불어 병원체도 끊임없이 변이를 일으키며 진화하기 때문에 신품종의 저항성이 무너져 병이 걸리는 것은 결국은 시간문제일 수밖에 없다.

원래 열대성 인디카 계열의 통일벼는 도열병에 강했다. 그러나 1978년 한반도를 강타한 변종 도열병균은 노풍벼를 쭉정이로 만들어버렸다. 정부의 권유를 믿고 노풍벼를 심었던 농민들은 목도열병 발생으로 이삭이 하얗게 죽어버린 '백수현상(白穗現象)'으로 회복할 수 없는 타격을 입었다.

정부의 너무 성급한 신품종 보급으로 열정적인 육종학자의 이름은 농민들의 원한의 상징이 됐고, 육종학자의 자녀가 다른 학교로 전학을 가야 할 정도로 비난의 화살을 받았다는 얘기도 들릴 정도였다.

1978년 통일벼에서 도열병 에피데믹은 예견된 일이었다. 우리나라에서 저항성을 나타내는 통일계 품종들이 필리핀에서는 감수성을 나타내거나, 새로운 레이스가 검출되기도 해서 필자의 지도교수이신 서울대학교 정후섭 교수님과 농촌진흥청 정봉조 과장님 등 식물병리학자들은 통일벼의 급격한 보급 확대를 우려하고 반대했었다.

더구나 1976년과 1977년에 전라북도 진안, 임실 등에서 통일계 품종에 도열병이 발생해

정후섭 교수님

서 이미 '저항성 역전현상(逆轉現象, break-down)'이 발생하고 있었다. 이렇게 1978년 노풍벼 사건은 도열병균의 새로운 레이스의 출현에 의해 수직저항성이 무너지면 감수성 품종보다 더 피해를 많이 보게 되는 현상인 '버티폴리아 효과(Vertifolia effect)'가 드러난 대표적인 사례가 됐다.

이렇게 노풍벼 사건으로 식물병의 중요성을 국민들이 인식하게 됐다. 당시까지만 해도 작물을 보호하는 학문을 전공으로 하는 '농생물학과(응용생물학과, 식물의학과)'가 개설돼 있는 곳은 필자가 대학 3학년생으로 재학하고 있었던 서울대학교 농과대학뿐이었는데, 전국 각 지역에 있는 국공립대학교와 일부 사립대학교에 앞다퉈 농생물학과를 신설해야 할 필요성을 일깨운 결정적인 계기가 됐다.

1978년 12월 12일 10대 국회의원 총선에서 예상을 뒤엎고 야당인 신민당이 여당인 공화당보다 득표율에서 1.1% 앞설 수 있었던 데에는 통일벼의 역할도 상당했다. 그래서 박정희 대통령은 조카사위인 장덕진 농림부장관을 통일벼 권장 재배의 책임을 지우고 한 달 만에 경질했지만, 김인환 농촌진흥청장은 유임시켜 통일벼 행정에 대한 변함없는 신임을 과시했다.

박정희 대통령의 지시로 피해 규모에 따라 전 농가에 현금 보상과 수매 보상, 농민 부채와 이자 경감 등 정부 수립 이후 처음으로 인재(人災)에 의한 정부의 책임에 따라 150여 억 원에 달하는 보상금이 지급됐다.

이어서 박정희 대통령이 10월 26일 김재규 중앙정보부장에게 시해당한 1979년과 그 이듬해인 1980년에도 통일벼는 연달아 흉작이었다. 결국 식량난이 대강 해결된 1980년에 이르러서 통일벼는 당연히 소비자들로부터 외면당했고, 1991년을 마지막으로 정부 수매마저 중단됐다. 그래서 지금은 통일벼가 더 이상 재배되지 않고 있다.

박정희 정권은 백년대계를 꿈꾸고 거금을 들여 종자 개발에 주력했지만, 그 과정에서 많은 문제를 일으키면서 결국 통일벼 재배가 중단되고 말았다. 이후 우리나라에서는 도열병 연구가 더욱 심화돼서 육종 벼 계통의 저항성 검정을 강화하는 동시에, 도열병균 레이스 판별 품종을 일본 판별 품종에서 한국형 판별 품종으로 바꾸게 됐다. 그리고 도열병에 대한 발생 예찰 연구와 발병기작 및 역학(疫學) 연구에도 큰 발전이 있었다.

통일벼의 성공은 역설적으로 통일벼의 몰락을 재촉했다. 공무원들은 증산 목표 달성을 위해 일반 벼의 못자리까지 짓밟아가며 통일벼 재배 면적 확대를 추진했는데, 예상을 웃도는 증산 실적은 정부에게 이중곡가제에 따른 막대한 양특적자(糧特赤字, 양곡관리특별회계 적자)를 남겼다.

박정희 대통령은 밥맛을 따지는 것을 사치라고 여기며 증산만을 위해 달려갔지만, 통일벼를 심는 농민들조차 통일벼는 추곡수매용이고 자기 집에서 소비할 쌀은 일본 품종인 '추청벼(아키바레)'로 심는 일이 비일비재했다.

정부는 남아도는 통일벼를 처치하기 위해 쌀막걸리 제조를 허용했다. 막걸리 원료를 쌀에서 밀가루로 대체한 지 14년 만인 1977년 12월 8일에 쌀막걸리가 다시 등장한 것이다.

당시 필자는 대학교 2학년 2학기에 재학 중이었는데, 학교 앞 선술집은 쌀막걸리를 맛보려는 손님들로 만원이었고, 동급생들과 쌀막걸리를 사 들고 학교 잔디밭에서 밤늦게까지 마셨던 기억에 마치 어제 일처럼 입가에 미소가 절로 새어 나온다. 필자처럼 1955~1963년 사이에 태어난 베이비붐(baby boom) 세대는 어릴 적에 쌀밥 한번 배불리 먹어보는 것이 소원이었는데, 쌀막걸리를 마실 수 있다니 이 어찌 호사로운 일이 아닐 수 있겠는가?

필자의 고향 제주도에서는 쌀이 생산되지 않는 탓에 꽁보리밥이 주식이어서, 어쩌다 제삿날이나 명절 또는 동네잔치가 있어야 쌀밥을 구경할 수 있었다. 그래서 늘 먹던 누런 보리밥에 비해 새하얀 쌀밥이 너무 고와서 그랬는지 '곤밥'이라고 불렀다. 제주도에서 쌀밥을 의미하는 곤밥의 어원은 '고운' 밥이고, 그 만큼 쌀이 귀했기에 탄생한 방언이라는 것을 알 수 있다.

그러다 쌀 자급자족이 이루어지기 전까지 혼식과 분식을 장려했던 시기를 거치고, 드디어 쌀이 남아도는 시대에 살고 있다. 우리나라 가구 내 1인당 연간 쌀 소비량은 1970년 136.4kg을 정점으로 꾸준하게 감소해 2019년에는 절반에도 못 미치는 59.2kg으로 감소했다.

2019년 1인당 하루 쌀 소비량 역시 162.1g에 불과했다. 시판되는 즉석밥이 하나에 210g인 점을 고려하면 한 사람이 하루에 즉석밥 하나도 먹지 않는 셈이다.

고난의 행군

1993년 도열병 에피데믹에 의한 흉작으로 시작된 북한의
고난의 행군 기간에 33만여 명이 굶어 죽은 것으로 추산된다

1993년 우리나라뿐만 아니라 동북아시아 전체에 벼 생육 기간인 7~8월에 걸쳐 냉습하고 일조량이 부족한 이상기후가 찾아왔다. 우리나라는 다행스럽게도 출수기가 늦은 일부 경남 지방에 목도열병이 생겼지만, 대체로 전국적으로는 목도열병의 발생이 다소 적은 편이었다. 그러나 북한과 일본에서는 치

명적인 목도열병 에피데믹으로 커다란 피해를 보았다.

국제 곡물 무역에서 제외된 북한은 이와 더불어 이듬해 연속해서 홍수, 가뭄 등의 기상재해를 입었고, 이로 인해 국제적인 관심사가 된 '고난의 행군'이 시작됐다. 1980년대까지만 하더라도 쿠바와 더불어 사회주의권 국가 중에서 가장 농업 구조가 튼튼하다는 북한이 이렇게 식량문제와 기근으로 고난을 겪게 된 근인(近因)이 바로 1993년 도열병 에피데믹의 대발생이다.

고난의 행군은 1990년대 중반부터 겪게 된 북한의 최악의 식량난을 가리키는 말이다. 북한은 소비에트연방이 해체되는 등 전 세계적으로 공산주의 체제가 붕괴하며 경제적으로 고립된 가운데, 여러 자연재해로 식량 생산에도 문제가 발생하면서 기아가 발생했다. 결국 배급제와 보편 복지의 붕괴로 공산주의적 질서에 혼란이 생겨났고, 다소 이루어지던 경제 발전이 심각한 피해를 입었다.

본래 고난의 행군이라는 명칭은 심각한 경제 위기가 오자 김일성의 항일 활동에 빗대어 위기를 극복하자는 뜻을 나타내기 위해 채택한 구호로, 이후 해당 시기를 가리키는 명칭으로 쓰이게 됐다. 그 유래는 1938년 말에서 1939년 초 김일성이 이끄는 유격대가 만주에서 혹한과 굶주림을 겪으며 일본군의 토벌작전을 피해 100여 일간 행군한 일화에서 왔다.

1989년 동구권 공산당 일당 독재가 붕괴됐고, 1991년에는 소련이 붕괴됐다. 동구권의 붕괴로 고립된 북한은 중국의 지원에 크게 의존했으나 중국이 자국의 경제 위기를 이유로 지원을 끊으면서 경제는 파탄에 이르렀고, 설상가상으로 1993년 도열병 에피데믹에 의한 흉작, 1990년대 중반에는 수해로 인한 최악의 대흉작으로 배급제가 붕괴되며 아사자가 속출하기 시작했다.

1990년대 들어 북한이 심각한 식량 위기에 직면했었다는 사실은 국내외적으로 널리 알려졌다. 1995년 북한 정부가 국제적 식량 지원을 요청한 이후 단 3년 만에 200만 톤에 가까운 구호 식량이 북한에 전달됐다.

북한에서 고난의 행군 시기 아사자의 수는 명확하지 않으나, 2010년 11월 22일 통계청이 유엔의 인구센서스를 바탕으로 발표한 북한 인구 추계에 따르면 33만여 명으로 추산하고 있다. 미국 통계청에서는 1993년에서 2000년까지 경제난에 의해 직간접적 영향으로 사망한 북한 인구를 50만 명에서 60만 명으로 추산하기도 했다.

유전자 대 유전자 가설

벼와 도열병균의 상호의존관계도 유전자 대 유전자 가설에 기초한다

1956년 미국의 플로어(Harold Henry Flor)는 '아마(*Linum usitatissimum*)'와 '녹병균(*Melampsora lini*)'을 가지고 기주-기생체(host-parasite)의 상호의존관계를 연구한 유전 실험 결과를 토대로 '유전자 대 유전자 가설(遺傳子對遺傳子假說, gene for gene theory)'을 제시했다. 즉 기주식물에 저항성이나 감수성을 결정해주는 개개 유전자에 대해, 기생체에 비병원성이나 병원성을 결정해주는 상응하는 특이적 유전자가 있다는 가설이다. 이 유전자 쌍 중 하나는 식물의 '저항성 유전자(R gene)'이고, 다른 하나는 병원균의 '비병원성 유전자(Avr gene)'다.

아마 녹병의 경우 2개의 아마 품종 잡종에서 발견된 저항성 유전자 수는

사용된 녹병균의 레이스에 따라 결정된다. 반대로 녹병균에서 발견된 비병원성 유전자 수는 아마 품종 내에 있는 저항성 유전자 수에 따라 결정된다. 아마 녹병에서 녹병균의 비병원성과 아마의 저항성은 우성(優性, dominance)으로 유전한다. 기주인 아마의 저항성을 결정하는 하나의 유전자좌(遺傳子座, locus)에 2개의 대립유전자(對立遺傳子, allele)가 있고, 또 병원체인 녹병균의 병원성을 결정하는 하나의 유전자좌에 2개의 대립유전자가 있으므로 4개의 상호작용이 가능하다.

이들 상호작용 중 오직 저항성 유전자와 비병원성 유전자가 만나는 한 조합만이 저항성을 보이고, 다른 3개의 조합은 감수성을 보인다. 즉 기주식물에서 병원체의 비병원성 유전자를 인식하는 저항성 유전자를 가지고 있는 경우에만 병원체에 대해 저항성을 나타낸다.

저항성의 분류

역학적으로 기주식물이 나타내는 모든 병저항성을 수직저항성과 수평저항성으로 분류한다

1968년 플랭크(Van der Plank)는 역학(疫學, epidemiology)적으로 이렇게 기주식물이 나타내는 모든 병저항성을 '수직저항성(垂直抵抗性)'과 '수평저항성(水平抵抗性)'으로 분류했다. 수직저항성은 비슷한 개념을 가지고 '소수유전자(小數遺傳子) 저항성' '주동유전자(主動遺傳子) 저항성' '판별적(判別的)

저항성' '레이스 특이적(特異的) 저항성' '질적(質的) 저항성' 등으로도 사용된다. 수직저항성은 특이적이어서 어떤 작물의 품종이 병원체의 특정 레이스에 대해서만 저항성이다. 이 저항성은 질적으로 효과가 있어 해당 레이스에 대해 완전한 저항성을 나타낸다.

그러나 이 저항성을 붕괴시킬 새로운 레이스가 출현한다면 효과가 없어진다. 그러면 수직저항성을 가진 품종은 더 이상 재배할 수 없고 새로운 품종으로 대체돼야 한다. 그래서 수직저항성 효과가 큰 품종을 육성하면, 병을 일으킬 수 없는 레이스에 대한 '도태압(淘汰壓, selection pressure)'이 커져서 수직저항성의 효과를 더 빨리 잃게 된다. 또한 저항성 품종의 재배 면적이 넓고 재배 지역이 격리될수록 수직저항성의 효과를 더 빨리 잃게 된다.

한편 수평저항성은 기주 품종과 병원체의 레이스 사이에 특이적인 상호작용이 발생하지 않는다. 수평저항성은 비슷한 개념을 가지고 '다수유전자(多數遺傳子) 저항성' '미동유전자(微動遺傳子) 저항성' '일반적(一般的) 저항성' '레이스 비특이적(非特異的) 저항성' '양적(量的) 저항성' 등으로도 사용된다. 수평저항성은 대부분 다수 유전자에 의해 유전되며 양적 특성을 지닌다. 수평저항성은 '과민성반응(過敏性反應, hypersensitive reaction)'에 의해 병원균을 저지하지 않고 서서히 감염을 지연시킨다. 또한 수평저항성은 대체로 식물이 성숙해짐에 따라 저항성이 증대되는 '성체식물저항성(成體植物抵抗性, adult-plant resistance)'을 나타낸다.

수직저항성과 달리 수평저항성은 실제적으로 시간적 제한을 받지 않는 영구적인 저항성이다. 수평저항성은 감염률과 포자 형성률을 감소시키거나 감염 시간을 지연시켜 재배 기간 동안 포장에서 병이 서서히 진전되기 때문에 '포장저항성(圃場抵抗性, field resistance)'이라고도 한다.

수평저항성은 다수의 유전자가 관여하기 때문에 육종에는 어려움이 많지만, 이러한 수평저항성을 가진 품종의 재배를 통해 새로운 레이스의 출현이 제지되고 높은 수준의 지속적 저항성과 안정적 저항성을 제공해줌으로써 최적 수량을 가져올 수 있다.

도열병에 대한 벼 품종의 저항성 역전

통일벼의 급속한 재배 증가는 도열병균 인도형 변이균 레이스 집단의 대량 출현을 일으켜 저항성 역전을 낳았다

도열병균에 대한 매우 강한 수직저항성을 가진 통일벼는 육성된 후 강력한 행정력의 뒷받침으로 재배 면적이 급증했다. 그런데 우리나라에 이미 존재하고 있는 도열병균 '일본형 재래균' 레이스 집단 중에서 이러한 수직저항성 유전자를 극복하지 못하면 통일벼에 도열병을 일으킬 수 없게 되므로 도태될 수밖에 없다.

따라서 통일벼의 급속한 재배 증가가 우리나라에 분포하는 도열병균 일본형 재래균 레이스 집단에 대한 강한 도태압으로 작용하자, 빠른 시간 내에 통일벼를 침해할 수 있는 도열병균 새로운 레이스인 '인도형 변이균(變異菌)'이 출현하게 됐다.

우리나라 벼 재배지에서 통일벼 재배 면적이 늘어나면서 이들을 침해할 수 있는 인도형 변이균 레이스 집단도 증가했으나, 재래 품종만을 침해하는 일

본형 재래균 레이스 집단은 재래 품종의 재배 면적이 감소함에 따라 현저하게 줄어들었다. 결국 도열병에 저항성이던 통일벼에는 인도형 변이균 레이스 집단의 대량 출현에 의해 도열병 에피데믹이 발생하게 됐다. 이처럼 새로운 레이스의 출현에 의해 수직저항성이 무너지는 현상을 '저항성 역전'이라고 한다. 결국 새로운 벼 도열병균 레이스의 출현에 의한 저항성 역전 현상으로 통일벼는 역사 속으로 사라지게 됐다.

특히 1978년에는 통일벼 출수기 전후에 고온다습한 데다 강우 빈도가 잦아 강우량이 많았다. 그리고 일조 시수와 일조량이 적은 기상 조건과 질소질 비료를 과다하게 사용해 벼 체내 질소 함량이 높아진 것이 도열병균이 통일벼를 침입하기에 적합한 발병 유인으로 작용했다. 또한 통일벼의 대량 재배에 따른 단순한 품종 구성으로 인한 유전적 취약성 때문에, 이를 침해할 수 있는 특정한 도열병균 레이스인 인도형 변이균 레이스 집단이 급증해서 목도열병 에피데믹이 발생함으로써 통일벼가 치명적인 피해를 입었다.

벼 도열병에 대한 수직저항성 유전자를 집중적으로 선발해 육성된 통일벼는 검증된 레이스에 대해서는 저항성을 효과적으로 발현하지만, 새로운 레이스가 출현하게 되면 필연적으로 저항성이 무너지는 저항성 역전 현상을 겪게 마련이다. 그래서 매년 새로운 벼 도열병 저항성 품종이 육성되고 있음에도 불구하고 몇 년 이내에 저항성 품종이 감수성 품종으로 바뀌어 병이 발생하는 사례들이 다수 보고돼왔다. 이러한 저항성 역전 현상은 주로 벼 도열병균의 유전적 변이 및 친화성 균주 집단의 급격한 증가에 의해 일어난다.

우리나라에 분포하는 벼 도열병균의 레이스 분화에 대한 조사는 1962년부터 시작됐으며, 각 지역에 분포된 레이스의 종류 및 특성을 파악해서 벼 품종의 병 저항성을 지속시키기 위해서 이 조사는 반드시 필요하다. 이러한 레이

스 분화 연구로 1977년과 1978년 벼 도열병 에피데믹의 원인이, 본래 소수였
던 도열병균 인도형 변이균 레이스 집단이 통일벼의 보급에 맞추어 급격히
증가했기 때문임이 입증됐다.

도열병에 대한 성체식물저항성 연구 일화

벼가 성숙해감에 따라 도열병에 대한 저항성이 증대되는
수평저항성을 성체식물저항성이라고 한다

필자가 대학원 석사과정 1학년이던 1981년 7월 초 지도교수인 정후섭 교수님
을 모시고 충청남북도 일대에 도열병 발생 상황을 살피러 다녀온 적이 있었
다. 지금은 도로가 좋아져서 승용차로 다니면 하루에 소화할 수 있는 일정이
었지만, 그때는 버스로 다녀야 했기 때문에 1박 2일 일정으로 청주를 거쳐 대
전 지역을 다녀왔다.

　다행히 청주와 대전에 도착한 후에는 충북과 충남농촌진흥원(현 농업기술
원)에서 차량 협조를 해줘서 시골길 이동은 수월했다. 장마가 막 시작한 후였
는데, 차창 밖에 보이는 논에 펼쳐진 짙은 초록색 벼 잎 물결이 물감을 풀어
놓은 것 같은 풍경이었다. 군데군데 붉게 보이는 논 앞에 멈춰 들여다보면 어
김없이 논에 불을 질러놓은 것처럼 잎도열병이 대발생한 상태였다.

　제주도에서 태어나 논을 보지 못하고 자란 필자에게 그 광경은 식물병리학
을 전공으로 선택한 것에 대한 일종의 사명감을 느끼게 해주었고, 벼 도열병

방제 연구에 대한 의욕을 불태우는 동기를 부여해주었다. 그래서 필자는 도열병에 대해 수평저항성의 일종으로 포장에서 '도열병 진전이 느린 포장저항성(slow blasting type resistance)'을 가진 품종과 '벼가 성숙해감에 따라 도열병에 대한 저항성이 증대되는 성체식물저항성(adult-plant resistance)'을 가진 품종에 대한 연구를 석사 학위와 박사 학위 논문 주제로 정했다.

우리나라에 성체식물저항성은 독일에서 보리 흰가루병에 대한 성체식물저항성에 관한 연구로 박사 학위를 취득하고 1981년 고려대학교 교수로 부임한 황병국 교수님이 처음 도입했다.

필자는 1983년 박사과정 1학년 때 실험실 10년 선배인 황병국 교수님이 한국과학재단(현 한국연구재단)에서 지원받은 '벼 도열병에 대한 성체식물저항성'이라는 연구과제의 연구조원으로 참여하게 됐다. 1983년 1차년도에는 실험농장의 못자리 상태에서, 1984년 2차년도에는 논에서 성체식물저항성 정도를 정량적으로 평가하고, 1985년 3차년도에는 수량을 조사해서 '도봉(道峯)' 품종을 잎도열병과 이삭도열병에 대해 성체식물저항성을 가진 품종으로 최종 선발했다.

1985년 필자는 도봉 품종에서 성체식물저항성의 발현기작을 추정하고자 벼 생육 시기별 잎에 존재하는 항균성 물질의 변화와 동종효소(allozyme) 형태를 비교하는 실험에 착수했다. 당시 고려대학교 식물보호학과의 황병국 교수님 실험실에는 항균성 물질을 추출하는 최신 농축기(濃縮機)가 설치돼 있었고, 박원목 교수님 실험실에는 동종효소를 분석할 수 있는 전기영동장치(電氣泳動裝置)가 갖춰져 있어서 거의 1년 동안 고려대학교에 가서 실험을 했다.

두 분 교수님이 시약과 재료를 모두 대주면서 실험을 할 수 있도록 배려

해주신 데 대해 아직도 감사한 마음이다. 특히 당시 박원목 교수님 실험실에서 박사과정에 재학 중이던 현 대구대학교 이용세 교수님이 전기영동 실험을 도와주셔서 시험을 잘 마무리할 수 있었는데 다시금 감사드리고 싶다.

도봉 품종에서 생육 시기별 잎에 존재하는 항균성 물질의 변화와 동종 효소 형태를 비교하기 위해서는 벼 도열병에 감염되지 않은 잎을 채취해야 했다. 그런데 주변에 여러 논이 있는 가운데 위치한 실험농장에서는 넓은 면적에서 다양한 벼 실험을 수행하고 있어서 도열병에 걸리지 않은 벼 잎을 채취하기가 불가능했다.

당시 박사과정 1학년이던 필자는 1983년 11월 12일 결혼한 아내가 근무하는 서울원효초등학교 근처에 있는 개인주택 2층에서 살고 있었는데, 발코니에 비닐을 깔아 물을 가두고 포트에 벼를 재배하는 아이디어를 생각해냈다. 포트에 담을 상당량의 흙을 며칠에 걸쳐 학교에서 배낭에 짊어지고 집까지 옮겼던 일이며, 비닐로 간이하우스 시설을 만들었던 일들이 주마등처럼 스쳐간다.

장마철에 벼를 재배하는 과정에서 방수가 잘 되지 않는 발코니 바닥과 비닐 사이에 고인 물이 1층 천장으로 스며들어 벽지를 썩게 만들었다고 집주인에게 항의를 받는 해프닝도 있었지만, 성공적으로 실험 재료를 얻어낸 기가 막힌 아이디어 작품이었다. 이러한 연구 결과를 정리해서 1986년 8월 박사과정 3년 반 만에 '도열병에 대한 벼 품종의 성체식물저항성(Adult-plant resistance of rice cultivars to blast)'이라는 제목의 논문으로 박사 학위를 취득했다.

박사 학위를 취득한 후 1986년 9월부터 지도교수님이 소장을 맡고 있던 서울대학교 농과대학 부설 농업과학연구소의 특별연구원으로 근무를 하던 중 1986년 10월 필리핀대학교에서 개최된 워크숍에 참석했다. 필리핀을 방문한 길에 IRRI도 견학할 겸 그곳에서 근무하는 안상원 박사님을 만나러 갔었다. 실험실 선배인 안상원 박사님 부부는 이전에 만난 적이 없었지만 반갑게 맞아주셨다. 대화 중에 박사 학위 논문이 거론되었는데, IRRI에 근무하는 필리핀 박사과정 학생도 우연하게도 벼 도열병에 대한 성체식물저항성 연구를 논문 주제로 삼아 비슷한 시기부터 실험을 수행하고 있다는 정보를 주셨다.

당시 필자의 연구 결과 중 일부가 '잎도열병에 대한 벼의 성체식물저항성(Adult-plant resistance of rice to leaf blast)'이라는 제목으로 이미 미국 식물병리학회지 《파이토패쏠로지(Phytopathology)》에 투고되어 심사를 마쳤고, 1987년 2월호에 게재되기로 승인이 난 상태였다. 안상원 박사님은 IRRI 연구자들이 아마 이 사실을 알면 깜짝 놀랄 것이라고 하면서, 필자가 IRRI보다 앞서서 벼 도열병에 대한 성체식물저항성을 세계 최초로 보고한 것이 자랑스럽다고 자기 일처럼 기뻐하면서 축하해주셨다.

도열병은 쌀을 주식으로 하는 우리나라에서 벼 생산에 가장 큰 제한 요인이었다. 못자리에서부터 발생하기 시작해서 잎, 마디, 목, 이삭에 이르기까지 피해를 주는 도열병 에피데믹이 발생할 경우에는 이삭이 패기 전에 불에 탄 듯 말라버리거나 이삭이 패더라도 쭉정이만 남게 될 만큼 커다란 피해를 주는 질병이다. 과거 수량 증대를 목적으로 육성했던 통일벼와는 달리 최근 많은 농가들이 도열병 저항성 품종보다 밥맛이 좋은 품종을 선호하기 때문에 도열병에 의한 피해가 증가될 가능성이 크다. 그러나 다행스럽게도 강력하게 위세를 떨치던 도열병이 기후 온난화 탓인지 발생이 줄어들기 시작하더니 최근 순천을 비롯한 남부지방에서는 논에서 도열병 병반을 찾아보기조차도 힘들 정도로 경미한 질병으로 전락해버렸다.

1970년대 벼 육종 방향이 수량성 연구가 중심이었다면 1980년 이후는 밥맛 좋은 양질 중심으로 변화됐다. 현재 국립종자원에 국가품종목록으로 등재된 벼 품종은 300개가 넘는다. 앞으로 전통적인 육종기술과 더불어 생명공학기술을 이용한 디지털 육종기술이 접목돼 벼 육종 효율이 더욱 증진될 전망이다.

제 16 장

바나나 멸종설을 만든 '바나나 시들음병'

바나나의 기원

바나나는 기원전 5천 년 전 말레이반도 부근에서 재배되기 시작했다

바나나(*Musa acuminata*) (출처: Wikipedia)

'바나나(banana)'는 파초과(Musaceae) 에 속하는 여러해살이식물과 식용으로 하는 열매를 두루 일컫는 말이다. 열대 아시아, 인도, 말레이시아 등이 바나나의 원산지이지만, 현재 주된 생산 지역은 인도, 브라질, 필리핀, 에콰도르 등이다. 일반적으로 '아쿠미나타 (*Musa acuminata*)' 종과 '발비시아나 (*Musa balbisiana*)' 종의 교배종들이

식용으로 사용된다. 기원전 약 5천 년 전에 말레이반도 부근에서 아쿠미나타를 중심으로 바나나 재배가 시작됐고, 현재 전 세계 열대 또는 아열대 지방에서 자라는 국제적인 과일이 됐다.

바나나는 인류 최초의 작물이면서 인류가 최초로 품종개량을 한 식물이다. 본래 바나나는 과육 속에 씨가 많았으나, 말레이반도에서 3배체 씨 없는 바나나가 탄생했고, 전 세계로 퍼져나가면서 새로운 교배종이 탄생하기도 했다. 흔히 바나나나무라는 말을 많이 쓰지만, 사실은 나무가 아니라 여러해살이풀이다. 바나나는 3~10m 정도의 높이까지 자란다. 바나나 송이는 대개 바나나 10~20개로 이루어지는데, 한 식물체에 대략 다섯 송이가 열린다. 열매는 5~6개월 후에 익으며, 익은 바나나는 바로 먹지 않으면 상하기 때문에 수출용 바나나는 완전히 익지 않은 녹색일 때 수확한다.

식물학적으로도 바나나는 과일이며, 과일의 분류 중에서는 '장과(漿果)'에 속한다. 우리나라에서는 관세법, 부가가치세법시행규칙, 국어사전에서 바나나를 과일로 분류하고, 유엔식량농업기구(FAO)에서도 과일로 분류한다. 바나나는 1870년 캘리포니아주에 거주하는 사람이 자메이카에서 미국에 들여온 후 미국인들이 바나나를 선호하기 시작하면서 지구촌 곳곳의 열대우림에 바나나 농장이 만들어지고 전 세계에서 가장 많이 생산되는 과일이 됐다.

바나나가 우리나라에 본격적으로 수입된 것은 수입제한 품목에서 풀린 1991년이었다. 껍질만 벗기면 간단히 먹을 수 있고 과육도 연하기 때문에 과일로 인기 만점인 바나나는 간식거리이자 다이어트 식품으로 많이 소비되고 있다. 수많은 열대 지역에 있는 나라에서 바나나는 주요 식량이다. 열대 개발도상국에 사는 4억 명 넘는 사람들이 날마다 섭취하는 칼로리의 3분의 1을 바나나에서 충당한다고 한다.

바나나 시들음병의 원인

'바나나 시들음병'은 불완전균류에 속하는 '푸자리움 옥시스포름 큐벤스(*Fusarium oxysporum* f. sp. *cubense*)'라는 '바나나 시들음병균'에 의해 발생한다

'바나나 시들음병(Fusarium wilt)' 은 곰팡이의 일종인 '푸자리움 옥시스포름 큐벤스(*Fusarium oxysporum* f. sp. *cubense*)'라는 '바나나 시들음병균'에 의해 발생한다. 푸자리움(*Fusarium*)은 진핵생물인 균계에 속하는 곰팡이의 일종이다. 대부분의 곰팡이는 유

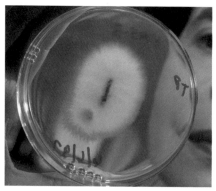

바나나 시들음병균 균총 (출처: Wikipedia)

성생식을 하지만, 푸자리움은 유성생식을 하지 않고 무성생식으로 '소형 분생포자(microconidia)'와 '대형 분생포자(macrconidia)' 그리고 '후벽포자(chlamydospore)'를 형성하는 '불완전균류(Imperfect Fungi)'에 속한다.

소형 분생포자는 1~2개의 세포로 돼 있고, 모든 조건에서 가장 흔하고 많이 형성되며, 병든 식물의 물관 속에서도 형성된다. 대형 분생포자는 3~5개의 세포로 돼 있고, 죽은 식물체 표면에 형성된 '분생포자좌(sporodochia)' 위에 집단으로 형성한다. 푸자리움은 격벽이 있는 잘 발달된 균사체를 형성하며, 노화된 균사체의 가운데나 끝 또는 대형 분생포자의 가운데 세포벽이 발달해 두꺼운 벽을 가진 구형의 후벽포자를 형성하기도 한다.

이러한 세 가지 형태의 포자는 모두 배양 배지에서 형성되고 토양 속에서도 모두 형성되는데, 후벽포자는 토양 속에서 약 20년 동안 생존할 수 있다.

'푸자리움 옥시스포룸(*Fusarium oxysporum*)' 중에서 기주식물에 침입해 병을 일으킬 수 있는 능력이 다른 집단을 '분화형(forma specialis)'이라고 하는데, 여러 가지 분화형 중에서 바나나에 시들음병을 일으키는 것이 '푸자리움 옥시스포룸 큐벤스(*Fusarium oxysporum* f. sp. *cubense*)'다.

바나나 시들음병의 증상

흙 속에 있던 바나나 시들음병균 균사가 어린뿌리나 뿌리의
아랫부분을 통해 바나나로 침투한 후 물관을 통해 식물 전체로
빠르게 퍼지고 번식하면서 시들음병을 일으킨다

바나나 시들음병으로 갈변된 아랫잎
(출처: 식물병리학)

바나나 시들음병균은 토양 전염성 곰팡이다. 평소 흙 속에 있던 곰팡이 균사가 일단 어린뿌리나 뿌리의 아랫부분을 통해 바나나로 침투하면 물관을 통해 식물 전체로 빠르게 퍼지며 번식한다. 외관상 바나나 시들음병의 병징은 늙은 잎이 누렇게 변하는 황화 현상과 아래쪽의 잎집이 세로로

바나나 시들음병으로 갈변된 지하경의
유관속 (출처: 식물병리학)

쪼개지는 증상을 나타낸다. 잎이 시들고 잎자루 아래 부분이 굽어지면, 나중에는 어린잎이 쇠약해져 죽는다.

　내부적으로는 오래된 잎집 위나 안쪽에 갈색 줄무늬가 형성되고, 이어서 체관부의 많은 부분이 붉은 벽돌색이나 갈색을 나타낸다. 이 과정에서 균사가 바나나의 유관속 조직을 막아 수분 공급이 차단되면, 유관속은 갈색이나 암적색으로 변색돼 검게 변해 죽어간다. 결국 바나나 시들음병에 감염된 후 1~2년 만에 바나나 잎이 노랗게 변하면서 바나나 식물체 전체가 말라 죽는다.

　바나나 시들음병균은 이것이 침입해서 감염을 일으킨 바나나 식물체에서는 균사 상태로, 토양에서는 대부분 후벽포자 상태로 생장에 불리한 시기를 견뎌낸다. 바나나 시들음병균은 일반적으로 바나나의 전통적인 영양번식 과정에서 감염된 지하경에 의해서 전반된다. 드물게는 토양 속에서 곰팡이 포자, 관개수, 농장의 기구나 장비에 묻어 전반되기도 한다.

바나나 멸종설

초본식물인 바나나 멸종설은 바나나 시들음병균 TR4 균주의 확산으로 캐번디시 품종에서 창궐한 바나나 시들음병 팬데믹 때문에 대두됐다

바나나 시들음병은 1880년대 후반에 오스트레일리아에서 발견됐지만, 1950
년대 파나마에서 바나나 시들음병 에피데믹이 발생했다. 그리고 바나나 '그
로미셸(Gros Michael)' 품종 재배지에서 4만ha를 황폐화시킴으로써 비로소
중앙아메리카 바나나 산업에서 가장 위험한 식물병으로 인식하게 됐다. 당시
문제를 일으킨 바나나 시들음병균 균주는 'Race 1' 또는 줄여서 'R1'이었다.
이 R1 균주는 이후 파나마의 이웃 나라들로 빠르게 확산되면서 1960년에는
급기야 그로미셸 품종이 시장에서 사라지게 만들었다.

  바나나 시들음병이 확산되는 것을 막기 위해 수많은 바나나를 태울 수밖에
없었고, 이 병에 저항성이 없었던 그로미셸 품종은 전부 폐사하고 말았다. 파
나마에서 처음 바나나 시들음병 에피데믹이 발생했기 때문에 불명예스럽게
도 나라 이름이 병명에 들어가 '파나마병(Panama disease)' 또는 '파나마 시
들음병(Panama wilt)'이라고도 부르는 바나나 시들음병 팬데믹은 현재 바나
나가 재배되고 있는 대부분의 지역에서 발생하고 있다.

  2014년 4월 21일 미국 뉴스 채널 CNBC는 바나나 시들음병 에피데믹이 전
세계로 퍼져나가고 있어서 바나나가 지구상에서 사라질 가능성이 있다고 최
초로 보도했다. 이 뉴스가 전 세계로 퍼지면서 바나나 멸종설은 확산됐다. 이
기사의 도화선은 2013년 12월에 국제 저명 학술지 《네이처(Nature)》에 소개
된 내용인 것으로 보인다. 《네이처》는 바나나를 감염시키는 곰팡이병의 확산
에 대한 경각심과 해결 방안 모색을 촉구하는 짧은 뉴스를 보도했다.

  사실 바나나 멸종설은 미국의 저널리스트인 쾨펠(Dan Koeppel)이 가장
먼저 주장했다. 그는 2005년 과학 잡지 《파퓰러 사이언스(Popular Science)》
에 실린 〈이 과일을 살릴 수 있을까?(Can this fruit be saved?)〉라는 르포
(reportage)와 5년 뒤 발간한 자신의 저서 《바나나: 세계를 바꾼 과일의 운명

(BANANA: The Fate of the Fruit That Changed the World)》에서 1950년대 바나나 시들음병 에피데믹으로 멸종한 그로미셀을 예로 들어 바나나 멸종설을 주장했다.

바나나 시들음병 에피데믹이 이미 바나나 산업을 고사 직전까지 몰고 간 경험이 있었기에 당시 우려의 목소리가 높았다. 현재 수출용 바나나의 80%를 차지하는 것은 '캐번디시(Cavendish)' 품종이다. 1960년대 이전만 해도 열매 크기도 크고 당도도 높은 그로미셀이 대세였지만, 바나나 시들음병 팬데믹 발생으로 시장에서 사라지고 이제는 캐번디시로 대체돼 오늘에 이르고 있다.

세상에는 수백 종의 바나나가 있지만 대부분 씨가 씹혀서 먹기 여간 불편한 게 아니다. 사실상 우리가 지금처럼 먹을 수 있는 것은 단 한 종뿐이라고 해도 과언이 아니다. 이전에는 크기도 더 클 뿐 아니라 맛도 달콤한 그로미셀이 있었지만, 그로미셀이 멸종된 이후 지난 50여 년간 바나나 시들음병에 저항성이 있는 캐번디시가 그 자리를 대신했다.

영국 캐번디시 공작의 정원사였던 팍스톤(Joseph Paxton)이 발견한 캐번디시가 바나나 시들음병균 R1에 저항성이 있고 상품성도 갖춰 그로미셀을 대체할 구세주로 등장했다. 1970년대 말에 전 세계 바나나 수요가 늘어나면서 동남아시아 국가에서 캐번디시의 상업적 재배가 신흥 산업으로 장려됐다.

바나나 캐번디시 품종 (출처: Wikipedia)

그런데 바나나 재배가 시작된 지 몇 년이 되지도 않아서 말레이시아의 일부 농장에서 바나나가 말라 죽기 시작

했다. 이 병은 그 증상이 파나마병과 비슷했지만 식물에 영향을 끼치는 속도
와 전파력은 훨씬 컸다. 연구 결과 바나나 시들음병균의 새로운 균주로 밝혀
져 'Tropical Race 4' 또는 'TR4'로 명명됐다. 최근 문제가 된 바나나 시들음
병 팬데믹은 이 TR4 균주에 의해 발생했는데, R1 균주에 저항성이 있다고 알
려진 캐번디시조차 이 TR4 균주 앞에서는 속수무책이었다.

이 TR4 균주에 의한 바나나 시들음병 팬데믹은 2013년 9월 아프리카 모잠
비크에서 발생한 데 이어 10월에는 중동아시아 요르단에서도 발생했다. 특히
대만에서는 상업 재배하는 바나나의 70%가 바나나 시들음병으로 말라 죽었
다. 이후 바나나 시들음병은 주요 바나나 생산국인 중국, 필리핀, 인도네시아
등 동남아시아 바나나 생산지에서도 큰 손실을 초래한 데 이어 전 세계로 확
산되는 추세다.

이 TR4 균주가 중앙아메리카와 남아메리카에 도착한다면 콜롬비아와 에
콰도르 등과 같은 세계 최대 바나나 수출국들에서조차도 바나나는 볼 수 없
는 과일이 될지도 모른다. 이 지역은 전 세계 바나나 수출량의 80%를 차지하
는 곳인데, 특히 '바나나공화국'으로 통칭되는 에콰도르, 콜롬비아, 코스타리
카, 과테말라 등에서는 국가 재정이 바나나에 달려 있어 TR4 균주의 공습을
두려워하고 있다.

다시 바나나가 멸종될 수 있다는 주장이 나온 이유는 바나나의 특성 때문
이다. 바나나는 한번 열매가 열린 이후에는 같은 개체에서 상품성이 있을 만
큼 큰 바나나가 열리지 않는다. 그래서 바나나 열매가 한번 열리면 수확 후
새로운 묘목을 다시 재배한다. 바나나는 씨가 없기 때문에 밑동을 잘라내고
땅속줄기에서 어린 줄기가 성체로 자라도록 해서 열매가 열리면 다시 수확
한다. 바나나는 1년 주기로 다시 열매가 열리기 때문이다.

바나나는 나무라기보다 키가 큰 풀이기 때문에 새로운 바나나를 심는 것이 아니라 같은 유전자를 가진 동일한 바나나 줄기에서 새순이 자라 다시 열매를 맺는 것이다. 다시 말해서 사람이 재배하는 바나나는 모두 유전적으로 동일한 열매여서 팬데믹이 한번 휩쓸면 전멸당할 수밖에 없기 때문에 바나나 멸종설은 나름 설득력이 있다고 할 수 있다.

바나나는 1년 내내 대량으로 생산할 수 있고 쉽게 껍질을 벗겨 먹을 수 있으며 덜 익은 상태로 수확해 천천히 익힐 수 있어 수출도 쉽다. 이는 곧 캐번디시의 장점이라고 할 수 있다. 따라서 바나나 멸종 극복의 열쇠는 캐번디시를 대체할 새로운 품종 육성 여부에 달린 셈이다.

세계 150개국에 1천여 품종의 바나나가 있는데, 구우면 감자와 비슷한 맛이 나는 '플랜틴 바나나' '빨간색 바나나' 등 그 종류도 다양하다. 그러나 캐번디시를 대체할 만한 매력적인 품종은 아직 나타나지 않고 있다. 사실은 그로미셀도 완전히 멸종한 것은 아니다. 일부 지역에서 소규모로 생산되고 있지만 캐번디시에 비해 품질이 떨어져 경쟁이 되지 않는다.

지금 사람들은 캐번디시 바나나의 입맛에 길들여져 있다. 만약 캐번디시가 멸종한다면, 그 이후 경쟁할 품종 가운데 캐번디시를 능가하는 바나나가 없다면 어떻게 될까? 바나나는 사람들에게서 잊혀진 과일이 돼서 그로미셀 품종처럼 결국 멸종과 크게 다를 바 없게 될 것이다.

바나나 재배종들은 무성생식으로 획일화가 된 탓에 팬데믹이 퍼지면 멸종할지 모른다는 주장도 나오기도 하는데, 더 깊게 파고들면 그럴 가능성은 거의 희박하다. 어떤 작물이건 유전적 다양성이 있는 작물이 없다. 사과처럼 씨가 있는 많은 종류의 과수들도 꺾꽂이로 키우기 때문에 유전적 단일체이긴 마찬가지다.

바나나 멸종설에서 언급되는 그로미셀은 다른 품종으로 대체된 것이지 멸종된 것이 아니다. 그로미셀은 1950년대까지 맛도 좋고 보관 및 운송도 캐번디시보다 훨씬 좋아 주력 품종이었지만, 질병에 약하고 강풍에 잘 부러지는 약점 탓에 모조리 캐번디시로 바뀌었고, 엎친 데 덮친 격으로 바나나 시들음병이 토양을 통해 감염되면서 도태됐던 것이다. 하지만 바나나 시들음병은 계기일 뿐이고 실제 이유는 생산성 때문이다. 성장 속도도 느리고 바나나 송이 수도 적어서 캐번디시로 품종을 변환한 것이다.

그로미셀은 멸종된 것이 아니라 지금도 필리핀 현지 전통시장에 가면 구할 수 있으며, 우리나라에서 구입할 수 있는 바나나 품종 중에 '몽키바나나'가 그나마 그로미셀에 가깝다. 물론 그로미셀은 생산량이 적고 작황이 불안정해서 주력 품종에서는 밀렸지만, 여전히 세계에서 두 번째로 많은 바나나 품종으로 대량 재배되고 있고 상자당 100불 정도로 팔리고 있다. 그로미셀은 주력 품종일 때부터 비싼 가격이었다. 그래서 값싼 캐번디시에 밀린 것이고, 바나나향의 휘발성이 강하고 녹말 비중이 높아서 맛이 없는 탓에 사료용으로나 썼었다. 사료용이었던 만큼 칼로리는 높고 생산성이 압도적이다.

1994년 말레이시아에서 캐번디시에 TR4 에피데믹이 발생하기 시작해 바나나 멸종설이 현실로 다가올 가능성이 다시 커졌다는 기사가 났지만 지금까지 키우고 있다. 현재 TR4는 아메리카 대륙을 포함해 전 세계 팬데믹으로 확산되고 있다.

아프리카에는 필리핀 이주 노동자 두 명에 의해서 전파된 것으로 보이는데, 이로 인해 캐번디시 재배 면적이 급속도로 줄고 있다. 그러나 아직도 과일용이 아닌 바나나 품종은 다양하고, 계속되는 연구 개발로 실제 바나나 멸종설이 실현화될 가능성은 거의 없다.

하지만 바나나의 상업적 대량 재배는 이런 문제가 재현될 가능성을 언제나 열어두고 있다. 상업적 대량 재배의 대상인 캐번디시는 '야생 바나나(*Musa acuminata*)'의 3배수체 돌연변이다. 딱딱한 씨앗이 과육에 박혀 있는 야생 바나나와는 달리 캐번디시에는 열매에 씨앗이 없다. 그래서 줄기 모양의 영양 조직을 잘라 옮겨심기하는 무성생식 방식으로 재배된다. 결과적으로 이렇게 자라는 바나나는 유전적 다양성이 사라지고, 특히 단일 식물을 고밀도로 심는 상업적 대량 재배의 특성상 에피데믹에 취약하게 된다.

2012년 《네이처(Nature)》에 아시아 야생 바나나의 유전체를 해독한 연구 결과가 게재됐다. 아시아 야생 바나나가 보유한 유전자가 현재의 바나나 위기를 극복할 유일한 대안이라는 주장이 설득력을 지니고 있다. 또한 콜롬비아 칼리(Cali)에 있는 국제열대농업연구센터(International Center for Tropical Agriculture, CIAT)에서 내생균(內生菌, endophyte)을 접종한 조직 배양묘를 연구해서 병해충에 강한 새로운 계통의 바나나 육성을 시도하고 있다.

제 17 장
사과나무와 배나무를 불태우는 '과수 화상병'

사과나무의 기원

사과나무는 4천 년 이상의 재배 역사를 가지고 있고, 우리나라에도 18세기 초부터 재배가 성행했다

'사과나무(*Malus pumila*)'의 원산지는 발칸반도로 4천 년 이상 재배 역사를 가진 것으로 추정된다. 로마시대에는 '말루스(Malus)' 또는 '말룸(Malum)'이란 명칭으로 재배가 성행했고, 그 후 16~17세기에 걸쳐 유럽과 미국에 전파됐다. 20세기에는 칠레 등 남아메리카 각국에 전파됐다.

사과나무(*Malus pumila*) (출처: Wikipedia)

우리나라에서는 예로부터 재래종인 '능금'을 재배했으며, 고려시대의《계림유사》에 처음 보이는 '임금'이라는 칭호는 능금이라는 단어의 어원이다. 조선시대의《산림경제》에 그 재배법이 실려 있는 것을 보아 18세기 초부터 재배가 성행한 것으로 추정된다.

배나무의 기원

배나무는 6,600만 년 전부터 유래하고, 우리나라에서는
삼국시대부터 재배돼왔다

배나무(*Pyrus pyrifolia* var. *culta*)
(출처: Wikipedia)

'배나무(*Pyrus pyrifolia* var. *culta*)'는 '돌배나무(*Pyrus pyrifolia*)'의 재배종이다. 배나무속(*Pyrus*)의 기원이 되는 최초의 식물은 7천만 년 전 장미과 식물의 사과속(*Malus*)에서 기원돼 중국 서부와 남서부의 산지에서 발생하고, 6,600만 년 전에 그 분포가 확장된 것으로 추정하고 있다. 우리나라로 배가 들어온 경로는 요동반도와 백두대간이다. 지금도 백두대간의 산악 지역에는 아름드리 배나무가 많이 분포하고 있다.

배나무의 재배에 관해 삼국시대와 신라시대의 문헌에 기록이 남아 있다. 우리나라 남해안에서 일본으로 배가 전파되기도 했다. 현재 과일을 소비하기

위해 재배하는 배나무는 동양계로 남방형인 '한국배'와 북방형인 '중국배' 그리고 유럽계인 '서양배'로 크게 3종류로 구분하고 있다.

과수 화상병의 원인

'과수 화상병'은 세균의 일종인 '어위니아 아밀로보라(*Erwinia amylovora*)'라는 '과수 화상병균'에 의해 발생한다

과수 화상병균 (출처: 식물병리학)

'과수 화상병(火傷病, fire blight)'은 '어위니아 아밀로보라(*Erwinia amylovora*)'라는 세균에 의해 발생한다. 과수 화상병균은 원핵생물(原核生物, prokaryotes)에 속하는 세균의 일종으로 그람음성(Gram negative) 세균이고, 짧은 막대 모양의 간균(桿菌)이다. 세균 세포 주위에 2~7개 정도의 편모가 있는 '주생모(周生毛)'를 가진다.

과수 화상병의 증상

과수 화상병은 잎과 가지가 갈색이나 검은색으로 죽은 모습이 마치

불에 그을려 화상을 입은 것 같은 증상을 나타낸다

가지의 화상병 증상 (출처: 농촌진흥청)

어린 열매의 화상병 (출처: 농촌진흥청)

줄기에 생긴 화상병 (출처: 식물병리학)

과수 화상병은 세계 곳곳에서 사과나무와 배나무에 큰 피해를 입히는 치명적인 병이다. 화상병은 장미과에 속하는 사과와 배를 포함해서 총 39속, 187종의 식물을 기주로 한다. 그중에서 오직 인과류(仁果類, pome) 과수에만 심각한 피해를 준다. 화상병은 꽃마름, 가지마름과 궤양 증상 등을 일으키는데, 잎과 가지가 갈색이나 검은색으로 죽은 모습이 마치 불에 그을려 화상을 입은 것 같다고 해서 화상병이라고 부른다. 화상병은 비가 많이 내리고 습도가 높으며 따스한 초봄에 꽃 부분에서 발생해 식물체 전체로 퍼져나간다.

화상병에 감염된 꽃은 수침상(水浸狀)으로 쭈그러든 후 흑갈색으로 변해 떨어지거나 나무에 매달려 있다. 화상병에 감염된 꽃이 달린 가지의 잎이나 근처 가지로 진전돼 잎맥을 따라 흑갈색의 병반이 나타난다. 병든 잎은 잎자루와 만나는 곳에서 생긴 검은색 점무늬가 잎맥을 따라 흘러내리듯 발달해서 결국 잎이 검붉게 말라 죽어 병든 가지에 매달려 있다. 잔가지를 죽이고 큰 가지의 둘레를 에워싸서 결국

나무를 죽인다. 어린나무는 한 계절에 한 번의 감염에 의해 완전히 죽기도 한다.

끝가지와 흡지는 직접적인 침입을 받아 윗부분부터 아래쪽으로 마르기 시작한다. 병든 가지의 수피는 흑갈색으로 변하면서 처음에는 물러졌다가 나중에는 위축되고 단단해진다. 열매가 달린 가지나 잔가지로부터 병징이 아래쪽의 큰 가지로 진전돼 궤양 병반을 형성한다. 궤양 병징을 보이는 가지와 수피는 수침상의 병징을 나타내고 나중에 짙은 색으로 움푹 들어간 채로 말라버린다. 궤양이 커져 가지를 둘러싸면 그 가지의 윗부분은 죽는다. 만약에 궤양이 가지 둘레 전체에 미치지 못하면 움푹 들어가고 갈라진 채로 큰 진전이 없이 멈춘다.

화상병에 감염된 배나무
(출처: 농촌진흥청)

배나무 열매의 화상병 (출처: 식물병리학)

무증상 품종에서도 화상병균은 나무의 줄기와 가지를 통해 식물 내부에서 아래쪽으로 움직일 수 있고, 감수성 품종에서는 대목까지 도달해 나무가 화

사과나무 가지에 생긴 화상병
(출처: 식물병리학)

상병에 의해 죽는다. 열매는 피목 조직으로 감염하거나 상처나 싹을 통해 감염한다. 작은 열매는 수침상의 병반을 보이다 갈색으로 변하면서 오그라들고 다시 검은색으로 변해 발병 후 몇 달 동안 가지에 매달려 있기도 한다. 저장 중인 열매에도 화상병 증

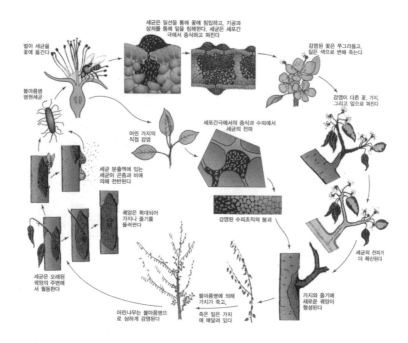

세균은 밀선을 통해 꽃에 침입하고, 기공과 상처를 통해 잎을 침해한다. 세균은 세포간 극에서 증식하고 퍼진다

벌이 세균을 꽃에 옮긴다

감염된 꽃은 쭈그러들고, 짙은 색으로 변해 죽는다

불마름병 병원세균

감염이 다른 꽃, 가지, 그리고 잎으로 퍼진다

어린 가지의 직접 감염

세포간극에서의 증식과 수피에서 세균의 전파

세균 분출액에 있는 세균이 곤충과 비에 의해 전반된다

궤양은 확대되어 가지나 줄기를 둘러싼다

감염된 수피조직의 붕괴

세균의 전파가 더 확산된다

세균은 오래된 궤양의 주변에 서 월동한다

불마름병에 의해 가지가 죽고,

죽은 잎은 가지에 매달려 있다

가지와 줄기에 새로운 궤양이 형성된다

어린나무는 불마름병으로 심하게 감염된다

과수 화상병(*Erwinia amylovora*)의 병환 (출처: 식물병리학)

상이 나타난다.

습한 조건에서 증식한 세균 덩어리가 피목이나 궤양 조직의 깨진 부위를 통해 밖으로 흘러나온다. 보통 꽃이 피는 시기에 나타나는 '세균유출액(細菌流出液, bacterial ooze)'은 달콤하고 점착성이 있어서 꿀벌,

화상병에 걸린 사과에서 흘러나온 세균유출액 (출처: 식물병리학)

파리, 개미 등 곤충을 유인한다. 과수 화상병균은 꿀 속에서 급속히 증식하고 꿀샘을 통해 꽃 조직을 침해한다. 병든 꽃을 찾았던 매개충인 꿀벌 등 화분매개(花粉媒介) 곤충은 꿀 속에서 세균을 묻혀 다른 꽃으로 전반시켜서 꽃마름 증상 및 나무 전체에 화상병이 생기게 한다.

과수 화상병 팬데믹

1780년 미국 뉴욕에서 처음 보고된 과수 화상병은 1957년 영국에서
발생하면서 전 세계 팬데믹으로 확산됐다

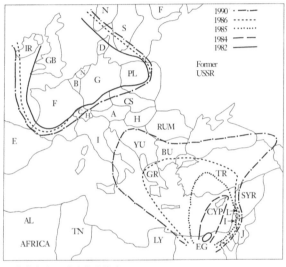

유럽에서 과수 화상병의 확산 (출처: 식물세균병학)

과수 화상병은 북아메리카가 원산지로 1780년 미국의 뉴욕에서 최초 보고됐으며, 1919년 뉴질랜드에서 발병한 이후 1957년 영국에서 발생했다. 그 후 과수 화상병은 동유럽과 서남아시아로 퍼져나가 프랑스, 독일, 그리스, 이탈리아 등 유럽 지역과 중국, 이스라엘, 사우디아라비아, 터키, 베트남, 인도 등 아시아 지역, 북아메리카의 멕시코, 미국, 캐나다, 남아메리카의 콜롬비아, 오세아니아의 뉴질랜드 등 거의 전 세계에 분포하고 있다. 중동아시아에서는 1982년 이집트 나일강 삼각주에서 처음 발생한 이래 10여 년 동안 중동아시아 지역 전체로 확산됐다.

우리나라의 과수 화상병 에피데믹

우리나라에서는 2015년 경기도에서 배나무 화상병이 처음 발생한 후 중부지방의 배와 사과 과수원으로 확산되고 있다

우리나라의 경우 1916년 조선총독부 보고서에 보고된 바 있지만, 그 후 발생하지 않아 2014년까지는 과수 화상병 청정국을 유지했었다. 그러나 2015년 5월 경기도 안성에서 재배하는 배나무에서 최초로 화상병이 발생한 이후 매년 발생하고 있으며, 최근 들어서 그 피해가 급격히 증가하고 있다.

최초 발생 연도인 2015년 당시 과수 화상병이 지자체 3곳, 농가 43곳, 42.9ha 면적에 피해를 입혔던 것과 비교하면, 2019년 과수 화상병이 발생한 지역은 안성, 파주, 이천, 용인, 연천, 원주, 충주, 제천, 음성, 천안 등 총 10곳으로 발생 농가는 180곳, 피해 면적은 127ha에 달한다. 2015~2017년의 경우 주로 배나무에서만 국한돼 발생하다가, 2018년도부터

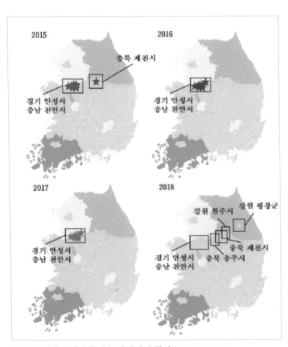

2015-2018년 우리나라 과수 화상병의 확산 (출처: 오창식 등)

는 사과나무로 화상병이 확산되고 있다.

2020년 한 해 동안 과수 화상병은 총 1,092농가에서 발생했고, 피해 면적은 655.1ha로 증가했다. 과수 화상병 발생 지역은 기존 경기도, 강원도, 충청도에 이어 2020년 전라북도 익산, 2021년 경상북도 안동까지 확산됐다. 전국적으로 퍼지는 추세에 방역당국은 비상이 걸렸다.

과수 화상병은 화학적 방제와 위생, 가지치기, 병든 식물 조직의 제거, 기주 자체의 영양 조건 향상, 매개충 퇴치 등 종합적인 방법으로 철저하게 방제해야 한다.

외국에서는 자연에 존재하는 섬개야광나무(Cotoneaster spp.)와 산사나무(hawthorn) 같이 감수성이 매우 높은 기주식물에서 병이 시작되는 경우가 많다. 우리나라에서도 모과나무와 산사나무 등이 감수성이 매우 높은 것으로 보여서 화상병 모니터링을 할 때 사과나무와 배나무 이외에 모과나무와 산사나무 등을 포함해서 실시하고, 화상병이 발생한 경우에도 모과나무와 산사나무 등은 모두 제거하는 것이 필요하다.

겨울철에 병든 잔가지, 가지, 궤양 부위 또는 전체 식물체라 하더라도 병징이 관찰되는 부위로부터 10㎝ 이상 여유를 두고 아래로 잘라내서 불태워야 한다. 여름철에는 병든 부위를 제거하는 것도 전염원을 줄일 수 있지만, 병원세균이 매우 활동적이어서 감염 부위를 잘라낼 때 다른 가지나 나무로 전반되지 않도록 조심해서 병징 끝에서 30㎝ 이

화상병에 걸린 배나무 가지를 불태우는 전경
(출처: *Essential Plant Pathology*)

상 아래로 잘라내서 불태운다.

과수 화상병은 주변의 과수에 빠르게 전염되지만, 현재는 특별한 치료나 예방법이 없어 100m 이내의 모든 기주식물을 폐기하는 매몰법만이 가장 효과적인 방제법으로 알려져 있다. 폐기대상 나무는 뿌리째 뽑아 조각낸 후에 땅에 묻거나 불태운다. 화상병에 걸린 과수는 세계적으로 수출입을 제한하는 경우가 많으므로 국가적인 방제 대책의 필요성이 대두됐다. 대부분의 국가에서는 화상병 발생 국가의 사과나무와 배나무 묘목은 물론 생과일의 수입까지도 전면 금지하고 있다.

과수 화상병이 완전히 박멸된 것으로 확인된 후에도 5년이 지나야만 화상병 안심 국가로 인정받을 수 있으며, 그 이후부터 사과와 배 수출이 가능해진다. 과수 화상병은 식물방역법상 검역병해충에 속하며 국가의 책임 아래 관리하는 식물병이다. 과수 화상병 증상이 나타나는 과수나무를 보면 반드시 인근의 농업기술센터나 농촌진흥청에 신고해야 한다. 만약에 과수 화상병 증상이 나타나는 과수를 폐기하지 않는다면 식물방역법 제47조에 의거해서 3년 이하의 징역 또는 3천만 원 이하의 벌금형에 처해진다.

'과수화상병·과수가지검은마름병 예찰·방제사업' 지침에 따라 '과수 화상병' 발생 지역의 재식 주수가 100그루 이상인 과원에서 발병주가 5그루를 초과한 경우에는 전체 과원을 폐원해야 하고, 발병주가 5그루 이하인 경우에는 사과나무는 발병주와 접촉주를 제거하고, 배나무는 발병주만 제거한다. 사과나무 과원이 배나무 과원보다 밀식 재배해 '과수 화상병' 전염 위험이 더 높기 때문이다.

'과수 화상병' 발생 지역의 재식 주수가 100그루 미만인 규모가 작은 과원에서는 '과수 화상병' 발생률이 5% 이상 되면 과원 전체를 매몰 처분해야 한다. 동일 과원에서 추가로 '과수 화상병'이 발생하면 발병 주수를 누적 계산해 폐원 기준으로 삼고, 이미 확산세가 급격한 지역에서는 발병주가 5그루 미만이어도 현장 방제관의 판단에 따라 폐원할 수 있다.

'과수 화상병'으로 폐원된 과원에는 3년간 사과와 배 등 기주식물을 재배할 수 없으며, 허가 없이 매몰지를 발굴하는 것은 금지돼 있다. '과수 화상병'으로 매몰된 과원에는 보상기준에 따라 재배했던 과수 보상액과 1년간 농작물과 2년간 영농 손실 보상액을 산출해 손실보상금을 지급해주고 있다.

제18장

미국 옥수수밭을 휩쓴 '옥수수 깨씨무늬병'

옥수수의 기원

옥수수는 1만 년 전에 멕시코 남부 원주민이 처음 경작을 시작했다

'옥수수(maize, corn, *Zea mays*)'는 벼 과에 속하고, 남아메리카가 원산인 한해살이식물이다. 멕시코 남부에서 약 1만 년 전 원주민에 의해 처음 경작됐다. 한국에서는 예로부터 '강냉이' '옥수꾸' '강내미' '옥시기'라 불려오고 있으며, 중국에서는 '옥촉서(玉蜀黍)' '포미(包米)' '포곡(苞穀)' '진주미(珍珠米)' 및 '옥미(玉米)' 등으로 불려왔으나 최근에

옥수수(*Zea mays*) (출처: Wikipedia)

는 '옥미'를 많이 사용하고 있다.

영어로는 '콘(corn)'으로 알려져 있으나 콘의 어원은 '곡식' 또는 '작물'이라는 뜻으로 더 널리 쓰인다. 보통 옥수수를 corn이라고 부르는 것은 미국식 영어에서 초기에 아메리카 원주민의 작물이라는 뜻인 '인디언 콘(Indian corn)'에서 유래됐으며, '스위트 콘(sweet corn)' '팝콘(popcorn)' '베이비 콘(baby corn)' 등에서는 아직도 사용되고 있다. 영국식 영어 등 다른 영어권에서는 '메이즈(maize)'라고 쓰고, 학계에서는 옥수수를 'maize'로 표기하는 것을 원칙으로 한다. 밀, 벼와 함께 세계 3대 식량 작물에 속한다.

밀, 벼 등은 C3식물에 속하며 한 알에서 30배 이상 수확이 힘들다. 그러나 옥수수는 고온에서 광합성 효율이 높은 C4식물이기 때문에 수백 배가량 수확할 수도 있다. 옥수수 낟알은 쪄서 먹거나 밥, 죽, 국수, 빵 등 다양한 형태로 먹으며 우리나라와 일본에서는 주로 사료로 쓰인다. 그렇지만 다른 아시아 국가들에서는 중요한 식량 자원이다.

옥수수 깨씨무늬병의 원인

'옥수수 깨씨무늬병'은 자낭균의 일종인 '코클리오볼루스 헤테로스트로푸스(*Cochliobolus heterostrophus*)'라는 '옥수수 깨씨무늬병균'에 의해 발생한다

'옥수수 깨씨무늬병(Southern corn leaf blight)'은 '코클리오볼루스 헤테로스

트로푸스(*Cochliobolus heterostrophus*)'라는 '옥수수 깨씨무늬병균'에 의해 발생한다. 옥수수 깨씨무늬병균도 벼 깨씨무늬병균처럼 자낭균에 속하고, 위 자낭각에 자낭과 자낭포자를 형성한다. 무성생식에 의해 형성되는 분생포자는 초승달 모양을 하며, 여러 개의 세포로 나눠져 있다. 분생포자의 세포 중에서 양 끝에 있는 세포만 발아하는 특징이 있어서 '바이폴라리스 메이디스(*Bipolaris maydis*)'라는 무성세대 학명으로 부르기도 한다.

옥수수 깨씨무늬병균은 세 가지 레이스로 구분된다. '레이스 O(Race O)'는 'O-독소(O-toxin)'를 생성하는데, 정상적인 세포질을 가진 대부분의 옥수수를 침해한다. '레이스 T(Race T)'는 'T-독소(T-toxin)'를 생성하는데, '텍사스 세포질 웅성불임(-細胞質雄性不姙, Texas cytoplasmic male sterility, Tms)' 잡종 옥수수를 침해한다. '레이스 T(Race C)'는 'C-독소(C-toxin)'를 생성하는데, 최근에 중국에서만 발견되고 '세포질 웅성불임 C(cytoplasmic male sterile C, Cms)'를 가진 잡종 옥수수만 침해한다.

옥수수 깨씨무늬병의 증상

옥수수 깨씨무늬병은 레이스에 따라 주로 잎에 담황색 또는 담록색 가장자리를 가진 황갈색 병반을 형성한다

옥수수 깨씨무늬병의 증상은 침해하는 레이스에 따라 다르다. 레이스 O는 잎에 담황색의 가장자리를 가진 황갈색 병반을 형성한다. 작은 다이아몬드

깨씨무늬병에 걸린 옥수수
(출처: *Essential Plant Pathology*)

옥수수 잎의 깨씨무늬병
(출처: 식물병리학)

옥수수 잎집의 깨씨무늬병
(출처: 식물병리학)

모양의 병반들은 엽맥 사이로 확장되면서 커지고 직사각형으로 된다. 병반 크기는 폭 2~6㎜, 길이 3~22㎜ 정도가 된다.

레이스 T는 잎에 담록색 또는 연두색 가장자리를 가진 황갈색 병반을 형성한다. 나중에 병반 가장자리는 붉은색에서 암갈색으로 변하며 옥수수의 줄기, 잎집, 이삭 등 모든 부위로 확산된다. 병반 모양은 타원형 내지 방추형이고 레이스 O에 의한 병반보다 커서 폭 6~12㎜, 길이 6~27㎜ 정도가 된다. 레이스 T는 유묘를 시들게 해서 3~4주 안에 죽게 만든다. 레이스 T는 레이스 O보다 북쪽 지역에서 잘 발생하고 비가 적은 건기에는 병 발생이 적다. 레이스 C는 잎에 5㎜ 크기의 괴저 병반을 형성하고 시들음 증상을 일으킨다.

옥수수 깨씨무늬병은 잎, 잎집, 이삭껍질, 이삭, 옥수수 속, 자루, 줄기를 침해한다. 감염된 이삭은 검고 보송보송한 깨씨무늬병균으로 뒤덮이고 옥수수 속이 썩으며 초기에 자루가 감염되면 이삭은 성숙하기 전에 죽어 떨어진다. 감염된 이삭에서 나온 유묘는 파종 수 주일 내에 시들어 죽는다. 이삭은 레이스 T가 T-cms 잡종 옥수수를 침해할

301

때 더 심하게 나타난다.

옥수수 깨씨무늬병은 주기적으로 무성포자인 분생포자를 방출해서 식물체를 침입한다. 습하고 따뜻한 조건에서 1차전염원인 분생포자는 감염된 옥수수 병반에서 방출돼서 바람이나 빗방울에 튀겨 근처 옥수수로 전반된다.

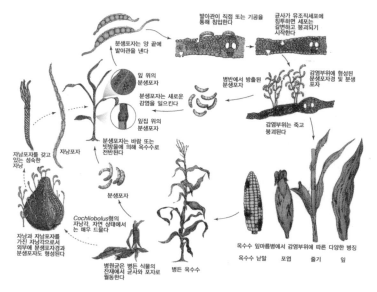

옥수수 깨씨무늬병(*Cochliobolus heterostrophus*)의 병환 (출처: 식물병리학)

일단 분생포자는 건전한 옥수수의 잎이나 잎집에 내려앉아 분생포자의 양극에 있는 세포에 발아관을 내어 조직을 직접 침입하거나 기공 같은 자연개구를 통해 조직 안으로 들어간다. 연한 잎 조직을 균사가 침입하면 잎에 있는 세포들이 갈색으로 변하면서 붕괴된다. 옥수수의 낟알, 껍질, 대, 잎 등을 감염시키거나 분생포자를 형성해서 근처에 있는 다른 옥수수를 감염시킨다. 옥수수 깨씨무늬병균은 옥수수 잔재에서 균사와 분생포자 상태로 월동하고 이듬해 봄에 다시 감염을 일으킨다.

미국의 옥수수 깨씨무늬병 에피데믹

1970년 미국에서 옥수수 깨씨무늬병균 레이스 T에 의해
옥수수 깨씨무늬병 에피데믹이 창궐해서 옥수수의 15%가량이
감소했고 손실액은 약 10억 달러로 추산됐다

전 세계 옥수수의 40%를 생산하는 미국에서 대규모로 옥수수를 재배하기 시작한 1870년대부터 1930년대까지는 생산성이 거의 제자리에 머물렀지만 1930년대에 잡종강세(雜種強勢, hybrid)를 이용한 잡종 옥수수가 보급되면서 생산성이 획기적으로 늘기 시작했다. 1950년대에는 '텍사스 세포질 웅성 불임(Texas Male sterile, Tms)' 옥수수를 발견해 비약적인 발전 계기를 마련했다.

옥수수는 암꽃과 수꽃이 한 그루에 있지만 암꽃은 잎겨드랑이에 있고 수꽃은 줄기 끝에 있다. 잡종 옥수수를 만들기 위해서는 옥수수의 수꽃을 제거해야 하는데 엄청난 시간과 노동력이 필요하다. 그런데 텍사스에서 세포질로 유전되는 웅성불임 옥수수가 발견되자 수꽃을 제거할 필요가 없어져 잡종 옥수수 생산이 훨씬 쉬워졌다. 이렇게 수꽃이 피기는 하지만 수정 능력이 없는 특성을 가진 옥수수를 Tms 잡종강세 옥수수라고 한다. 이 옥수수는 알려진 질병에도 매우 강해 생산성을 크게 향상시켰다.

Tms 잡종강세 옥수수가 깨씨무늬병균에 대해 감수성이라는 것은 1961년 필리핀에서 이미 관찰됐다. 그럼에도 불구하고 옥수수 깨씨무늬병이 미국에서 중요한 문제가 되리라고는 생각하지 못했었다. 그런데 1969년 8월과 9월에 아이오와주, 일리노이주, 인디애나주, 미네소타주에서 Tms 잡종 옥수수

들이 옥수수 깨씨무늬병균에 극도로 감수성을 나타내기 시작했다. 이렇게 Tms 잡종 옥수수들을 침해하는 옥수수 깨씨무늬병균의 새로운 레이스는 훗날 '레이스 T(race T)'라고 명명됐다.

 1970년 2월에는 미국 플로리다주에서도 옥수수 깨씨무늬병균에 대해 저항성이었던 옥수수 잡종 품종에서 레이스 T가 발생해서 미국 남부 지방에 완전히 정착했다. 옥수수 깨씨무늬병균 레이스 T는 정상적인 세포질을 가진 옥수수는 공격하지 않고 Tms 잡종 옥수수들만 선택적으로 공격하는 '기주특이적 독소(host-specific toxin)'를 분비함으로써 큰 피해를 주었다.

 1970년 6~8월 사이에 옥수수 깨씨무늬병균 레이스 T의 전염원이 미국 북부 지방으로 이동하기에 적합한 날씨 조건이 계속되면서 급속하게 확산됐다. 특히 7월에 적도의 폭풍은 기류를 멕시코만에서 중서부로 이동시킨다. 옥수수 깨씨무늬병균 레이스 T 전염원이 옥수수 곡창지대의 중심에 도착했을 때 날씨가 옥수수 깨씨무늬병균의 침입뿐만 아니라 증식에도 아주 적합했다. 그해 여름 미국 동부 지역의 옥수수 재배 지대에서 옥수수 깨씨무늬병 레이스 T 에피데믹이 대발생했다. 예전

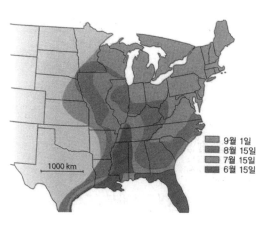

1970년 여름 미국에서 옥수수 깨씨무늬병의 확산
(출처: 식물병리학)

과는 달리 옥수수 잎이 말라 죽는 증상(leaf blight)과 줄기가 썩는 증상(stalk rot)과 더불어 이삭까지 썩는 증상(ear rot)을 나타냈다.

옥수수 깨씨무늬병에 감염된 옥수수는 모두 세포질 웅성불임기술을 이용해 교배된 Tms 잡종 옥수수 품종들이었는데, 기존 옥수수 깨씨무늬병균에 대해 저항성을 보였던 품종들이었다. 이러한 옥수수는 텍사스주에서 육성돼서 미국 옥수수 재배 면적의 85%를 차지할 만큼 널리 재배되고 있었기 때문에 비상이 걸렸다. 미국 남부에서는 100% 수확을 하지 못하는 지역도 있고, 인디애나주와 일리노이주에서는 평균 감수율이 20~30%에 달했다. 그해 미국에서는 옥수수 생산량이 15%가량 감소했고 손실액은 약 10억 달러로 추산됐다.

감자 역병과 벼 도열병을 비롯한 많은 식물병에서도 비슷한 현상이 발생했다. 인간이 어떤 작물에서 특정 병에 대해 저항성을 가지는 품종을 육성하면, 병원체는 이 저항성을 무너뜨리고 병을 일으키기 위해 스스로 유전적 변이를 일으켜 새로운 레이스를 출현시키는 진화를 거듭한다. 더구나 이렇게 육성된 저항성 품종을 광범위한 면적에 재배하게 되면, 병원균은 살아남기 위해 저항성을 무너뜨릴 수 있는 강한 병원성을 가진 새로운 레이스를 출현시켜 '저항성 역전(逆轉, break-down)'이 발생한다.

결국 인간은 작물이 병에 걸리지 않게 육성하고, 병원체는 병을 일으키려고 변이하는 줄다리기가 끊임없이 일어난다. 이러한 '인간이 유도하는 진화(man-guided evolution)'의 결과로 옥수수 깨씨무늬병균은 살아남기 위해 새로운 레이스 T를 출현시켜서 결과적으로 옥수수 깨씨무늬병 레이스 T 에피데믹이 발생했다.

1970년 옥수수 깨씨무늬병 레이스 T 에피데믹 대발생 이후에 종묘회사는 이듬해인 1971년을 대비해 Tms 방식이 아닌 옥수수 종자를 공급하기 위해 가능한 많은 옥수수 품종의 저항성을 검정했다. 1971년 봄에 보통 세포질 종자는 옥수수 재배 면적의 25% 정도밖에 심을 수 없는 양이었고, 보통 종자와 Tms 종자의 잡종 종자가 또다시 40% 정도의 면적에 심겨질 수밖에 없었다.

옥수수 깨씨무늬병균 레이스 T는 미국 남부에서 월동했고, 기후는 작물 생육 초기의 깨씨무늬병 진전에 적합했으며, 대부분의 지역에서도 깨씨무늬병이 약간 발생했다. 다행히 기후 조건이 전염원을 급속하게 북쪽으로 이동시키기에 적합하지 않았으며, 날씨는 특이하게 7~8월에 서늘했다. 그래서 1970년의 옥수수 깨씨무늬병 레이스 T 에피데믹이 이듬해까지 연속되지는 않았다.

제 19 장
늙은 나무만 공격하는 '참나무 시들음병'

참나무의 종류

참나무는 상수리나무, 신갈나무, 떡갈나무 등 참나무속에 속하는
낙엽활엽수를 총칭하며 도토리나무라고도 한다

상수리나무(*Quercus acutissima*)

영어 'oak'와 우리말 '참나무'는 둘 다
'어떤 나라 또는 지방에서 흔히 보이는
수종을 일컫는 총칭'으로 특정한 수종
을 지칭하는 단어는 아니다. 우리나라
를 포함한 동아시아에서는 '상수리나
무' '신갈나무' '떡갈나무' 등 주로 참나

무속에 속하는 나무들을 참나무라고 부르는데, 대부분 낙엽활엽수다. 참나무
들은 북반구의 온대기후 지역에서 주로 자라며, 우리에게 익숙한 도토리를

맺는다는 특징이 있어 '도토리나무'라고 부르기도 한다.

참나무 시들음병의 원인

'참나무 시들음병'은 곰팡이의 일종인 '라파엘레아 퀘르쿠스 (*Raffaelea quercus mongolicae*)'라는 '참나무 시들음병균'과 광릉긴나무좀(*Platypus koryoensis*)의 공생 작용으로 발생한다

'참나무 시들음병(Oak wilt)'은 참나무류가 급속히 말라 죽는 병이다. 곰팡이 일종인 '라파엘레아 퀘르쿠스(*Raffaelea quercus mongolicae*)'라는 '참나무 시들음병균'과 매개충인 '광릉긴나무좀(*Platypus koryoensis*)'이 공생 작용에 의해 참나무 시들음병을 일으킨다. 참나무 시들음병균은 참나무의 수분과 양분의 이동 통로를 차단시켜서 말라 죽게 만든다.

매개충은 광릉긴나무좀으로 수세가 쇠약한 나무나 늙고 커다란 나무의 목

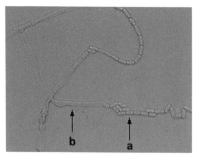

참나무 시들음병균의 분생포자(a)와 분생포자경(b) (출처: Wikipedia)

광릉긴나무좀(*Platypus koryoensis*) (출처: 국립산림과학원)

질부를 가해서 심재(心材) 속으로 파먹어 들어가기 때문에 목재의 질을 저하시킨다. 주로 굵기가 30cm가 넘는 크고 늙은 참나무에 피해가 많다. 광릉긴나무좀 성충은 4~5㎜이고 원통형이며 체색은 적갈색이다. 암컷은 등판에 '균낭(菌囊, mycangia)'이 있어서 그곳에 배양균을 지니고 다닌다. 따라서 암컷만이 참나무 시들음병균을 전파시킨다.

참나무 시들음병의 증상

참나무 시들음병은 보통 5~6월에 참나무류에 매개충이 침입하며, 이후 7월부터 급격히 시들음 증상이 나타난다

참나무 시들음병 증상 (출처: 식물병리학)

참나무 시들음병은 보통 5~6월에 참나무에 매개충이 침입하며, 이후 7월부터 급격히 시들음 증상이 나타난다. 참나무 시들음병균을 전파하는 광릉긴나무좀이 7월 말경에 주로 높이 2m 아래 부위 줄기에 침입한 직경 1㎜ 정도의 구멍이 많이 있고, 침입한 구멍 부위와 그 아래에 목재배출물이 많이 떨어져 나와 있다. 죽은 나무의 피해 부위를 잘라보면 변재부에 매개충이 침입한 갱도를 따라 병원균에 의해 불규칙한 암갈색의 변색부가 형성돼 있는데 시큼한 알코올 냄새가 나는 것이 특징이다.

가지 틈에서 자라는 곰팡이
(출처: 식물병리학)

시들음병에 의해 죽은 참나무
(출처: 식물병리학)

참나무 시들음병에 피해를 받았다는 것을 알 수 있는 방법은 다음과 같다. 피해목은 7월 하순부터 빨갛게 시들면서 말라 죽기 시작하고 겨울에도 잎이 떨어지지 않고 붙어 있으며 고사목의 줄기와 굵은 가지에 매개충의 침입공이 다수 발견된다. 주변에는 목재 배설물이 많이 분비돼 있으며, 또한 고사목을 잘라보면 변재부는 매개충이 침입한 길을 따라 불규칙한 암갈색의 변색부가 형성돼 있는 것을 볼 수 있으면 피해목임을 알 수 있다.

암갈색의 변색부는 곰팡이에 의해 도관으로 수분이 이동되지 않아 나무가 죽는다는 것을 보여준다. 고사목 주변에는 매개충 침입 천공들이 있는 나무들이 많이 분포하고 있어서 어느 정도의 밀도로 가해를 받아야 고사가 되는 것인지 추정되고 참나무 시들음병의 피해 정도를 구체적으로 진단할 수 있게 해준다.

참나무 시들음병균은 지상에서는 매개충에 의해 확산되고, 지하에서는 참나무 뿌리접목에 의해 확산된다.

참나무가 시들고 죽은 직후 온도, 수분 함량, 목재 pH 조건이 적합하면 참나무 시들음병균은 나무껍질 아래에 포자 매트를 형성한다. 포자 매트는 파이프 모양의 분생포자경에 무성하게 분생포자(endoconidia)를 형성한다. 분생포자는 종종 바람과 비, 곤충 등에 의해 전파된다. 친화적인 교배형이 존재

참나무 시들음병의 병환 (출처: 국립산림과학원)

할 때 유성생식에 의해 자낭각 속에 자낭을 형성하고 그 안에 자낭포자를 생성한다. 자낭포자는 물, 곤충 등에 의해 전파된다.

광릉긴나무좀과 다른 곤충, 새, 동물 등은 참나무 포자 매트의 과일 향에 끌린다. 포자 매트의 크기가 커지면서 껍질이 터지고 특유의 과일 향을 뿜어내면 광릉긴나무좀과 다른 곤충, 새, 다람쥐 등을 끌어들여 참나무 시들음병균 포자 전파가 시작된다. 광릉긴나무좀은 참나무 시들음병균 포자를 채집해 건강한 참나무에 있는 상처로 옮겨 참나무 시들음병이 없는 지역에 새로운 감염이 발생한다.

참나무 시들음병은 뿌리접목을 통해 병든 나무에서 건강한 나무로 전파된다. 뿌리접목을 통한 전염이 가장 흔한 참나무 시들음병의 확산 수단이며, 매년 새로운 참나무 시들음병 감염의 85% 이상을 차지한다. 병든 참나무에서 15~50m 이내에 있는 참나무는 뿌리접목을 통해 감염될 수 있다. 이 경우에 포자는 물관부를 따라 위쪽으로 이동한다. 대부분의 뿌리접목은 종류와 나이가 같은 참나무 사이에서 형성된다.

미국의 참나무 시들음병 에피데믹

참나무 시들음병은 1940년대 미국 위스콘신주에서 처음 발생해서 미국 동부 지역과 남부 텍사스주까지 확산됐다

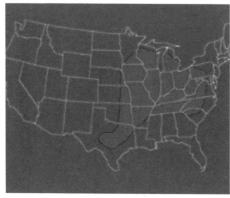

미국 참나무 시들음병 분포도 (출처: 식물병리학)

참나무 시들음병은 1940년대 미국 위스콘신주에서 처음 발견됐다. 이 병은 미국에서 밤나무 줄기마름병과 느릅나무 시들음병과 더불어 가장 파괴적인 유관속 시들음병이다. 지난 10년 동안 참나무 시들음병은 위스콘신주 북부에서부터 미국 동부 지역과 멀리 남부 텍사스주까지 널리 확산됐다.

우리나라의 참나무 시들음병 에피데믹

참나무 시들음병 에피데믹은 2004년 8월 경기도 성남에서 처음 발생해서 피해 나무가 연간 최고 30만여 그루에 이른다

우리나라에서 국가적 재난이라고 일컬어지는 소나무재선충병 외에 산림과

생활권 수목에 집단적으로 큰 피해를 줘서 문제가 되고 있는 참나무 시들음병 에피데믹은 지난 2004년 8월 하순 경기도 성남에서 처음 발견됐다. 전국적으로는 신갈나무, 갈참나무, 상수리나무, 떡갈나무, 굴참나무 등 참나무류 주요 6개 수종 이외에 대왕참나무, 루브라참나무, 밤나무, 서어나무에서도 피해가 발견됐으며 그 피해가 연간 최고 30만여 그루에 이른다.

2008년 4천ha를 정점으로 참나무 시들음병은 점차 감소하고 있으나 2011년 수도권과 충북을 중심으로 피해가 극심한 이후 수도권 외곽으로 피해가 확산되고 있으며 수도권에서 참나무 시들음병이 집중 발생하고 있다. 특히 2010년부터 경기도 청계산에서 발생하기 시작한 참나무 시들음병은 2014년에는 서울 서초구 우면산, 인능산, 서리풀공원 등으로 확산돼 산림 약 1,360ha 중 약 72ha의 참나무에 피해를 주었다.

당시 서울대학교 의과대학 병리과 서정욱 교수님이 우면산 등산을 갔다가 참나무 시들음병으로 죽어가는 참나무들을 보고 필자에게 참나무를 살려달라고 했을 만큼 피해가 심했다. 필자가 국립산림과학원에 참나무 시들음병에 대한 대책을 문의한 바 있는데, 참나무 시들음병균은 늙은 나무들만 공격해서 피해를 주기 때문에 산림 황폐화로 이어지지는 않는다는 답변을 들어 다소 안심이 됐던 기억이 난다.

참나무 시들음병은 광릉긴나무좀에 의해서 전파되기 때문에 광릉긴나무좀을 제거하거나 포획하는 방법으로 확산을 막을 수 있다. 즉 광릉긴나무좀 침입공에 페니트로티온 유제를 주입해서 죽이거나 피해 임지에서 피해목을 잘라 훈증제로 훈증한다. 최근에는 방제 방법으로 끈끈이롤트랩이 자주 사용되고 있다.

제 20 장

상처에서 피가 흐르는 '키위나무 궤양병'

키위의 기원

다래나무과에 속하는 키위의
원산지는 중국 양쯔강과
시장강 유역이다

다래나무과 다래나무속(*Actinidia* spp.)
에 속하는 덩굴성 낙엽과수인 '키위
(kiwifruit)'는 중국 양쯔강(長江)과 시장
강(西江) 유역이 원산지로 암나무(결실
수)와 숫나무(수분수)가 따로 있는 암수
딴그루(雌雄異株) 식물이다. 키위에 관
한 최초의 기록은 12세기 중국 송나라

다래나무속 여러 가지 키위
A=토종 다래, C=골드키위, D=그린키위,
E=비단키위 (출처: Wikipedia)

시대까지 거슬러 올라간다.

중국 학술원 홍웬 황(Hongwen Huang)은 다래나무속(*Actinidia* spp.) 식물을 54종으로 분류하고 있는데, '키위(*Actinidia chinensis*)'는 전 세계에서 상업적으로 재배되고 있는 대표적인 종으로 우리나라에는 약 1,300ha 정도 재배되고 있다.

19세기 중엽 봉건 제국이었던 중국의 문호가 개방되면서 난징을 비롯한 양쯔강 유역에 많이 정착한 서양인들이 넓은 정원을 가꾸고 여러 가지 식물을 재배하기 시작했는데, 덩굴을 올려 그늘을 만들고 때로는 담장을 덮는 재료로 키위나무를 이용했다. 중국에서 원숭이가 먹는 과일이라 해서 '미후도(獼猴桃)'라고 부르는 키위 열매는 서양인들 눈에는 갈색 털로 뒤덮인 데다 톡 쏘는 맛이 너무 자극적이라 사람은 먹을 수 없고, 집에서 사육하는 거위나 먹는 과일쯤으로 여겨 '차이니스 구스베리(Chinese gooseberry)'라고 불렀다.

키위가 중국 밖으로 전파된 것은 1904년으로 중국에서 활동했던 뉴질랜드 선교사인 프레이저(Isabel Fraser)가 후베이성으로부터 야생 키위 종자를 뉴질랜드로 도입한 것이 시초다.

키위의 재배 역사

키위는 1920년 뉴질랜드 종묘업자인 헤이워드 라이트에 의해
크고 당도도 높은 식용 품종으로 육종됐다

키위(*Actinidia chinensis*) 헤이워드 품종

뉴질랜드에서 정원수로 이용됐던 작은 털북숭이 열매를 1920년 뉴질랜드 종묘업자인 헤이워드 라이트(Hayward Wright)가 크고 당도도 높은 식용 품종으로 육종하고 자신의 이름을 따서 지금의 '헤이워드(Hayward)'라고 명명했다.

1937년부터 뉴질랜드에서 본격적으로 재배가 시작된 헤이워드는 제2차 세계대전 당시에 뉴질랜드 주둔 미군들에게 보급돼 인기를 얻으면서 1952년부터 미국으로 수출하기 시작했다.

1959년 뉴질랜드 수출업자인 터너(Jack Turner)는 전 세계 소비자들에게 친숙한 이미지를 제공할 수 있도록 뉴질랜드를 상징하는 국조인 '키위새(kiwi bird)'와 헤이워드의 모양이 닮았다는 것에 착안해서 '키위프루트(kiwifruit)'라는 명칭을 제안했다. 이름 바꾸기는 세계인들에게 강한 인상을 심어주면서 대성공을 거두어 전 세계적으로 키위를 차이니스 구스베리 대신에 키위프루트로 부르기 시작했으며, 지금은 간편하게 줄여서 '키위(kiwi)'라고 부르고 있다.

우리나라 키위 재배지

키위는 우리나라에 1977년 도입돼, 1980년대 초반부터 제주도를 비롯해 전라남도 및 경상남도 남해안 지역에 주로 재배되고 있다. 키위 재배 면적은 약 1,300ha, 재배 농가는 약 2,500 농가, 연간 생

산량은 약 2만 5천 톤에 이르지만, 연간 소비량이 4만 8천 톤 정도가 되기 때문에 여전히 2만 톤 이상을 매년 수입하고 있으며, 수출은 시작 단계로 아직 미미한 실정이다.

키위의 종류

키위는 과육의 색에 따라 그린키위, 골드키위와 레드키위로 구분한다

키위의 대명사인 헤이워드 품종은 1970년대 이후 세계 각지로 전파돼 재배되기 시작했으며, 우리나라에도 1977년 도입돼 1980년대 초반부터 상업적으로 재배되기 시작했다. 헤이워드처럼 과피가 갈색 털로 덮이고 과육은 초록색을 띠는 그린키위 품종으로 국내에서 육성된 '대흥'과 그리스에서 육성된 '메가그린키위' 등도 전라남도와 제주도에서 일부 재배되고 있다.

1990년대 접어들어 중국에 자생하는 다양한 유전자원을 이용해 새로운 품

키위(*Actinidia chinensis*) 호트16A 품종

종들이 육성되기 시작하면서 과피에 털이 없고 과육이 노란색을 띠는 대표적인 골드키위 품종인 '호트16A(Hort16A)'가 탄생했다. 뉴질랜드 호트연구소(HortResearch)의 러셀 로(Russell Lowe) 등에 의해 육성

돼, 2000년 '제스프리골드키위(Zespri Gold Kiwifruit)'라는 이름으로 국제 무대에 등장한 호트16A는 헤이워드보다 당도가 높고 신맛이 적어 소비자들에게 선풍적인 인기를 끌면서 뉴질랜드뿐만 아니라 남반구의 오스트레일리아와 칠레, 유럽의 이탈리아, 그리스, 프랑스, 터키, 포르투갈, 아시아에서는 중국, 일본, 우리나라 등에서 재배되고 있다.

2004년 우리나라에 도입된 호트16A는 제주도에서 약 100ha 재배 면적에 OEM(Original Equipment Manufacturer) 방식으로 뉴질랜드 제스프리사(Zespri International, Ltd.)에 로열티를 지불하면서 계약재배로 위탁 생산을 하고 있다. 그러나 2008년 이탈리아를 필두로 전 세계를 휩쓸고 있는 Psa3에 의한 키위나무 궤양병 팬데믹으로 뉴질랜드에서 재배되던 호트16A는 완전히 사라졌다. 대신 2014년 육성된 '썬골드(SunGold)'라고 부르는 'G3' 품종으로 대체됐으며, 제주도에서 재배되고 있는 호트16A도 썬골드로 대체되고 있다.

2000년대 접어들어 뉴질랜드 제스프리사의 공격적인 마케팅에 대응해서 로열티를 경감하기 위해 우리나라에서도 골드키위 품종을 육성하기 시작했다. 이에 따라 농촌진흥청에서 육성한 '제시골드' '한라골드' '골드원', 전라남도농업기술원에서 육성한 '해금' 등이 대표적인 국내 육성 골드키위 품종으로 전국적으로 약 300ha 정도 재배되고 있다.

골드키위의 일종으로 노란 과육에 빨간색 심이 있는 레드키위 품종인 '홍양(Hongyang)'은 중국 쓰촨성(四川省) 자연자원연구소에서 왕(Wang) 등에 의해 육성돼 2000년에 품종으로 등록됐다. 홍양은 수확 시기가 빠르고 달콤한 맛과 과육의 화려한 색에 힘입어 소비자들이 선호하자 재배 면적이 급증하는 추세다. 최근에는 홍양 외에도 뉴질랜드 엔자사(Enza Co.)에서 육성한

'엔자레드(Enza-red)'를 비롯해서 몇 가지 외래 레드키위 품종들이 우리나라 에서 재배되기 시작했다.

2004년 뉴질랜드로부터 호트16A의 도입을 시작으로 우리나라에서 그린 키위 품종인 헤이워드의 재배 면적은 감소하고 있는 반면에 골드키위와 레 드키위 품종의 재배 면적과 생산량은 급증하는 추세다. 최근 헤이워드 등 그 린키위 재배 면적은 약 65% 정도인 반면에 해금, 제시골드, 한라골드, 골드 원, 썬골드 등 골드키위 재배 면적은 약 30%, 홍양, 엔자레드 등 레드키위 품 종의 재배 면적은 약 4%이고, 토종 다래는 1% 정도에 불과하다.

키위와 다래

다래는 키위보다 크기가 작고 포도나 머루처럼 껍질째 먹을 수 있다

키위 품종으로 우리나라에 처음 도입돼 1981년부터 결실을 보기 시작한 헤 이워드는 재배 초기에는 서양에서 들어온 '다래'라 해서 '양다래'라고 부르 다가, 국내에서 생산하는 헤이워드를 수입산 헤이워드와 차별하기 위해서 1997년부터는 '참다래'라는 명칭으로 부르기 시작했다. WTO와 FTA로 키위 산업이 위기를 맞았던 당시에는 우리나라에서 재배되는 키위 품종이 헤이워 드 일색이었기 때문에 자구책의 하나로서 참다래라는 용어를 사용했다지만, 지금 생각해보면 매우 근시안적인 발상이 아닐 수 없다.

현재 상업적으로 많이 재배되고 있는 10여 종의 다래나무속 과수인 키위나무들에서 생산되는 모든 과실을 일컫는 보통명사로 참다래라는 용어는 부적절하다. 최근 중국, 일본, 미국 및 동남아시아 등으로 수출을 시작한 국내 육성 골드키위가 국제 무대에서 맹위를 떨칠 수 있도록 뒷받침하기 위해서도 국제화시대에 걸맞게 참다래라는 용어는 키위로 바꿔야 한다.

한편 예로부터 우리나라의 산이나 계곡에서 야생으로 자라고 있는 다래나무속 과수를 '다래(kiwiberry, *Actinidia arguta*)'라고 부른다. 고려시대의 속요로 작가 미상 작품인 〈청산별곡(靑山別曲)〉에 머루와 함께 다래가 친숙한 과실로 등장하는 것을 보면, 다래가 우리 산야에서 수천 년 동안 우리 민족과 함께 지내온 것으로 추정된다.

껍질을 벗겨 먹어야 하는 키위와는 달리 다래는 껍질째 먹을 수 있어 편리하고, 전통적인 민족 정서와 어울리는 장점 때문에 소비자들이 선호하면서 최근에 농가에서 상업적으로 재배하기 시작했다. 이에 부응

다래(*Actinidia arguta*)

해서 전라남도농업기술원에서 육성한 '치악', 강원도농업기술원에서 육성한 '청산', 농촌진흥청에서 육성한 '스키니그린', 산림청에서 육성한 '새한' 등 여러 품종들이 보급되면서 다래는 남부 지방에서 중부지방까지에 걸쳐 새로운 농가 소득 작목으로 자리매김해가고 있다.

이러한 현실에서 참다래라는 용어를 굳이 사용한다면 우리나라 산이나 계곡에서 수천 년 자라온 토종 다래를 참다래라고 불러야지, 우리나라에 도입된 지 불과 40여 년밖에 되지 않은 외국 품종인 헤이워드가 참다래일 수

있겠는가?

벌써 늦은 감이 있지만 지금이라도 정체성이 불분명한 참다래라는 용어를 키위로 바꾸는 것이 더 이상 생산자와 소비자들이 겪는 혼란을 해소하고 키위와 다래 산업이 상생하고 발전할 수 있는 기틀을 마련하는 첩경이 될 것이다.

키위나무 궤양병의 발생

키위나무 궤양병은 1984년 일본에서 세계 최초로 발생한 것으로 보고됐다

1989년 일본 시즈오카대학교 다키카와(Yuichi Takikawa) 교수와 시즈오카감 귤시험장의 세리자와(Setsuo Serizawa) 박사는 1970년대부터 일본에서 재배되는 그린키위 품종인 헤이워드에서 1984년 세계 최초로 '키위나무 궤양병(潰瘍病, canker)'이 발생하기 시작했으며, 시즈오카현과 가나가와현 등에서 엄청난 피해를 입혔다고 보고했다.

우리나라에서도 1988년 필자가 헤이워드에서 처음 키위나무 궤양병이 발생한 것을 확인했다. 궤양병이 처음 발생한 제주도의 키위 재배지는 해발 150~250m에 이르는 한라산 중턱에 위치한 중산간 지역으로 겨울철에 동해가 상습적으로 발생하는 지역이기 때문에, 궤양병에 대한 정보와 경험이 전혀 없었던 키위 재배자들은 단순한 동해로 판단하고 그 지역에서 키위 재배

를 포기했을 만큼 피해가 컸다.

1991년에는 제주도와 지리적으로 가장 근접한 전라남도 해남군에서 재배하고 있던 헤이워드 품종 키위나무에서 육지부에서는 최초로 궤양병의 발생이 조사됐다. 그 이듬해부터 완도군과 고흥군 등 남해안 일대에 걸쳐 궤양병이 발생했고, 1993년에는 궤양병의 발생 지역이 경상남도 서부 해안지역까지 확산됐다.

지금은 키위 재배지 전역에서 궤양병이 발생하고 있으나, 발병 및 피해 정도는 지형적 또는 지리적 조건에 따라 다르다. 비슷한 시기에 중국과 이탈리아에서도 키위나무 궤양병이 발생했지만, 일본과 우리나라에서만 폐원되는 과수원이 속출할 만큼 키위나무 궤양병이 문제시됐고 세계적인 주목을 받지는 못했었다.

그러나 2008년 이탈리아를 필두로 2010년부터는 유럽과 뉴질랜드와 칠레 등 키위 주요 생산국에서 새로운 키위나무 궤양병이 발생해서 엄청난 피해를 주기 시작했다. 과거 일본과 우리나라에서 헤이워드에 피해를 주던 궤양병과는 달리 새로운 궤양병은 골드키위 품종과 레드키위 품종에 치명적인 피해를 주기 시작했고, 최근 식물병으로서는 보기 드물게 팬데믹으로 발전해 여전히 확산되고 있다.

급기야 이 궤양병은 2008년 우리나라에서도 처음 발생하기 시작했고, 2014년부터 제주도를 비롯해서 키위 주요 재배지에 에피데믹을 일으키며 심각한 피해를 주면서 확산되고 있다.

키위나무 궤양병의 원인

'키위나무 궤양병'은 세균의 일종인 '슈도모나스 시링게 액티니디애 (*Pseudomonas syringae* pv. *actinidiae*)'라는 '키위나무 궤양병균'에 의해 발생한다

'슈도모나스 시링게 액티니디애(*Pseudomonas syringae* pv. *actinidiae*)'라 는 '키위나무 궤양병균'은 현미경으로 1천 배 이상 확대시켜야 볼 수 있는 가 장 원시적인 형태의 단세포 미생물이다. 키위나무 궤양병균을 보통 줄여서 'Psa'라고 부른다.

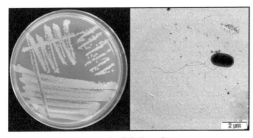

키위나무 궤양병균 균총과 궤양병균 세포

Psa는 1~2㎛ 크기의 짧은 막대기 모양을 한 세포 한쪽 끝에 1~2개의 가늘고 긴 편 모(flagella)를 가지고 있어 서 물속에서 헤엄치며 스스 로 이동할 수 있다. Psa는 한 개의 세포가 두 개의 세포로 분열하는 2분법(binary fission)에 의해 증식하는 데, 알맞은 환경에 놓이면 30분 정도마다 분열할 수가 있어서 기하급수적으 로 증식한다. 대부분의 세균들은 30℃를 전후한 비교적 고온에서 왕성하게 활동하고 빠르게 증식하지만, Psa는 0℃ 이상에서 활동이 가능하고 상대적 으로 저온인 12~18℃에서 가장 왕성하게 활동하는 저온성 세균이다. 25℃ 이 상에서는 잘 활동을 하지 않으며, 30℃ 이상에서는 대부분 사멸한다.

여름철 고온을 싫어하는 Psa는 여름부터 가을까지는 키위나무 주간부나

토양에서 여름잠을 자면서 잠복해 있고 활동하지 않는다. 그러나 늦가을부터 서서히 활동을 시작하고 증식해, 늦겨울부터 이른 봄에 키위나무 주간부에 있는 유관속을 파괴시키면서 키위나무를 죽게 만든다.

Psa에 감염된 키위나무 주간부에서는 Psa 세포와 수피색소가 섞인 검붉은 색 세균유출액(bacterial ooze)이 흘러내린다. 이러한 증상은 키위나무가 동해를 입었을 때 나타나는 증상과 비슷하기 때문에, 키위나무 궤양병이 잘 알려지지 않았던 발생 초기에는 병으로 인지하지 못하고 동해 피해 증상이라고 생각하는 사람들이 많았다. 필자가 30년 가까이 키위 재배 농민들을 대상으로 한 영농공개강좌와 키위나무 궤양병이 발생한 과수원을 대상으로 한 무료 현장컨설팅을 상설화하면서 키위나무 궤양병 진단 방법을 교육해 왔지만, 아직도 일부 농민들은 키위나무 궤양병을 동해에 의한 피해로 혼동하기도 한다.

Psa 외에도 매실나무 궤양병균, 감귤나무 궤양병균 등 여러 가지 세균들이 각종 식물에 궤양병을 일으키고, 곰팡이들도 식물에 궤양병을 일으킨다. 그러나 각 병원체는 기주특이성을 가지고 있어서 병원체에 따라 감염시킬 수 있는 기주가 한정돼 있다. 따라서 식물에 궤양병을 일으키는 세균은 모두 사람에게 전염되지 않을 뿐만 아니라 다른 종류의 식물에도 전염되지 않는다. 또한 사람의 위궤양이나 십이지장궤양을 일으키는 '헬리코박터 파일로리'도 식물을 감염시키지 않는다.

키위나무 궤양병의 육안진단

키위나무 궤양병은 주간부, 주지 등에서 흘러나오는 세균유출액과
잎에 나타나는 점무늬 증상을 보고 진단한다

키위나무 궤양병의 대표적인 표징은 늦겨울이나 이른 봄철에 주간부, 주지,
가지, 잎, 꽃봉오리 등에서 흘러나오는 세균유출액(bacterial ooze)이고, 대표
적인 병징은 잎에 나타나는 점무늬와 가지, 잎, 새순과 꽃에 나타나는 마름 증
상이다. 겨우내 키위나무 내부에서 증식한 Psa 세포 덩어리인 세균유출액은
늦겨울에는 무색투명하게 키위나무의 피목이나 전정 상처 부위에서 흘러내
린다.

키위나무 주간부의 궤양병 증상

키위나무 가지의 궤양병 증상

그러나 봄철에 기온이 상
승함에 따라 주간부, 주지
또는 가지에서 세균유출액
의 농도가 짙어지면서 우윳
빛으로 변하고, 점차 죽은
키위나무 수피색소와 섞여
붉은색을 띠며, 궤양병이 심
하게 감염된 키위나무에서
는 검붉은 세균유출액이 흘
러내려서 마치 키위나무가
피를 흘리는 것처럼 보인다.
내시경을 통해 볼 수 있는

키위나무 잎의 궤양병 증상

위궤양 증상과 대단히 유사하다.

　잎이 전개된 후에는 노란 테두리를 가진 갈색 점무늬(halo spot)가 나타난다. 그러나 습한 날씨에는 노란 테두리가 없는 암갈색 점무늬가 잎에 나타나거나 잎 가장자리에서 무색투명한 세균유출액이 흘러내리기도 한다.

키위나무 꽃봉오리의 궤양병 증상

　개화기에 이르러 꽃봉오리와 꽃에서 꽃받침이 갈변하고 심하게 감염된 경우에 말라 죽는다. 장마철이나 강우가 잦은 습한 날씨에는 꽃봉오리에서 무색투명한 세균유출액이 흘러내리기도 한다. 그러나 불행하게도 키위나무에 나타나는 궤양병 병징과 비슷한 증상이 다른 원인에 의해서도 생기기 때문에 육안진단은 오진할 가능성이 있다.

　동해가 발생한 경우 보통 주간부 아래 부위에 세로로 쪼개지면서 유관속이 얼어 죽고 검붉은 수액이 흘러내려서 궤양병과 혼동되는 사례가 발생하고 있다. 이러한 사례 때문에 어떤 사람은 아직까지도 유사한 증상을 모두 동해 피해로 단정하고 궤양병을 인정하지 않기도 한다.

　우리나라와 중국에서 보고된 '키위나무 여름궤양병균(*Pectobacterium carotovorum* subsp. *actinidiae*)'에 의해 발생하는 '키위나무 여름궤양병(summer canker)'에 감염된 키위나무 주간부나 가지에서도 세균유출액이 흘러내려, 궤양병과 육안으로 구분하기 어렵다. 또한 '키위나무 세균성점무늬병균(*Acidovorax valenianella*)'에 의해 발생하는 '키위나무 세균성점무늬병(bacterial leaf spot)' 증상도 습한 날씨에 생기는 급성 궤양병 증상과 육안으로 구분하기가 불가능하다.

키위나무 궤양병의 증상과 유사 증상

한편 '키위나무 세균성꽃썩음병균(*Pseudomonas syringae* pv. *syringae*)'에 의해 발생하는 '키위나무 세균성꽃썩음병(bacterial blossom blight)' 증상도 궤양병 증상과 구분하기가 쉽지 않다. 궤양병에 감염된 키위나무 꽃과 꽃봉오리에서는 꽃받침이 갈변하지만, 세균성꽃썩음병에 감염된 꽃에서는 꽃잎과 암술 및 수술이 갈변하고 꽃받침은 갈변하지 않는다.

키위나무 궤양병의 분자생물적 진단

키위나무 궤양병 육안진단의 오진 가능성 때문에
정밀하고 신속하게 진단하는 분자생물적 진단 방법이 개발됐다

키위나무 궤양병의 육안진단은 간편한 반면에 앞서 기술한 바처럼 동해 피

해, 여름궤양병, 세균성 점무늬병, 꽃썩음병의 유사한 증상과 구분이 되지 않아 오진 가능성이 있기 때문에 궤양병을 정밀하고 신속하게 진단하는 분자생물적 진단 방법이 개발됐다. 키위나무 궤양병의 육안진단을 보완할 수 있는 방법이 표징으로부터 직접 Psa를 분리하거나 병징으로부터 Psa를 순수 배양시켜서 균총과 자실체 등을 현미경으로 진단하는 병원학적 진단이다.

그런데 Psa는 크기가 1~2μm에 불과하고 무색투명하기 때문에 1천 배 이상 확대하고 그람염색을 한 후에야 관찰이 가능하다. 그러나 Psa 형태만으로는 정확하게 Psa인지는 진단할 수가 없어서 Psa의 생리·생화적 특성을 조사해야 진단이 가능하다. 이러한 진단 과정은 상당한 시간과 노력이 소요되고, Psa 균주별로 변이가 심해서 정확하게 진단을 하기에 어려운 단점이 있다. 따라서 PCR을 이용해서 증폭된 특정 염기서열의 분석 등에 의해 병원체를 정확하게 동정하고 키위나무 궤양병을 진단하는 분자생물적 진단법은, 궤양병 발병 초기에 육안으로 진단할 수 없는 한계를 해소하고 궤양병 발병 전에도 감염이 의심되는 조직으로부터 시료를 채취해 조기에 정확하게 궤양병을 진단할 수 있다.

필자를 비롯한 순천대학교 연구팀이 개발해 특허를 받아 실용화된 Psa 진단 전용 분자마커를 이용하면 키위 재배 과수원에서 궤양병 발생 유무와 궤양병의 확산을 정확하게 모니터링할 수 있다. 이 분자마커는 농촌진흥청, 농림축산검역본부 등에 무상으로 기술을 이전해서 수입산 꽃가루의 Psa 감염 여부를 진단하는 국경 검역이나 농가에서 채취한 여러 가지 시료에 Psa 감염 여부를 진단하는 국내 방역에도 활용하고 있다.

키위나무 궤양병균의 최초 동정

일본 시즈오카대학 연구팀에 의해 세계 최초로 '키위나무 궤양병균 (*Pseudomonas syringae* pv. *actinidiae*)'이 동정됐다

일본 시즈오카대학 Takikawa 교수(가운데), Serizawa 박사(오른쪽)와 함께한 필자(왼쪽) (1995년)

일본에서 키위나무 궤양병의 발생을 세계 최초로 보고한 시즈오카대학 다키카와 교수 연구팀은 병든 키위나무 병환부 조직에서 키위나무 궤양병균으로 의심되는 세균을 분리해 순수하게 배양한 후 건전한 키위 잎과 줄기에 접종해서 궤양병 증상을 발현시켰다. 이어서 궤양병 증상이 발현된 병환부에서 다시 키위나무 궤양병균으로 의심되는 세균을 재분리해 순수하게 재배양했다.

이러한 일련의 시험 과정은 코흐의 원칙을 만족시켰기 때문에 병든 키위나무 병환부 조직에서 분리된 세균은 키위나무 궤양병균임을 확정했다. 그런데 다키카와 교수 연구팀은 분리된 키위나무 궤양병균의 학명을 확정하기 위해 생리·생화학적 특성을 조사한 후 기존에 보고된 병원세균 중에서 가장 일치도가 높은 '매실나무 궤양병균(*Pseudomonas syringae* pv. *morsprunorum*)' 과 동일한 것으로 처음에는 보고했었다. 그러나 키위나무 궤양병균의 생리·생화학적 일부 특성이 매실나무 궤양병균과 차이가 있는 것을 확인하고, 1989년 신종 병원형(pathovar)인 '키위나무 궤양병균(*Pseudomonas syringae* pv. *actinidiae*)'이라고 정정 보고했다.

우리나라 키위나무 궤양병균의 동정

필자도 우리나라에서 '키위나무 궤양병균(*Pseudomonas syringae* pv. *actinidiae*)'을 처음 동정했다

순천대학교에 전임강사로 임용된 이듬해인 1988년, 필자의 고향인 제주도 북제주군 조천면 함덕리(현 제주시 조천읍 함덕리)에 귀농해 키위를 재배하는 사촌형님(함덕키위농원 고봉진 대표)으로부터 뜻밖의 소식을 접했다. 제주도는 기후가 온난해서 아열대 과수인 키위를 재배하기에 적합하다. 그래서 1980년을 전후해서 키위를 재배하기 시작했는데, 해발 100~200m 정도에 위치한 중산간 지대에서 재배되고 있는 키위나무들이 원인이 밝혀지지 않은 채 죽어간다는 소식이었다.

키위 재배 농민들이 답답한 마음에 농촌진흥청, 제주도농업기술원 등에 의뢰해도 원인을 알 수가 없으니 베어내라고만 한다니 안타까운 일이 아닐 수 없었다. 우리나라에서 재배 역사가 짧은 외래 과수인 탓에 키위나무에 발생하는 질병에 대한 연구가 전무했던 터라, 누구에게 의뢰해도 키위나무가 죽어가는 원인을 밝혀내지 못하고 있었다.

그해 여름방학 때 필자가 제주도에 가서 폐원 직전에 있는 키위 과수원을 방문해보니, 봄에 한 그루씩 나무 주간부에서 붉은색 피처럼 세균유출액이 흘러내리는 증상을 보였던 키위나무들이 거의 다 죽어가는 처참한 모습이었다. 여름철이 되면서 증상이 사라진 후라 시료를 채취해서 실험실로 가져와 병원균을 분리해보려고 했지만, 너무 심하게 오염돼서인지 병원균을 분리할 수 없었다. 이듬해 봄에야 사촌형님을 통해 제주도에서 공수해 온 병든 키위

나무로부터 병원세균을 분리해내는 데 성공했다.

키위나무에서 분리된 병원세균의 생리·생화학적 특성을 조사했더니 이미 알려진 병원세균들 중에서는 매실나무 궤양병균과 일부 생리·생화학적 특성을 제외하고는 가장 유사했기 때문에 일본 시즈오카대학의 다키카와 교수 연구팀처럼 처음에는 '매실나무 궤양병균(*Pseudomonas syringae* pv. *morsprunorum*)'으로 오해했다가 '키위나무 궤양병균(*Pseudomonas syringae* pv. *actinidiae*)'으로 재동정했다.

필자는 이러한 연구 결과를 가지고 1995년 5월에 일본 시즈오카대학과 시즈오카감귤시험장을 1개월간 방문해서 우리나라에서 분리·동정한 키위나무 궤양병균과 일본의 키위나무 궤양병균을 비교 분석하고, 두 나라에서 발생한 키위나무 궤양병이 동일한 궤양병균에 의해 발생함을 확인했다.

키위나무 궤양병균의 종류

키위나무 궤양병균은 지금까지 Psa1, Psa2, Psa3, Psa5, Psa6 등 5개 생리형(biovar)이 보고됐다

제주도에서 피해를 주기 시작한 Psa가 전라남도 완도, 해남, 고흥 등에서 계속 확산되자 순천대학교 생물학과 정재성 교수와 키위나무 궤양병에 관한 공동 연구를 기획했다. '참다래 궤양병 방제를 위한 병원균 집단의 분자유전학적 분석'이라는 주제였는데, 한국과학재단(현 한국연구재단)에서 지원하

는 특정기초연구과제로 선정돼 1998년 9월부터 3년 과제로 수행했다. 총괄 연구책임자를 맡은 필자는 '참다래 궤양병균의 기원 및 유전적 분화에 관한 집단유전학적 분석'이라는 세부과제를 수행했고, 정재성 교수는 세부과제책 임자로서 '참다래 궤양병균의 약제 저항성과 병원성 관련 유전자의 구조 및 발현'이라는 세부과제를 수행했다.

당시 한국과학재단에서 지원하는 특정기초연구과제는 경쟁이 치열해서 매우 어렵게 선정됐지만, 성공적으로 이 연구과제를 수행했다. 이 연구에서 가장 큰 수확은 우리나라에 분포하고 있는 Psa 집단이 이미 일본에서 보고 된 Psa 집단과 유전적으로 다른 특징을 가지고 있다는 사실을 밝혀낸 것이다. 우리나라에 분포하는 Psa의 기원을 밝히기 위해 Psa가 일본에서부터 국내로 전파됐을 것으로 추정하고, 두 나라에 분포하는 Psa의 특성을 비교하던 중 Psa가 생성하는 식물독소(phytotoxin)가 다르다는 것을 확인했다.

1984년 일본에서 처음 발견됐고 이탈리아와 중국에서도 분포하는 Psa는 병원성에 관여하는 '파세올로톡신(phaseolotoxin)'이라는 독소를 생성하는 것으로 알려졌다. 1980년대 후반부터 우리나라에만 분포하는 Psa는 파세올 로톡신을 생성하지 않고 '코로나틴(coronatine)'을 생성했다. 이러한 발견은 Psa를 세부적으로 분류한 생리형(biovar) 개념을 도입하는 단초를 제공했다. 결국 순천대학교 연구팀에 의해 이루어진 우연한 발견으로 키위나무에 궤양 병을 일으키는 Psa는 형태는 같지만 유전적 다양성과 키위나무에 궤양병을 일으키는 식물독소의 차이에 근거해서 여러 가지 생리형(biovar)으로 세분하 게 됐다.

2008년부터 팬데믹을 일으키고 있는 Psa는 이 두 가지 독소를 모두 생성 하지 않고 이펙터 프로틴(effector protein)이 병원성에 관여하는 것으로 밝혀졌다. 따라서 식물독소로 파세올로톡신을 생성하는 일본형 Psa 생리형은 'Psa1', 식물독소로 코로나틴을 생성하는 한국형 Psa 생리형은 'Psa2', 그리고 식물독소인 파세올로톡신과 코로나틴을 모두 생성하지 않는 대신에 병원성과 관련된 이펙터 프로틴을 생성하는 Psa 생리형은 'Psa3'라고 분류하고 있다.

뉴질랜드, 오스트레일리아, 프랑스 등에 분포하며 키위나무 잎에 약한 병원성만을 나타내는 Psa 생리형을 'Psa4'라고 명명했었으나, 2005년 키위나무 궤양병균(*Pseudomonas syringae* pv. *actinidiae*)과 구분되는 신종 병원형(*Pseudomonas syringae* pv. *actinidifoliorum*)으로 재동정됐고, 줄여서 'Psaf'로 부른다.

2012년 일본 사와다(Sawada) 등은 사가현에서 Psa3처럼 식물독소인 파세올로톡신과 코로나틴을 생성하지 않지만 Psa2와 유전적 특성이 비슷한 Psa 생리형을 동정하고 'Psa5'로 명명했다. 그리고 2015년 일본 사와다(Sawada) 등은 나가노현에 분포하는 Psa 생리형이 파세올로톡신과 코로나틴을 모두 생성하는 것을 확인하고 'Psa6'로 명명해서 지금까지 전 세계에서 5개의 Psa 생리형이 보고됐다.

그런데 현재 사용하고 있는 Psa의 생리형은 안정적인 분류 체계는 아닌 것으로 판단되며 추후 더 많은 생리형이 발견될 수도 있으리라 예상된다.

키위나무 궤양병의 병환

키위나무 궤양병은 저온다습한 환경에서 격발하고
무더운 여름철에는 여름잠을 자는 특이한 발생 생태를 지니고 있다

키위나무 궤양병이 세균에 의해 발생하는 것이 밝혀진 후에도 궤양병 발생 초기에 적절한 대응에 실패할 경우에는 과수원이 폐원에 이를 정도로 심각한 피해를 주고 있어서 일단 궤양병이 발생하면 키위 재배를 포기하는 농가가 적지 않은 실정이다.

키위나무 궤양병을 비롯해서 세균에 의해 발생하는 식물병들은 일단 발생하면 식물체 내에서 빠르게 진전되고 다른 식물체로 2차감염이 잘 돼서 방제가 매우 어렵기 때문에 키위나무 궤양병을 효율적으로 관리함으로써 피해를 최소화하기 위해서는 궤양병의 병환과 발생 생태를 정확하게 파악하는 것이 필요하다.

키위나무가 월동한 후 수액 이동기인 이른 봄에 궤양병균에 감염된 주지와 가지에서 흘러내리는 세균유출액이 연중 가장 일찍 관찰되는 궤양병 증상이다. 발병 초기인 2월에는 무색투명했다가 점차 누런색으로 변하고 나중에 검붉은 색으로 변하는 세균유출액은 3월 말부터 4월 초순 사이에 절정에 이르고 5월 말 또는 장마철까지 지속되는데, 비슷한 시기에 키위나무의 주간부에서도 검붉은 색 세균유출액이 관찰된다.

세균유출액이 흘러내리는 주간부나 주지 또는 가지의 체관부가 변색되고 표피는 갈색 마름 증상을 나타낸다. 궤양병이 늦겨울 또는 이른 봄 수액 이동기에 처음 발생하기 시작하는 것은 동해 발생으로 키위나무에 상처가 생겨

궤양병균의 침입 통로가 되고 해동기에 저온다습한 기후가 궤양병균의 발병 유인으로 작용하기 때문이다.

일본에서 궤양병이 최초로 발생한 시즈오카현과 국내에서 궤양병이 최초로 발생한 제주도 과수원들은 각각 해발 150m 이상인 후지산과 한라산 중턱으로, 겨울철 동해가 발생하기 쉬운 해발고도가 높은 고지대에 위치하고 있다.

국내에서 궤양병의 대발생으로 과수원이 집단적으로 폐원된 과수원들은 완도, 진도, 고흥군 거금도 등의 도서 지역으로 겨울철 차가운 바닷바람에 의해 동해가 발생하기 쉽고, 궤양병균의 발병을 조장하는 해안가에 위치하고 있다. 또한 산기슭이나 계곡 또는 분지에도 겨울철 냉기류가 침체돼 동해가 발생하기 쉽기 때문에 궤양병이 격발한다.

키위나무 궤양병균은 생태적으로 적응 능력이 뛰어난 활동을 할 수 있도록 만들어주는 다양한 유전자들을 가지고 있어서 연중 키위나무에 쉽게 침입하고 감염을 일으킬 수 있다.

그람음성 세균으로 1~2개의 편모를 가지고 있어서 물을 좋아하는 키위나무 궤양병균은 겨울철에 일평균기온 0℃ 정도에서도 활동을 하며, 2~5℃에서도 물관부와 체관부를 통해 빠르게 확산돼 맑은 날이 지속되면 궤양병을 일으키는데, 오히려 춥고 습한 봄철에 궤양병 발생이 심하다. 이러한 기상 조건에 부합하는 시기가 2월과 3월 사이이며, 이 시기에 전형적인 궤양병 증상으로 세균유출액이 줄기에서 흘러내린다.

세균유출액은 키위나무 과수원 내부나 과수원 외부로 궤양병균을 전반시키는 가장 중요한 전염원이다. 봄철에 잦은 강우로 습도도 높고 기온이 12~18℃일 때 키위나무 궤양병균이 가장 빠르게 증식하므로 잎이 나왔을 때

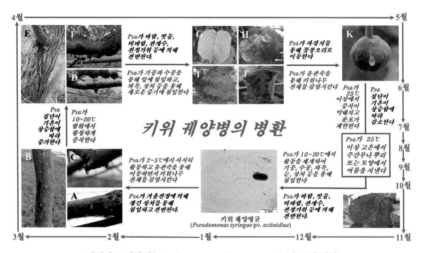

키위나무 궤양병(*Pseudomonas syringae pv. actinidiae*)의 병환

키위나무 표면에 있던 세균유출액에 의해 감염된 잎에서 잎자루를 통해 어린 줄기로 이동하고, 감염된 어린 가지에서 키위나무 궤양병균이 물관부와 체관부를 통해 이동하면서 궤양병을 진전시킨다.

키위나무 잎에 나타나는 노란 테두리를 가진 불규칙한 갈색 점무늬 병징이 대표적인 궤양병 병징이다. 보통 궤양병균은 잎에 있는 기공이나 수공 또는 분비모(trichome) 등을 통해 잎으로 침입하는데, 잎이 전개되는 4월에 나타나는 초기 병반은 엽맥 사이에 노란색-연두색으로 탈색된 둥근 달무리 무늬로 나타난다. 점차 궤양병이 진전됨에 따라 먼저 감염된 세포들이 죽고 달무리 중앙부가 괴사하면서 갈색으로 변하고 노란 테두리를 가진 갈색 점무늬로 변하는데, 비가 내리고 난 후에 궤양병에 심하게 감염된 잎 가장자리로부터 잎 궤양병 표징인 무색투명한 세균유출액이 관찰된다.

5월 중순 무렵 강우가 잦은 날씨와 장마철에는 노란 테두리가 없는 급성형

갈색 점무늬들만 엽맥 사이에 불규칙하게 형성되거나 잎 가장자리로부터 수침상으로 갈변하면서 마르는 급성형 잎 궤양병 증상을 나타낸다. 키위나무에 새순이 나오는 시기에 궤양병균에 심하게 감염되는 경우에는 가지마름 증상과 더불어 새순이 마르고 급격하게 시드는 증상을 나타낸다.

6월에는 줄기에서 궤양병의 진전은 거의 없고 장마철에는 잎에서 궤양병의 진전이 두드러지지만, 7월 중순 무렵에 최저기온 20℃, 최고기온 25℃ 이상에서는 활동이 둔화되기 시작해서 30℃ 이상에서는 여름잠을 자거나 사멸한다. 키위나무 궤양병균은 늦가을에 다시 활동을 재개하는데, 10월 중순부터 키위나무 잎에 새로운 병반이 아주 드물게 나타난다. 키위나무에서 잎 궤양병은 연중 두 차례, 즉 수액이 이동하는 시기부터 초여름 사이 봄철과 수확기 무렵인 가을철에 발생한다.

키위나무 주간, 주지, 가지 등에서 증식된 궤양병균은 평균기온이 10~20℃로 유지되는 4월과 5월에 바람, 빗물, 비바람, 관개수, 전정가위, 곤충 등에 의해 전반돼 잎에 기공이나 수공을 통해 침입하고 줄기에 있는 상처나 피목을 통해서 침입한다. 잎에 침입한 궤양병균은 16℃에서 가장 빠르게 증식하고 이동하기 때문에 4월 하순 또는 5월 초순부터 여러 가지 형태의 병징을 유발하고 증식을 거듭해서 5월 하순 개화기가 다가올 무렵에 화경지와 꽃봉오리를 감염시킨다.

개화를 시작하기 약 10~15일 전부터 궤양병에 감염된 꽃봉오리는 꽃받침이 갈변되는 증상을 나타내며 일부 심하게 감염된 꽃받침에서는 투명한 세균유출액이 흘러나온다. 또한 군데군데 화경지가 감염돼 말라버린 꽃봉오리는 개화가 되지 않고 낙화된다. 그러나 키위나무 열매에서는 궤양병 증상을 관찰할 수 없었으며 궤양병균도 검출되지 않는다.

그 후 다시 기온이 내려가 최저기온 10℃, 최고기온 20℃ 정도가 되는 10월 하순과 11월에 바람, 빗물, 비바람, 관개수, 전정가위 등에 의해 피목이나 겨울눈으로 전반돼서 새로운 감염을 일으킨다.

키위나무 가지에서 궤양병균은 16℃나 25℃에서보다 4℃에서 오히려 더 빠르게 확산된다. 대부분의 세균성 식물병들이 고온다습한 환경에서 대발생하고 추운 겨울철에는 월동을 하는 것과는 달리, 키위나무 궤양병은 저온다습한 환경에서 격발하고 무더운 여름철에는 여름잠을 자는 매우 특이한 발생 생태를 가지고 있다.

키위나무 궤양병 팬데믹

키위와 Psa는 모두 중국에서 유래하며, 그중 Psa3가 2008년부터 전 세계로 확산돼 키위나무 궤양병 팬데믹을 일으키고 있다

1989년 일본에서 처음 보고된 Psa1은 이탈리아와 중국에서도 발견되고 Psa2는 아직까지 우리나라에서만 발견되며 Psa5와 Psa6는 일본에서만 발견됐다. 그런데 2008년 이탈리아를 필두로 새로운 고병원성 Psa3가 출현하기 시작해서 2010년을 전후해서는 전 세계 모든 키위 재배 국가들에서 Psa3가 격발하면서 막대한 피해를 주는 팬데믹을 일으키고 있다.

2012년 이탈리아 투시아대학교의 발레스트라(Giorgio M. Balestra) 교수 연구팀은 중국, 일본, 한국, 이탈리아, 포르투갈, 뉴질랜드 등에서 수집한 Psa3

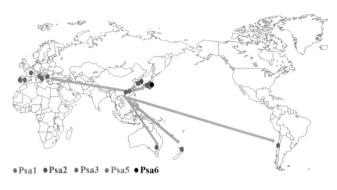

●Psa1 ●Psa2 ●Psa3 ●Psa5 ●Psa6

키위나무 궤양병균의 기원

균주들을 분석해서 모든 Psa3는 혈통이 같고 모두 중국에서 유래한다고 결론지었다. Psa1과 Psa2, 그리고 일본에서만 발견된 Psa5와 Psa6도 중국에서 유래한 후 우리나라와 일본에서 돌연변이에 의해 출현해 정착한 것으로 추정하고 있다.

우리나라의 Psa2 에피데믹

1980년대 후반 발생하기 시작한 Psa2에 의한 키위나무 궤양병 에피데믹이 키위 재배지 전역으로 확산됐다

1970년대 후반에 우리나라에 도입된 키위는 대표적인 그린키위 품종인 헤이워드였는데, 야생 다래에만 익숙한 사람들에게 헤이워드는 매우 생소한 과실이었다. 그렇지만 키위의 독특한 맛과 향이 알려지면서 1980년대 초부터 제

주도와 전라남도 및 경상남도 해안 지역에서 본격적으로 키위를 재배하는 농가가 늘어나기 시작했다.

키위에 대한 전문 지식이 없었던 농민들은 키위 재배 방법을 포함한 정보를 뉴질랜드에서 키위나무 묘목을 수입해 보급하는 묘목 판매업자들에게 의존할 수밖에 없었다. 당시에 묘목 판매업자들은 키위는 무병과수이기 때문에 병 방제가 필요 없다고 홍보를 했고, 실제 헤이워드 보급 초기 몇 년 동안은 별 탈 없이 키위가 잘 재배됐다. 특히 육지에 비해 따뜻하고 감귤 재배를 통해 과수 농사 경험이 많은 제주도에서는 키위 재배 적지라고 판단해 키위 재배 면적이 빠르게 늘어났다.

1980년대 후반에 접어들어 제주도의 일부 과수원에서 키위나무들이 알 수 없는 원인에 의해 고사하고, 일부 과수원은 전체 키위나무들이 한꺼번에 고사해 폐원되는 사례가 발생하기 시작했다. 필자는 1988년 제주도를 방문해 키위나무 궤양병의 심각성을 알고 육지부에서 키위나무 궤양병의 발생을 조사하기 시작했다.

그 결과 1989년 제주도와 지리적으로 가장 근접한 전라남도 완도와 해남군에서도 Psa2에 의한 키위나무 궤양병의 발생을 확인했고, 그 이듬해에는 전라남도 고흥군에서도 키위나무 궤양병의 발생을 확인했다. 그 후 1991~2000년까지는 제주도와 전라남도 대부분 지역까지 궤양병이 확산됐고, 2001~2010년에는 경상남도 서부 해안 지역까지 궤양병이 확산됐으며, 2020년 현재는 키위 재배지 전역에서 재배되고 있는 여러 품종에서 Psa2에 의한 궤양병이 발생하고 있다.

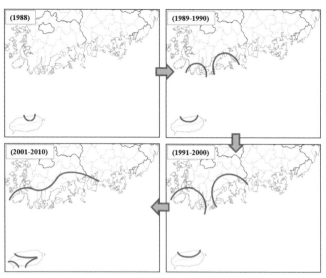

우리나라에서 Psa2의 확산 경로

우리나라 Psa2 에피데믹의 발생 원인

키위나무 궤양병에 대한 무지와 헤이워드 단일 품종 재배에 따른
유전적 취약성, 덕 위에서 수형을 잡는 재배 방식, 전정 및 동해에
의한 상처를 통한 Psa2의 침입 및 확산이 키위나무 궤양병
에피데믹을 발생시켰다

필자는 제주도와 전라남도에서 키위나무 궤양병에 감염된 키위나무 조직을
채집해 Psa를 분리 동정한 후 한국식물병리학회지에 키위나무 궤양병의 발
생을 보고했다.

1991년 12월부터 1992년 12월까지 1년 동안 미국 코넬대학교 식물병리학과에서 방문연구를 수행하고 귀국했더니 여러 곳에서 전해오는 키위나무 궤양병 발생 소식을 접했다. 1993년 봄부터 제주도와 전라남도 완도, 해남, 고흥, 보성, 순천 등에 있는 키위 과수원을 방문해 Psa2에 의한 키위나무 궤양병의 발생 현황을 조사했더니 불과 2~3년 사이에 이미 수십ha의 키위 과수원이 폐원되고 그 이상의 키위 과수원들이 폐원에 이를 만큼 심각한 피해를 입고 있는 것을 알았다.

키위 재배 농민들에게 키위나무 궤양병 진단 방법과 방제 방법을 교육하지 않으면 속수무책으로 피해를 입어서 우리나라 키위 산업이 통째로 붕괴될 수 있다는 우려를 하지 않을 수 없었다. 그래서 시간 나는 대로 키위 재배 현장을 방문해 키위 재배 농민들에게 키위나무 궤양병 진단 및 방제 방법에 대한 무료 컨설팅을 시작했다.

그러던 참에 전라남도 해남에서 해남참다래유통사업단을 운영하는 정운천 회장(현 국회의원)의 요청으로 필자는 1994년 3월 15일 200여 명의 키위 재배 농민들을 대상으로 키위나무 궤양병 진단 및 방제에 관한 첫 영농공개강좌를 했다.

이를 계기로 필자는 순천대학교 총장에 임용된 2019

1994년 영농공개강좌(해남참다래유통사업단)

1994년 키위 재배 현장컨설팅 (왼쪽부터 故 이효준, 고봉진, 故 김정렬 대표)

년까지 25년 동안 해마다 수차례씩 제주도, 전라남도, 경상남도에 있는 농업기술원, 농업기술센터, 농협, 영농조합법인 등의 요청으로 키위 재배 농민들을 대상으로 영농공개강좌를 하고, 해마다 수십 차례씩 키위 재배 현장을 방문해 무료 컨설팅을 해왔다. 사람이 아프면 병원을 찾아 외래진료를 받거나 입원을 해 치료를 받지만, 키위나무처럼 움직일 수 없는 나무가 아프면 왕진을 가야 한다.

필자는 1994년 3월 어느 주말 전라남도 진도에서 1만 평 정도 과수원에서 대규모로 키위를 재배하는 농가로부터 키위나무 궤양병 진단 컨설팅을 요청받았다. 그러나 불행하게도 왕진을 가는 도중에 해남 교차로에서 교통사고를 당했다. 당시에는 고속도로가 없었을 뿐만 아니라 국도로 순천에서 진도를 다녀오려면 하루를 족히 소비해야 하는 장거리 출장길이었다. 불행 중 다행스럽게도 다친 사람은 없었고, 마침 전라남도농업기술원 과수연구소에 근무하는 조윤섭 박사와 동행하기로 했었기 때문에 조윤섭 박사 차편으로 진도에 다녀올 수 있었다.

진도에 있는 과수원에 도착했을 때 맑은 날 오후였는데도 불구하고 거의 모든 키위나무의 전정 부위에서 세균유출액이 떨어지고 있었다. 마치 그 소리가 기와집 처마에서 떨어지는 낙숫물 소리와도 같았다. 그 과수원은 결국 폐원됐는데, 겨울철 전정을 할 때 소독하지 않은 전정가위를 통해 전체 키위나무들이 한꺼번에 감염된 것이었다.

우리나라에서 Psa2에 의한 키위나무 궤양병 발생 초기에는 일본에서 궤양병이 전파됐을 것으로 추정했었다. 그래서 필자가 우리나라와 일본에서 채집한 Psa 균주들의 특성을 비교한 결과, 우리나라에서 키위나무 궤양병을 대발생시킨 Psa2는 일본에 분포하는 Psa1과 유전적으로 뚜렷한 차이가 있었다.

우리나라에 분포하는 Psa2의 국내 유입 경로는 불명확하지만 키위 묘목 보급 초기에 뉴질랜드에서 수입된 키위 묘목을 통해 유입됐을 것으로 추정된다. Psa2는 최근에 보급된 골드키위와 레드키위 품종보다는 그린키위 품종인 헤이워드에 더 강한 병원성을 나타낸다. 골드키위 품종인 호트16A가 2004년에 제주도에 도입됐기 때문에 그 이전에는 Psa2에 감수성인 헤이워드 품종만 재배되고 있었다.

당시에 우리나라에서는 헤이워드 단일 품종만 갖는 유전적 균일성 때문에, 일단 한 과수원에 궤양병이 발생하면 이웃 과수원으로 빠르게 Psa2가 전파돼 궤양병 에피데믹을 초래했다. 더구나 키위나무는 덕 위에서 덩굴성으로 자라기 때문에 키위 과수원에 있는 모든 나무가 가지끼리 서로 엉켜 있어서 한 그루가 Psa2에 감염되면 다른 그루로 쉽게 전파될 수밖에 없다.

한편 키위나무는 겨울철에 강한 전정을 해서 매년 수형을 다듬어 재배하는데, 전정가위를 통해 Psa2를 확산시킬 뿐만 아니라 전정에 의해 키위나무에 생긴 전정 상처를 통해 Psa2가 쉽게 침입하고 감염을 일으켰다. 또한 제주도에서 해발 표고가 높은 중산간 지역이나 전라남도 완도, 해남, 고흥 등에서 겨울철 차가운 해풍을 맞는 지역에서는 늦겨울 또는 이른 봄에 동해가 발생해 생긴 상처를 통해 Psa2가 쉽게 침입하고 감염을 일으켰다.

호트16A에서 Psa2 에피데믹의 발생

제주도에서 재배하는 호트16A 품종에서도 세계 최초로 Psa2에 의한
에피데믹이 발생했다

Psa2에 의한 호트16A의 궤양병 증상

2008년 이탈리아에서 개최된 국제식물병리학회에서
호트16A 궤양병 발생 보고

헤이워드에 막대한 피해를 입혀온
Psa2가 2006년 제주도 서귀포시 표
선면에서 재배되고 있던 호트16A에
서도 분리됐다. 필자가 최초로 호트
16A에서 Psa2를 보고한 후 제주도에
서 재배되고 있던 여러 호트16A 과
수원을 폐원시킬 만큼 많은 에피데
믹을 일으켰다. 2004년부터 제주도
에서 OEM 방식으로 약 100ha 정도
재배되는 호트16A는 모두 비닐하우
스에서 재배되기 때문에, 비바람보
다는 소독하지 않은 전정가위를 통
한 Pas2의 전파에 의해 많은 과수원
이 폐원된 것으로 조사됐다.

　호트16A에도 궤양병이 세계 최초로 발생한 사실을 2008년 8월 이탈리아
토리노에서 개최된 국제식물병리학회에 참석해서 보고했다. 이때 헤이워드
에서 Psa1에 의한 키위나무 궤양병을 세계 최초로 보고한 일본 시즈오카대학
교 다키카와 교수와 호트16A에서 Psa2에 의한 키위나무 궤양병을 세계 최초

로 보고한 필자가 1995년 일본에서의 만남 이후 재회했다.

또한 필자가 발표하는 포스터를 보고 찾아온 이탈리아 투시아대학교 발레스트라 교수를 만나 두 나라의 키위나무 궤양병 발생에 관한 정보를 교환했다. 발레스트라 교수는 그 후 키위나무 궤양병 팬데믹을 일으킨 Psa3의 지리적 기원에 관한 연구를 수행해서 Psa는 모두 중국에서 유래한다는 연구 결과를 보고했다.

이렇게 호트16A 품종에서도 키위나무 궤양병 에피데믹이 발생하자, 2006년 뉴질랜드 제스프리사(Zespri International Limited) 임원인 마틴(Bob Martin)이 순천대학교로 찾아와서 제주도에서 재배되고 있는 호트16A에 발생하는 주요 병의 발생 현황과 방제 방법에 대한 용역 연구를 부탁했다.

2008년 5월부터 2009년 2월까지 제주도에서 재배되고 있는 호트16A에서 발생하고 있는 궤양병을 비롯한 주요 병에 대한 발생 실태를 조사하고 방제 방법에 대해 제언하는 보고서를 제출했다. 그런데 이 시점까지는 뉴질랜드에서 재배되고 있는 키위나무에 궤양병이 창궐하리라는 예상을 어느 누구도 하지 못하고 있었다!

몇 년을 거슬러서 2000년 봄에 뉴질랜드의 대표적인 연구기관인 '원예연구소(HortResearch, 현 식물·식량연구소, Plant and Food Research)'의 키위 육종실장인 실(Alan Seal) 박사가 우리나라 키위 재배 현황을 둘러보러 우리 대학을 방문했다. 필자는 전라남도, 경상남도, 제주도 키위나무 궤양병 발생 피해 현장을 보여주면서, 장차 뉴질랜드에서도 궤양병이 발생해서 피해를 줄지 모르니 궤양병에 의한 피해를 줄일 수 있도록 공동 연구를 수행하자고 제안했으나, 실 박사는 부정적인 반응을 보였다.

인구 400여 만 명에 불과한 뉴질랜드의 키위 산업은 키위 생산자들이 뭉쳐 1997년 주식회사로 발족시킨 제스프리사가 여전히 가장 큰 영향력을 가지고 있다. 뉴질랜드 정부와 제스프리사가 공동으로 재정 지원을 하는 연구기관이 원예연구소였다. 따라서 뉴질랜드 키위 생산자들이 요구하는 연구를 할 수밖에 없는데, 당시 뉴질랜드에서 발생도 하지 않는 궤양병에 대한 연구를 지원받을 수 없다는 것이 실 박사의 변명이었다. 어쩌면 키위 수출산업이 뉴질랜드 경제에서 절대적으로 큰 비중을 차지하고 있는 입장에서 보면 수출 대상국에서 궤양병에 의해 키위 산업이 위협받고 있는 실정은 수출을 증대시킬 수 있는 호기로 해석될 수도 있을 터였다.

　실 박사가 우리나라를 방문하고 궤양병 공동 연구를 거절한 지 만 10년이 되고, 제스프리사에서 의뢰받고 호트16A에 발생하는 질병을 조사해준 이듬해인 2010년에 뉴질랜드에서 Psa3에 의한 궤양병이 발생하기 시작해 뉴질랜드가 자랑하는 골드키위 신품종인 호트16A가 치명적인 피해를 입기 시작했다. 이어서 프랑스, 포르투갈에서도 호트16A에서 궤양병이 발생했고 2011년에는 스페인, 칠레, 스위스 등에서도 궤양병 팬데믹이 발생하기 시작했다는 소식이 전해졌다. 바야흐로 Psa3 팬데믹의 서막이었다. 유비무환이 최선일 뿐 어찌 한 치 앞을 내다볼 수 있겠는가?

뉴질랜드의 Psa3 에피데믹

뉴질랜드에서 2010년부터 대발생한 Psa3 에피데믹에 취약한
호트16A 품종은 썬골드 품종으로 대체됐다

수년 전부터 농촌진흥청 지원으로 키위 생산자들에게 컨설팅을 하는 참다래 특화작목 산학협력단의 벤치마킹 일환으로 목포대학교 박용서 교수, 전남농업기술원 과수연구소 정병준 소장, 임동근 실장, 조윤섭 박사와 함께 2011년 4월 13일부터 7박 8일 일정으로 뉴질랜드를 방문했다.

키위를 가장 많이 재배하는 곳은 뉴질랜드 북섬의 위쪽에 위치한 베이오브 플렌티(Bay of Plenty) 지역인데, 그 중심에 있는 티푸케(Te Puke)로 갔다. 키위나무 궤양병의 발생으로 피해가 얼마나 심한지 호트16A를 재배하는 농가 방문은 궤양병균의 유입이나 확산을 우려해서 농장주들이 꺼려하는 바람에 불발이 됐고, 궤양병이 발생하지 않은 헤이워드를 재배하는 과수원 몇 농가만 겨우 방문할 수 있었다.

호트16A의 궤양병 감염 상황은 티푸케에 있는 육종연구소를 방문해서, 시험포에서 그 일부를 관찰할 수 있었을 뿐이었다. 남반구에 위치한 뉴질랜드는 4월이면 우리나라의 10월에 해당돼 수확기에 접어들기 시작한 시기인데도 불구하고 잎에 전형적인 궤양병 병징으로 노란 테두리가 있는 갈색 병반(halo spot)이 형성되고 있었으며, 주간부와 주지에서도 검붉은 세균유출액들이 흘러내리고 있었다.

키위나무 궤양병 발생 경고문

우리나라에서는 늦겨울 또는 이른 봄에 세균유출액이 흘러내리고 장마철 이후에는 세균유출액을 찾아볼 수 없으며 4월 말 또는 5월 초순부터 잎에 전형적인 궤양병 병징이 나타나기 시작하지만, 고온기인 여름을 지나면서 사라지고 가을철

수확기에는 병징을 관찰할 수가 없는 점과는 너무 다른 형상이었다. 우리나라에서는 궤양병이 주로 봄철에 기승을 부리다가 가을철에는 사라지는 병환을 나타내지만, 뉴질랜드에서는 연중 궤양병 에피데믹이 창궐할 수 있는 가능성을 내포하고 있었다.

뉴질랜드 키위 산업은 불난 호떡집처럼 초비상이었다. 궤양병으로부터 호트16A를 구출하기 위해서 200억 달러 이상을 투자하고 뉴질랜드에서 가용한 모든 식물병리학자들은 키위나무 궤양병 연구에 동원되고 있었다. 절대적인 재정 지원을 제스프리사에서 제공받고 있는 식물·식량연구소뿐만 아니라, 다른 대학이나 기관에서 다른 작물의 병을 연구하고 있는 사람들도 연구비의 흐름을 좇아 키위나무 궤양병 연구에 매진하기 시작했다.

실 박사도 식물·식량연구소의 모든 연구 역량을 궤양병에 저항성인 키위 신품종 육성에 쏟고 있다고 했다. 10년 전 우리나라를 방문했을 때 궤양병 방제 공동연구를 수행하자는 제안을 거절한 게 후회되지 않느냐고 농담을 했더니 실 박사는 계면쩍은 미소로 답변을 피했다.

베이오브플렌티 지역의 거점 도시인 타우랑가(Tauranga)에 있는 제스프리사를 방문하고 나서 오클랜드(Auckland)에 있는 식물·식량연구소를 방문했다. 연구소 현황과 현재 문제가 되고 있는 궤양병에 대한 의견을 나누고, 참다래특화작목 산학협력단과 식물·식량연구소와의 연구 및 기술 교류 협약을 체결했다. 식물·식량연구소를 대표해서 생물보호팀장인 스티븐(Philippa Stevens)이 박용서 단장과 협약을 체결한 주요 주제는 궤양병을 비롯한 키위 주요 병해충 방제에 관한 공동 연구 및 기술 정보의 교환 등이었다.

뉴질랜드 제스프리사와 식물·식량연구소는 키위에 관한 한 세계 최고라는 자부심을 가지고 있어서 대단히 고압적인 자세를 취해왔는데, 궤양병의 창궐이 뉴질랜드 문호를 개방하는 계기가 됐다. 그 저변에는 지금까지 필자가 외골수로 쌓아온 궤양병 방제 연구 경험과 성과를 공유하고 싶다는 바람이 있었다. 글로벌시대인 지금 국경을 초월해서 연구 결과를 공유하는 것은 당연하지 않겠는가?

첫 번째 교류는 2011년 여름에 이루어졌다. 뉴질랜드 제스프리사와 식물·식량연구소에서 바네스트(Joel Vanneste) 박사 일행이 한국을 방문해서 궤양병 방제 방법에 대한 자문을 요청해왔다. 제주도 서귀포시에 있는 제스프리 코리아 제주지점에서 만난 바네스트 박사는 뉴질랜드에서 재배되고 있는 호트16A에 발생하고 있는 궤양병 현황과 최근 연구 내용을 발표했다. 필자는 우리나라에서 발생하고 있는 궤양병 현황과 그동안 수행해온 키위나무 궤양병 예방을 위한 구리제와 항생제 살포방법 및 치료를 위한 항생제 수간주입 방법 및 적용 사례를 설명해주었다.

뉴질랜드 방문단의 목표는, 자국에서 농업용 항생제를 법으로 금지해왔었지만 갑자기 뉴질랜드 전역을 휩쓸고 있는 키위나무 궤양병 에피데믹의 확산 및 피해를 저지할 방법이 없자 항생제 사용을 검토하기 위해서 이미 궤양병 방제 연구를 수년간 집중적으로 수행해온 필자에게서 정보와 경험을 빌리는 것이었다.

뉴질랜드에서는 필자가 제공해준 항생제 사용 방법을 따라 현지 적용시험을 거쳐 스트렙토마이신(streptomycin) 분무 살포를 공식적인 궤양병 방제 프로그램에 넣고 있지만, 스트렙토마이신의 수간주입은 부분적으로 키위나무에 잔류하는 문제가 발생할 수 있기 때문에 허용하지 않고 있다고 했다.

그러나 뉴질랜드에서는 키위나무 궤양병 에피데믹으로부터 호트16A를 보호하기 위해 거국적인 Psa3 퇴출 노력에도 불구하고 호트16A 구출에 실패했고, 지금은 호트16A를 포기한 대신에 썬골드 품종으로 대체해서 재배하고 있다. 이처럼 식물병 에피데믹이 재배 품종을 사라지게 한 예는 역사적으로 여러 가지 농작물에서 찾아볼 수 있다.

이탈리아의 Psa3 에피데믹

이탈리아에서 재배되고 있는 800ha의 호트16A 중에서 500ha가 피해를 입었다

뉴질랜드 방문 일정이 정해지고 난 후인 2011년 3월 말, 이탈리아로 이민을 가서 로마에서 약 40km 떨어진 키위 주산지인 치스테르나디라티나(Cisterna di Latina)에 거주하고 있는 여행사 대표로부터 메일을 받았다. 키위농장을 운영하는 이탈리아 친구들이 과수원에 궤양병이 발생하자 나름대로 여기저기 알아본 후에 궤양병 방제에 관한 필자의 논문들을 보았고, 여행사 대표는 순천대학교 홈페이지에서 필자의 이메일 주소를 찾아 이탈리아 친구들을 도와달라는 내용의 이메일을 보낸 것이었다. 빠른 시일 내로 이탈리아를 방문해 키위나무 궤양병 방제 방법에 대해 컨설팅을 해주기를 바라는데, 필자가 일정상 여의치 않다면 이탈리아 키위 재배자 대표들이 순천대학교를 방문하겠다고 했다.

2008년 8월 토리노(Turin)에서 개최된 국제식물병리학회에 다녀오긴 했지만, 이탈리아 키위나무 궤양병 발생 상황이 궁금하기도 해서 이탈리아 방

문을 약속했다. 이미 계획된 일정들 때문에 서둘러 갈 수는 없었고, 5월 초에 이탈리아를 방문하기로 일정을 조율했다. 2011년 5월 8일부터 5월 14일까지 6박 7일 일정으로 이탈리아 치스테르나디라티나 시장 초청으로 이탈리아를 방문했다. 박사과정생이던 김경희 박사(현 순천대학교 식물의학과 교수)와 석사과정생이던 차주훈 대표(현 삼광버섯영농조합법인 대표)가 동행했다.

빈센초(Saccone Vincenzo)라는 키위 재배 농민은 영국에서 자라 영어에 능통한 사람이어서 궤양병이 발생하기 시작하자 인터넷으로 방제 방법을 모색하던 중 키위나무 궤양병 관련 논문이 제일 많은 필자의 이름을 알아내 한국인 여행사 대표를 통해 초청했다고 했다. 로마 도착부터 출국까지 모든 일정에 여행사 대표가 직접 운전하면서 안내했고 통역도 했다.

도착하자마자 궤양병에 감염된 키위 과수원들을 방문해서 궤양병 방제 방법에 대한 컨설팅을 했다. 아마도 규모가 크고 궤양병에 의한 피해도 큰 농장을 위주로 컨설팅을 할 과수원들을 미리 선정해놓은 것으로 보였다. 이탈리아 키위 생산자들의 농장 규모는 최소 수ha에서 수십ha에 이를 만큼 넓었다. 이처럼 대규모 면적 재배가 가능한 것은 루마니아를 비롯한 동구권에 있는 나라에서 필요한 시기에만 값싼 노동력을 공급받을 수 있기 때문이었다.

이탈리아에서 재배되고 있는 헤이워드에서는 1992년 궤양병이 처음 발생했고, 호트16A에서는 2008년에 발생하기 시작했는데, 이탈리아 키위 과수원을 방문해서 궤양병

이탈리아 키위나무 궤양병 진단 및 방제 현장컨설팅

발생 상황을 살펴보니 호트16A가 막대한 피해를 입고 있었다. 로마를 둘러싸고 있는 라치오(Lazio) 지역에서 가장 키위를 많이 재배하는 농가의 과수원 80ha 중 절반이 궤양병으로 죽어나갔다. 이탈리아에서 재배하는 800ha의 호트16A 중에서 500ha가 피해를 입은 것으로 추정할 만큼 피해가 엄청나게 심했다.

이탈리아에 도착해서 쉴 틈 없이 여러 과수원을 방문하면서 컨설팅을 했다. 대학원생 두 명을 포함해 우리나라에서 이탈리아까지 항공료와 1주일 체류 비용을 부담하면서 이탈리아로 초청한 입장을 고려해서 바쁜 일정을 소화할 수밖에 없었다. 또한 로마를 중심으로 한 라치오 지역 키위 생산자 100여 명을 대상으로 두 시간 동안 '한국에서 키위나무 궤양병과의 전쟁(Battling Psa of kiwifruit in Korea)'라는 제목으로 특강을 했다. 거의 30년 동안 우리나라에서 키위나무 궤양병과 싸우면서 축적시켜온 경험과 지식을 이탈리아 키위 생산자들에게 전달해주었다.

흥미롭게도 강의를 듣기 위해 온 키위 생산자들이 약 30만 원의 참가비를 내고 참석했다는 사실을 나중에 알았다. 우리나라에서 그만한 참가비를 내고 강의를 들을 키위 생산자들이 있을까 싶다. 그만큼 키위나무 궤양병이 이탈리아 키위 생산자들에게는 공포스러운 존재였다는 정황을 반증해준다.

이탈리아에 가기 전까지는 모르고 있었는데, EU에서 농업용 항생제의 사용을 법으로 금지하고 있었다. 이탈리

이탈리아 키위나무 궤양병 진단 및 방제 특강

아는 EU에 속해 있어서 다른 나라와 조율이 필요하기 때문에 뉴질랜드처럼 독단적인 판단으로 항생제 사용을 일시적으로 허용할 수도 없는 실정이었다. 우리나라에서 여러 해 동안 시행착오를 겪으면서 궤양병 예방을 위해 성공적으로 사용되고 있는 항생제를 이용한 예방 방법과 항생제 수간주입을 통한 치료 방법을 이탈리아에서 적용할 수 없어 안타까울 뿐이었다.

우리나라의 Psa3 에피데믹

고병원성 Psa3의 확산, 골드키위 품종 재배 면적의 급증,
이상기후의 빈번한 발생이 우리나라 Psa3 에피데믹을 초래했다

식물병이 성립되려면 '병삼각형(disease triangle)'을 구성하는 세 가지 요인인 병원성이 강한 병원체, 감수성이 큰 식물체 및 발병에 적합한 환경요인이 동시에 갖추어져야 한다.

키위나무 궤양병이 최근에 대발생하는 원인은 키위나무 궤양병의 성립에 적합하도록 식물병삼각형을 구성하는 세 가지 요인이 최근에 마련됐기 때문이다. 즉 전 세계적으로 유행하고 있는 고병원성 Psa3가 확산되고 있으며, Psa3에 감수성인 골드키위와 레드키위 품종들의 재배 면적이 급증하고 있다.

이와 더불어 아열대 과수인 키위 생육에 지장을 주고 저온성 Psa의 활동을 조장하는 기후변화에 의한 이상난동과 이상저온이 자주 발생해서 키위나무 궤양병 팬데믹 발병 유인으로 작용하고 있다.

전 세계적으로 확산되고 있는 고병원성 Psa3의 국내 유입 및 확산이
Psa3 에피데믹의 첫 번째 원인이다

국내에서는 1988년부터 20여 년간 Psa2에 의한 궤양병만 발생하고 있었으나
2011년 전라남도 고흥군에서 Psa3가 최초로 검출됐고, 2014년 제주도에도
Psa3가 검출되기 시작해서 최근에는 국내 주요 키위 재배지 전역에서 Psa3
에 의한 궤양병 에피데믹이 대발생하고 있다. 국내에서 빠르게 확산되고 있
는 Psa3의 유입 경로에 대한 역학조사 결과, 2011년에 발견된 Psa3는 2006년
중국에서 감염된 묘목 또는 접수를 통해 유입된 것으로 확인됐으며, 2014년
부터 확산되고 있는 Psa3는 뉴질랜드와 중국에서 오염된 꽃가루를 통해 유
입된 것으로 추정하고 있다.

　전라남도 고흥군의 Psa3 발생 과수원은 2014년 공적방제에 의해 폐원 조
치됨으로써 더 이상의 확산이 차단됐지만, 수입산 꽃가루를 통해 국내로 유
입된 고병원성 Psa3에 의한 궤양병의 발생으로 피해를 입은 농가 수는 정확
하게 감염원을 특정할 수가 없기 때문에 2014년부터 2016년까지 매년 두 배
정도씩 증가하고 있어서 갈수록 키위나무 궤양병의 발생과 피해는 심해질
것으로 전망된다.

전 세계적으로 확산되고 있는 고병원성 Psa3에 대해 감수성인
키위 품종의 재배 증가가 Psa3 에피데믹의 두 번째 원인이다

1970년대부터 우리나라에서 재배되기 시작한 암나무 키위 품종은 대표적인

그린키위 품종인 헤이워드 일색이었으나 뉴질랜드에서 육성된 골드키위 품종인 호트16A가 2004년부터 제주도에 도입돼 약 100ha에서 재배되고 있다. 이를 계기로 호트16A로 대표되는 골드키위를 선호하는 소비자들이 증가함에 따라 뉴질랜드 제스프리사에 지불하는 로열티 경감 차원에서 우리나라에서 육성된 골드키위 품종인 제시골드, 한라골드, 해금, 골드원 등이 2000년대 후반부터 농가에 보급되기 시작했다.

또한 중국에서 육성된 홍양과 뉴질랜드에서 육성된 엔자레드(Enza-red) 등 레드키위 품종들도 도입돼 재배되면서 골드키위와 레드키위 재배 면적이 급증하고 있는 추세다. 그린키위에 비해 재배 역사가 짧은 골드키위와 레드키위는 생장이 왕성하고 수확량도 많은 데다가 과실은 신맛이 적고 단맛이 강해서 소비자들에게 호평을 받는 반면에, 궤양병을 비롯한 세균병과 과실무름병을 비롯해서 곰팡이병에도 취약한 단점을 가지고 있다.

우리나라에서만 분포하는 Psa2는 그린키위를 비롯해서 골드키위와 레드키위에 모두 비슷한 병원성을 나타내지만, Psa3는 그린키위보다 골드키위와 레드키위에는 강한 병원성을 나타내는 것으로 알려졌다. 실제 Psa3는 뉴질랜드에서 재배되는 골드키위 품종인 호트16A를 완전히 초토화시켜서 썬골드 품종으로 대체시킬 만큼 골드키위와 레드키위에 강한 병원성을 가진 것으로 확인됐으며, 전 세계적으로 골드키위와 레드키위에 치명적인 피해를 주면서 팬데믹으로 확산되고 있다.

우리나라에서도 Psa3는 그린키위 품종보다 골드키위 품종과 레드키위 품종에 강한 병원성을 나타내는 것으로 확인됐다. Psa3는 그린키위 품종인 헤이워드에는 잎에만 점무늬 병징을 나타낼 뿐 줄기에는 궤양 증상을 나타내지 않았지만, 호트16A와 제시골드 등 골드키위 품종과 홍양, 엔자레드 등 레드키위 품종에는 잎에는 물론 나무 전체에 치명적인 피해를 나타냈다.

따라서 우리나라에서 불과 10년 사이에 키위 재배 면적의 30% 이상을 점유할 만큼 골드키위와 레드키위의 재배 면적이 급증하는 추세인 점을 감안하면 갈수록 Psa3에 의한 궤양병 피해는 증가할 것으로 예상된다.

아열대 과수인 키위 생육에 지장을 주고 저온성 Psa의 활동을
조장하는 기후변화가 Psa3 에피데믹의 세 번째 원인이다

아열대 과수인 키위는 월동이 가능한 남해안과 제주도에서 주로 재배되고 있다. 그런데 최근 기후변화에 의한 이상난동과 이상저온이 반복되는 현상이 늦겨울 또는 이른 봄에 자주 발생해서 키위나무 궤양병의 발병 유인으로 작용하기 시작했다. 특히 1~2월에 이상난동 후 3~4월에 찾아오는 기습적인 한파는 키위나무의 저항성을 약화시키고 수액이 이동하고 있는 키위나무 주간부나 주지에 동해를 발생시켜 상처가 생기게 함으로써 Psa가 키위나무로 침입할 수 있는 통로를 제공한다.

또한 Psa는 일평균기온이 0°C 정도에서도 활동을 하며, 물관부와 체관부를 통해서 4°C에서 빠르게 전파되기 때문에 봄철 기습적인 한파는 오히려 키위나무 궤양병의 대발생을 조장한다. 기상이변에 의한 잦은 강우와 폭우는 키위나무 생육에는 불리한 반면에, Psa의 전파와 침입에는 유리한 환경이 자주 형성돼 키위나무 궤양병이 격발하는 원인이 되고 있어서 갈수록 키위나무 궤양병의 발생과 피해는 심해질 것으로 관측된다.

한편 키위는 수입 개방에도 불구하고 농가 고소득 작목으로 각광을 받으면

서 경작 면적에 비해 수입이 낮은 논을 키위 과수원으로 전환하는 면적이 급증하고 있다. 그런데 논처럼 배수와 통기성이 불량한 점질토에서 자라는 키위나무는 뿌리 발육이 나빠 생육 부진으로 궤양병에 대한 저항성이 약해진다. 더구나 인접한 논에 감수성인 골드키위를 집단적으로 재배하면서 Psa가 쉽게 전파될 수 있는 여건이 마련되면서 키위나무 궤양병이 급속하게 확산될 수 있는 발병 유인으로 작용하고 있다.

Psa3의 국내 유입 경로

2011년 전라남도 고흥군에서 재배하던 옐로우킹과 홍양 품종에서 Psa3가 처음 검출됐다

전라남도 고흥군 도덕면에 귀농한 분이 2008년부터 키위나무를 심었는데 매년 몇 그루가 죽어가기에 그 원인을 밝혀달라는 민원이 필자에게 전해져서 2011년 4월 중순 문제의 키위 과수원을 방문해보니, 주간부에서 흘러내리는 검붉은 세균유출액과 잎에 나타난 병징이 궤양병 증상이 명백했다.

골드키위 옐로우킹의 궤양병 증상

    2008년 농장주는 주위에서 흔하게 재배하는 헤이워드 대신 신

품종으로 '옐로우킹(Yellow King)'이라는 골드키위 품종과 홍양이라는 레드키위 품종을 '국제원예종묘주식회사'에 인터넷으로 주문해서 식재했다고 했다. 그런데 이듬해부터 일부 나무들이 죽고 다시 보식해도 죽어가자, 수소문 끝에 필자에게 도움을 요청한 것이었다. 농장주는 키위 재배를 포기할 생각이었다.

그렇지만 필자는 학생들에게 키위나무 궤양병 방제 실습을 시킬 겸해서 농장주의 허락을 받고 나서 궤양병 방제용 동제, 항생제 그리고 친환경 농자재 등 다양한 약제를 분무 살포, 관주 그리고 수간주사 방법으로 처리해서 키위나무 궤양병 방제 작업을 시작했다. 2011년 처음 방문 시에는 거의 폐원 직전까지 가 있었지만, 1년이 지나자 심하게 감염돼 죽어버린 일부 나무를 제외하고는 점차 회복돼갔다.

일본에 분포하는 키위나무 궤양병균은 병원성에 관여하는 파세올로톡신이라는 독소를 생성하는 데 반해, 우리나라에 분포하는 궤양병균들은 파세올로톡신 대신 코로나틴을 생성했다. 그런데 옐로우킹에서 분리한 궤양병균 균주들은 두 가지 독소 중 어느 것도 분비하지 않아서 지금까지 국내에 분포하던 Psa2와는 다른 신균주의 특성을 한국식물병리학회에 보고하고, 2012년 12월호《더 플랜트 패쏠로지(The Plant Pathology)》에 게재했다.

그리고 이탈리아와 뉴질랜드 등 전 세계 키위 재배지를 휩쓸고 있는 키위나무 궤양병 창궐과 궤를 같이하기 때문에 Psa3의 발생을 긴급하게 모니터링하고 방제 대책이 마련돼야 한다고 농촌진흥청에 구두로 건의하고 어젠다 연구과제 계획서를 제출했다. 다행스럽게 2013년 1월부터 농촌진흥청에서 어젠다 연구과제인 '국내 육성 참다래의 재배 매뉴얼 작성 및 가공식품 개발' 과제가 선정돼 총괄책임자이면서 '참다래 궤양병 및 돌발 병해 모니터링'이라는 세부

과제의 책임자를 맡아 Psa3에 대한 지속적인 모니터링을 할 수 있게 됐다.

그러나 이러한 발빠른 움직임에도 불구하고 행정적인 뒷받침이 느슨한 결과로 불행하게도 이듬해에 Psa3는 전국적으로 에피데믹을 일으키고 말았다.

우리나라에 Psa3는 2006년 중국산 묘목과 2013~2014년 뉴질랜드와 중국산 꽃가루를 통해 유입됐다

Psa3는 2011년 전라남도 고흥군 도덕면에 재배되고 있던 골드키위 품종 옐로우킹과 레드키위 품종 홍양에서 처음 검출됐다. 2008년 신규로 조성된 이 과수원의 옐로우킹과 홍양 묘목에서 발견된 Psa3에 대한 역학조사 결과, 2006년 국제원예종묘주식회사는 중국에서 이 묘목들을 수입해 경기도 이천에서 증식시킨 후 2008년부터 인터넷을 통해서 농민들에게 분양했다.

당시에는 Psa3가 검역 대상 병원균이 아니었기 때문에 중국에서 Psa3에 감염된 일부 묘목이 국내로 유입되고 농가에 분양된 것이 문제가 되지는 않는다. 그러나 필자는 2013년 이곳이 우리나라에서 Psa3가 최초로 발견된 키위 과수원이기 때문에 다른 과수원으로 Psa3가 확산되는 것을 방지하기 위해 이 과수원을 폐원시키도록 농촌진흥청에 공적방제를 건의했다. 필자의 정책 건의는 키위 과수원에 처음 적용되는 사례여서 건의 수용에 시간이 많이 걸렸지만, 결국 2014년 9월 11일 공적방제에 의해 이 과수원은 폐원됐다.

다행스럽게도 전라남도 고흥군은 키위 재배 면적이 넓은 지역임에도 불구하고, 이러한 적극적인 공적방제로 지금까지 Psa3에 의해 감염된 키위 과수원이 발견되지 않고 있다. Psa3의 슈퍼전파자로 전락할 수도 있었으나 적극적으로 대처해 키위나무 궤양병 방역에 성공한 이러한 사례는 초기 방역이 식물병 에피데믹의 확산을 차단시키는 데 절대적으로 중요함을 일깨워준다.

그런데 2013년까지 전라남도 고흥군 도덕면 1개 농가에서만 Psa3가 검출 됐었는데, 2014년에는 33개 농가에서 검출됐다. 경상남도 사천시 3개 농가 과수원을 제외하면 모두 제주도에서 동시다발적으로 Psa3에 의한 궤양병이 발생했다. 제주도에서 격발한 이러한 키위나무 궤양병의 발생 양상은 과거 제주도를 비롯해서 전라남도에서도 창궐했던 Psa2에 의한 궤양병의 발생 양 상과는 뚜렷한 차이를 보였다.

보통 궤양병은 늦겨울이나 이른 봄철에 주간부, 주지, 가지 등에서 세균유 출액이 흘러나오는 줄기 궤양병과, 잎이 나오고 난 후인 5월에 노란 테두리 를 가진 갈색 점무늬가 생기는 잎 궤양병 순으로 병징이 나타난다.

2014년 경상남도 사천시에서 재배되고 있는 제시골드 과수원을 비롯해서 인접한 3개 과수원에서도 Psa3가 검출됐는데, 이른 봄에 주간부와 주지에서 부터 세균유출액이 흘러내리는 일반적인 궤양병의 발생 양상을 보였다.

2014년 제주도에서 재배되고 있는 호트16A를 비롯한 골드키위 품종과 레 드키위 품종에서는 개화기 전까지는 주간부를 비롯해서 주지나 가지, 그리고 잎에서조차도 궤양병 증상이 보이지 않았었다. 그러다가 인공수분 후인 5월 말부터 결과지에 있는 잎에 노란 테두리를 가진 갈색 점무늬가 생기고 세균 유출액이 흐르고 가지가 급격하게 마르는 전형적인 키위나무 궤양병 증상이 집중적으로 발견됐다. 더구나 과거에는 6월 이후에는 가지에서 관찰할 수 없 었던 세균유출액과 시들음 병징이 일부 과수원에서는 7월 중순에도 결과지 에서 나타나 세균유출액과 함께 급속하게 결과지를 말라 죽게 하면서 점차 주간부를 향해서 진전돼가는 현상이 목격됐으며, 8월 이후에야 궤양병의 진전이 멈췄다.

필자는 2014년 7월 4일 제주도를 방문해 키위나무 궤양병 발생 양상을 검토한 결과, 인공수분에 사용한 꽃가루를 의심할 수밖에 없었다. 봄철부터 인공수분 시기까지는 키위나무 주간부를 비롯해 결과지에 아무런 증상이 없다가 인공수분 후인 5월 말부터 결과지와 잎에 궤양병 증상이 나타나기 시작했기 때문에 결과지에 분무 살포된 꽃가루가 문제일 것이라는 추정을 했다.

그래서 필자가 궤양병이 발생한 결과지와 잎 그리고 인공수분에 사용한 꽃가루를 분자생물적 진단 방법을 이용해 조사한 결과 모두 동일한 Psa3가 검출됐다. 따라서 2014년 제주도에 대발생한 키위나무 궤양병의 전염원은 뉴질랜드에서 수입한 Psa3에 오염된 꽃가루라는 결과를 보고했는데, 키위 재배 농민들뿐만 아니라 제주도 농업기술원 관계자들도 반신반의하면서 받아들이지 않았다.

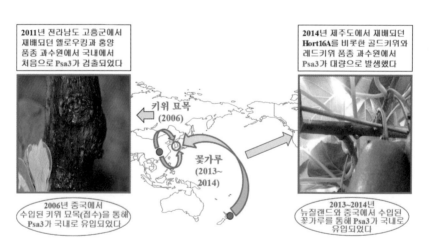

고병원성 키위나무 궤양병균 Psa3의 국내 유입 경로

우리나라에서 Psa3 에피데믹을 막을 수 있는 골든아워를
놓쳐버리는 바람에 전국적으로 Psa3 에피데믹이 발생했다

Psa3 팬데믹이 전 세계 주
요 키위 재배지를 강타하
자 2013년 11월 19일부터 22
일까지 뉴질랜드 타우랑가
(Tauranga)에서 '제1차 국
제키위궤양병심포지엄'이
'Learning together means
learning faster(함께 배우면

2013년 뉴질랜드에서 개최된 제1차 국제키위궤양병 심포지엄

더 빨리 배운다)'라는 슬로건 아래 개최됐다.

　2010년까지는 키위나무 궤양병을 연구하는 연구자가 필자를 포함해서 열
명도 되지 않았었는데, 전 세계에서 100여 명이나 되는 연구자가 참여했고
그 후로도 국제키위궤양병심포지엄이 2년마다 계속 개최되고 있으니, 궤양
병의 위력이 얼마나 대단한지를 단적으로 보여준다. 학술조직위원장인 뉴질
랜드 식물·식량연구소의 바네스트 박사는 전 세계에서 키위나무 궤양병 방
제 경험이 가장 많다고 필자에게 방제 분과 좌장을 맡겼다. 우리나라에서는
순천대학교 정재성 교수와 경희대학교 오창식 교수와 APEC 기후센터 김광
형 박사가 함께 참가했다.

　필자는 귀국 직후 농촌진흥청에 국내에서 유일하게 Psa3에 감염된 전남 고
흥군 과수원에 대한 공적방제를 건의하고, Psa3에 감염된 꽃가루나 묘목에
의한 Psa3의 확산을 차단하기 위해서 검역을 실시할 것을 농림축산검역본부

에 건의했다. 몇 차례의 건의 끝에 2014년 3월 12일 농촌진흥청에서 개최된 '새로운 병해충 위험 평가위원회'에서 전남 고흥군 소재 Psa3 발생 과수원에 대해 공적방제를 집행하기로 의결했다.

마침 KBS 순천방송국 김광진 기자가 Psa2에 의한 궤양병이 발생한 전남 보성군 헤이워드 과수원과 Psa3가 처음 발견된 전남 고흥군에 있는 옐로우킹 과수원을 방문해서 취재한 뉴스가 4월 1일 저녁 9시 뉴스 시간과 4월 2일 오전 9시 30분 뉴스 시간에 방영됐다.

그러나 농촌진흥청과 농림축산검역본부에서 적절한 행정적인 조치를 취하지 않는 사이에 경상남도 사천시와 제주도에서 궤양병이 대발생했다는 연락이 계

2014년 4월 1일과 4월 2일 키위나무 궤양병 뉴스 (KBS 방송 캡처)

속 접수됐다. 특히 제주도에서 재배되고 있는 호트16A를 비롯해서 '엔자골드' '엔자레드' '제시골드' 등 골드키위와 레드키위 품종들에서 인공수분 전에는 궤양병 증상이 나타나지 않다가 수분 직후 5월 말부터 궤양병이 주로 결과지에서 대발생했다.

처음에 제주도에서 택배로 진단을 의뢰해 온 결과지는 말라 죽었고 줄기 표면에 탄저병균 포자퇴가 무수하게 형성돼 있어 탄저병으로 진단했다. 아마도 궤양병에 감염된 키위나무가 서서히 죽어가는 사이에 탄저병균이 추가로 감염돼 탄저병 증상이 빠르게 진전돼 탄저병 증상만 눈에 띄었던 것이다. 그러나 병이 진행되고 있는 다른 결과지들을 본 순간 궤양병임을 알 수 있었고,

줄기 표면에 탄저병균 포자퇴가 관찰됐던 결과지를 비롯해서 모든 시료에서 Psa3가 검출됐다.

보통 지금까지 국내에서 발생한 Psa2에 의한 궤양병은 늦겨울 또는 이른 봄에 주간부나 주지에서부터 검붉은 세균유출액이 흘러내리기 시작하거나 4월 말이나 5월 초순부터 잎에 노란색 테두리를 지닌 갈색 점무늬 병징을 나타낸다. 그러나 제주도에서는 주간부나 주지는 물론이고 잎에서도 궤양병 병징이 4월 말까지도 나타나지 않다가 5월이나 6월부터 결과지에서 궤양병이 발생하는 매우 특이한 양상이었다.

제주도를 방문해서 조사해보니 골드키위와 레드키위에서 궤양병 발생 정도가 아주 심각한 수준이었다. 가장 눈에 띄는 현상은 결과지에서 먼저 궤양병이 발생해서 말라 죽어가고, 점차 주지 방향으로 병이 진전돼가고 있는 것이었다. 이것은 수정 전에는 문제없다가 수정 후에야 결과지에서 궤양병이 발생하기 시작했다는 재배자들의 증언과도 일치하며, 결국 결과지에 어떤 원인이 가해져서 궤양병이 창궐하기 시작했다는 가설을 강력하게 시사해주었다.

키위는 암수딴그루(雌雄異株)인 과수여서 암나무와 숫나무를 혼식해서 재배하거나 숫나무에서 채취한 꽃가루를 암나무 꽃에다 인공적으로 수정을 시켜주어야 하는데, 최근에는 거의 모든 과수원에서 인공수분을 하며 재배한다.

궤양병이 발생한 농가에서 올해 인공수정을 하고 남은 꽃가루를 수집해서 분석해보니 네 개의 꽃가루 시료 중에서 뉴질랜드에서 수입된 동일한 회사 제품인 세 개의 꽃가루 시료에서 Psa3가 검출됐다. 정황상으로 수입된 꽃가루가 Psa3를 전염시켜 제주도에서 궤양병이 창궐했으리라고 추정되지만, 이를 증명하기 위해서는 이듬해 개화기에 Psa3에 감염된 꽃가루를 사용해서 궤양병 증상의 발현 여부를 확인해야 확진이 가능하다.

제주서 새 참다래 궤양병 발생
순천대 고영진 교수 도내 제스프리골드키위서 확인
현재까지 발생경로 확인 못해···방제대책 마련 시급

발행 2014년 07월 07일 (월) 18:06:20 | 승인 2014년 07월 07일 (월) 18:06:42
최종수정 2014년 07월 07일 (월) 19:27:41   김양미 기자 ⓔ cogital@hanmail.net

▲ 제주지역에 재배되고 있는 제스프리골드키위에서 새로운 혈통의 궤양병이 확인됐다는 연구결과가 제시됨에 늦기 피해 최소화를 위한 방제대책 마련이 필요하다는 지적이다.

2014년 7월 7일 제주에서 새로운 키위나무 궤양병
발생 기사 (출처: 제민일보)

마침 일본 시즈오카대학교 다키카와 교수로부터 균주 분양을 의뢰하는 이메일을 받고 일본에서 Psa3 발생 유무를 물었더니 너무나 비슷한 상황이 일본에서도 발생해서 정확한 원인 규명을 위한 역학조사가 진행되고 있다는 답신이 왔다.

제주도에서 재배되고 있는 호트16A 품종은 뉴질랜드 제스프리사와 주문자생산방식(OEM)으로 생산되고 있어서 제스프리사의 재배 매뉴얼에 따라 재배해야 한다. 불행하게도 궤양병이 발생한 과수원에 대해 병든 가지를 잘라내고 예방 약제인 동제를 살포하지만, 치료 약제인 항생제는 일체 사용하지 말라는 것이 제스프리사의 궤양병 방제 매뉴얼의 핵심이었다. 우리나라 농약관리법에는 궤양병 방제용으로 등록돼 있는 항생제를 농약안전사용기준에 따라 수확 3주 전까지는 사용할 수 있도록 허용돼 있지만, 호트16A 품종에는 사용할 수 없도록 제스프리사 매뉴얼이 강제하고 있어 안타까울 뿐이다.

흥미롭게도 동일한 과수원에서 호트16A 품종과 나란히 재배되고 있는 헤이워드 품종에는 동일한 꽃가루를 사용했음에도 불구하고 궤양병이 발생하지 않았다. 헤이워드 품종이 Psa3에 대해 저항성을 가지고 있음을 보여주는 사례다.

제주도와는 달리 경남 사천시에서 재배하고 있는 제시골드 품종과 헤이워드 품종에서 발생한 궤양병은 수정하기 전인 봄철에 주간부와 주지에서부터 검붉은 세균유출액이 흘러내렸고, 잎에 노란색 테두리를 지닌 갈색 점무늬 병징이 나타나는 전형적인 궤양병 발생 양상을 나타내어, 제주도와는 다른 경로로 Psa3가 전염됐을 것으로 추정됐다. 돌이켜보니 아마도 경남 사천시에서 발생한 키위나무 궤양병은 적어도 1년 전에 이미 감염된 묘목이나 꽃가루를 통해 유입됐을 것으로 추정된다.

농촌진흥청에서는 2014년 3월 12일에 개최됐던 '새로운 병해충 위험 평가 위원회'에서 공적방제를 하기로 결정해놓고 아무런 조치도 취하지 못하고 있다가 무려 넉 달 뒤인 7월 11일에 '병해충 예찰 방제 대책회의'를 개최했다. 제주도에서는 새로운 궤양병 발생으로 야단법석이고 지역 일간지에 보도됐음에도 불구하고, 그 사실도 모른 채 이제야 뒤늦게 전라남도 고흥군에 Psa3가 발생한 과수원에 대한 공적방제 여부를 결정하겠다는 것이었다.

필자는 그동안의 Psa3 발생 일지를 공개하고, 전라남도 고흥군 과수원은 당장 공적방제의 하나인 폐원을 시키고, 제주도와 사천의 경우는 별도의 방제 대책을 수립해야 한다는 의견을 제시했다. 결국 궤양병균 신균주 Psa3 발생 여부를 전수조사한 후에 대책을 수립하겠다고 결론을 내리고 회의는 끝났고, 그로부터 두 달이 지난 2014년 9월 11일에 전라남도 고흥군에 궤양병균 신균주 Psa3가 발생한 과수원은 농촌진흥청장의

2014년 9월 11일 공적방제에 의해 폐원된 과수원

방제 명령에 의해 폐원됐다.

그런데 농림축산검역본부는 필자의 정책 건의에 대해 식물검역을 할 때 국내에 존재하지 않는 병원균의 종(Species) 또는 병원형(Pathovar)을 대상으로 해왔는데, Psa는 국내에 이미 존재하는 병원형이어서 새로운 식물검역 대상 병원균으로 지정할 수 없다는 것이었다. 필자는 Psa3는 Psa 중에서 고병원성 생리형(biovar)으로 분류된 신종과 다를 바 없고 유럽에서도 검역 대상으로 분류하기 때문에 국내 키위 산업을 보호하기 위해 반드시 Psa3를 식물검역 대상에 포함시켜야 한다고 주장했다.

2014년 우리나라와 비슷한 시기에 Psa3가 처음 발생한 일본에서도 수입 꽃가루가 Psa3의 전염원이라고 추정했고, 2018년 이탈리아 볼로냐대학교 스피넬리(Francesco Spinelli) 교수 연구팀도 Psa3에 감염된 꽃가루가 궤양병을 일으키는 전염원이라고 보고했다. 2020년 필자와 뉴질랜드 오타고대학교 버틀러(Margi Butler) 박사 연구팀도 우리나라에서 키위나무 궤양병을 대발생시킨 Psa3가 뉴질랜드로부터 유래했다는 사실을 의심할 여지없이 유전체 분석을 통해 입증했다.

전 세계에서 피해를 주고 있는 키위나무 궤양병균 신균주 Psa3의 확산을 막기 위해서는 Psa3를 검출할 수 있는 식물검역용 진단마커 개발이 필요하다. 1980년대부터 국내에 분포하고 있는 궤양병균 Psa2와 Psa3에 의해 발생하는 궤양병 증상은 육안으로는 식별할 수 없기 때문에 궤양병 방역 차원에서도 시급한 Psa3 진단마커를 개발하고, 2014년 4월 7일자로 특허출원을 완료했다. 이 분자마커에 의해 2011년부터 전남 고흥군 도덕면 소재 옐로우킹과 홍양 재배 과수원에서만 검출됐던 Psa3가 2014년에는 경남 사천시와 제주도 전역에서 대발생한 것을 밝혀냈다.

2014년 8월에야 뒤늦게 농촌진흥청과 농림축산검역본부에서는 Psa3 특이적 검출마커를 달라고 요청해왔다. 키위 재배자를 보호하기 위해서 당연히 기술을 공유해야 하겠기에 흔쾌하게 허락하고 무상으로 기술을 이전해줬다. 우여곡절 끝에 농림축산검역본부에 건의를 한 지 1년이 지난 2014년 12월 18일부터 뒤늦게 Psa3가 검역대상 병원균으로 지정돼, 감염된 꽃가루나 묘목의 수입은 금지됐다.

돌이켜보면 전년도에 발빠르게 공적방제와 검역 조치를 취하지 못한 채 Psa3 에피데믹을 방치한 관계 기관의 조처에 대한 의문을 갖지 않을 수 없다. 농림축산검역본부와 농촌진흥청에서 보다 능동적인 대처를 했다면, 제주도에서 재배하는 골드키위와 레드키위에서 Psa3에 의한 키위나무 궤양병 에피데믹을 초래하지는 않았으리라 확신한다.

잃어버린 골든아워, 무엇이 문제일까? Psa3에 대한 정확한 역학조사를 통해 유입 경로를 규명해 유사한 사태가 되풀이되지 않도록 해야 하지 않겠는가? 또한 아직까지 국내에서 검출되지 않은 Psa1의 국내 유입도 식물검역을 통해서 차단시켜야 한다. Psa1, Psa2, Pas3 등 병원성 발현기작이 다른 생리형들이 혼재할 경우에 새로운 고병원성 신균주의 출현 가능성을 배제할 수 없기 때문이다. 최근에 우리나라에서 확산되고 있는 과수 화상병의 경우도 키위나무 궤양병 확산 전철을 밟고 있는 것으로 보여 안타깝기 그지없다.

Psa3 1차감염에 의한 에피데믹

우리나라에 꽃가루를 통해 유입된 Psa3는 제주도, 전남과 경남
키위 재배지 전역에서 궤양병 에피데믹을 일으켰다

필자는 2013년부터 2015년까지 우리나라 주요 키위 재배지에서 Psa2와 Psa3
의 분포를 조사했다. 2011년 전라남도 고흥에 옐로우킹과 홍양을 재배하는
농가에서 Psa3가 처음 발견된 후 2013년까지는 다른 지역에서 Psa3가 검출
되지 않았다.

그런데 2014년에는 제주도 전역과 경상남도 사천에 있는 33개 과수원에서
Psa3가 검출됐고, 2015년에는 2014년에 비해 2배 이상 증가한 72개 과수원에
서 Psa3가 검출됐다. Psa3가 발생한 지역도 제주도와 경상남도 사천시를 포
함해서 경상남도 김해시, 고성군과 남해군, 전라남도 광양시, 순천시, 보성군
과 완도군 등으로 빠르게 확산됐다.

제주도를 제외한 대부분 지역의 과수원에서 이른 봄에 주간부와 주지에
서부터 세균유출액이 흘러내리는 일반적인 궤양병의 발생 양상을 보였는데,
2014년에 이미 제주도에서 보여주었던 궤양병 발생 양상처럼 여름에 한두
그루에서 결과지가 마르는 증상이 발생했었지만 무의미하게 지나쳤다는 농
장주들의 증언이 다수였다.

따라서 2015년 Psa3에 의한 궤양병의 확산은 2014년에 궤양병이 발생한
과수원에서 Psa3가 전파돼 발생한 것이 아니라, 2014년에 사용한 Psa3에 오
염된 꽃가루에 의해 경미하게 궤양병이 발생했거나 잠복감염됐다가 이듬해
궤양병 증상을 격발시킨 것으로 판단된다.

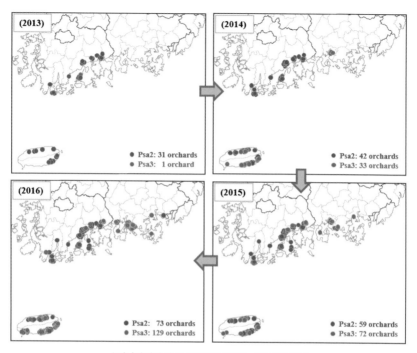

우리나라에서 키위나무 궤양병균 Psa3의 확산 경로

한편 경상남도 고성군 하이면 와룡리에서 5년생 제시골드를 재배하는 과수원에서 2014년 7월 일부 결과지가 마르는 증상이 처음 발견됐다. 보통 궤양병은 늦겨울 또는 이른 봄에 줄기에서 세균유출액이 흘러내리거나 5월경부터 잎에 점무늬 증상이 발생하는데, 여름철에 결과지가 마르는 증상은 2014년 여름 제주도에서 재배되고 있던 호트16A의 결과지에서 발생했던 궤양병 발생 양상과 거의 일치했다.

궤양병이 발생한 것을 인지하지 못한 농장주는 아무런 조치도 하지 않았기 때문에 2015년 봄 거의 모든 키위나무의 잎과 줄기로 Psa3에 의한 궤양병이 확산됐고, 결국 2016년 과수원은 폐원됐다. 아마도 2014년 여름에 궤양병이 발생한 키위나무는 극소수였지만, 2015년 1월 겨울 전정을 할 때 전정가위를 소독하지 않았기 때문에 Psa3에 오염된 전정가위를 통해 2년 만에 폐원에 이를 만큼 빠르게 궤양병이 확산됐을 것으로 추정된다.

계곡 가장 끝자리에 위치한 이 과수원 근처에는 다른 키위 과수원이 없어서 외부로부터 Psa3 전염원이 옮겨 올 가능성이 없었다. 따라서 제주도에서처럼 2014년 5월 인공수분에 사용한 중국산 수입 꽃가루를 유력한 Psa3의 전염원으로 의심할 수밖에 없다. 이에 2014년 인공수분에 사용하고 남은 꽃가루를 농장주로부터 받아 Psa 감염 여부와 생리형 종류를 확인한 결과, 이 과수원에서 채취한 키위나무 잎과 줄기에서 분리된 Psa3와 동일한 Psa3가 검출됐다.

이러한 결과는 이미 제주도에서 재배되고 있는 호트16A를 비롯한 골드키위와 레드키위에서 발생했던 Psa3 전염 경로와 마찬가지로 수입산 감염 꽃가루가 전염원이고, 소독하지 않아 오염된 전정가위를 통해 전체 과수원에 빠르게 확산됐음을 뒷받침한다. 최근 확산되고 있는 과수 화상병도 역학조사를 해보면 비슷한 경로와 방법일 것이라 추정된다.

Psa3 2차감염에 의한 에피데믹

2014년 Psa3에 오염된 중국산 꽃가루를 통해 감염된 과수원으로부터 2차감염된 과수원이 슈퍼전파자가 돼서 2016년 경상남도 지역에서 동시 다발적인 에피데믹을 일으켰다 필자가 2015년에 이어 2016년에도 우리나라 주요 키위 재배지에서 Psa3의 분포를 조사한 결과, 129개 과수원에서 Psa3가 검출됐다. 특히 경남 사천시와 고성군에서 재배되고 있는 제시골드 과수원에서 Psa3에 의한 궤양병이 2016년에 눈에 띄게 많이 발생했다.

경상남도 사천시 이흘동과 고성군 봉현리에서는 제시골드, 홍양, 헤이워드가 집단으로 재배가 이루어지고 있었는데, Psa3가 갑작스럽게 대발생한 원인을 구명하기 위해서 Psa3 발생 경로와 기상 조건을 추적하는 역학조사를 실시했다. 조사 결과 경남 고성군 하이면 와룡리의 제시골드 과수원처럼 2014년 여름부터 결과지에서 궤양병이 발생하기 시작했지만, 전혀 방제를 하지 않아 거의 폐원에 임박한 경상남도 사천시 이흘동 소재 홍양 과수원이 최초로 Psa3가 발생한 전염원인 것으로 추정됐다.

이 과수원에도 경상남도 고성군 하이면 와룡리 소제 제시골드 과수원에서처럼 Psa3에 오염된 중국산 꽃가루를 인공수분에 사용해 궤양병이 발생했고, 이 과수원으로부터 제시골드를 재배하고 있는 이웃 과수원과 큰길 건너편에 있는 고성군 봉현리 소재 제시골드 과수원으로 Psa3가 확산돼 2차감염을 일으켜서 2015년 이른 봄에 궤양병을 격발시킨 것으로 보인다.

이어서 고성군 봉현리 소재 제시골드 과수원은 주변에 있는 제시골드, 홍양, 헤이워드 과수원으로 Psa3를 확산시켜, 2016년 주변 과수원에 동시 다발적으로 궤양병을 발생시킨 슈퍼전파자로 추정됐다. 2015년 Psa3에 의한 키위나무 궤양병이 발생한 경상남도 고성군 봉현리 소재 제시골드 과수원이 2016년 주변에 있는 10개 과수원에 Psa3를 확산시킨 슈퍼전파자가 되도록 기상조건이 커다란 역할을 한 것으로 보인다.

2016년 5월 2일과 3일에 초속 30m 정도의 강한 태풍급 비바람이 북쪽에서

경상남도 지역 Psa3의 2차감염 경로. 경상남도 사천시와 고성군 키위나무 궤양병 집단 발생지에서 2014년 Psa3에 오염된 수입 꽃가루에 의해 감염된 ①번 홍양 과수원에서 ②번과 ③번 제시골드 과수원으로 전파돼 2차감염을 일으켰고, 2015년 ③번 제시골드 과수원이 수퍼전파자가 돼 2016년 주변 과수원으로 확산돼 2차감염을 일으킨 것으로 추정된다.

남쪽으로 몰아쳤다. 그런데 2016년에 궤양병이 발생한 과수원에 식재돼 있는 키위나무들에서 궤양병의 발생 양상을 자세하게 살펴보면, 과수원 북쪽에 위치한 키위나무들에서 피해가 심하게 발생했고, 남쪽으로 갈수록 궤양병 발생 정도가 경미해 Psa3가 북쪽에서 남쪽 방향으로 전파됐음을 보여주었다. 따라서 키위나무에서 어린순이 자라고 어린잎이 막 자라날 무렵인 5월 초에 강한 비바람이 몰아쳐 키위나무 가지와 잎에 상처를 내고 Psa3를 전파시켜서 키위나무 궤양병을 동시 다발적으로 발생하게 만든 것으로 판단됐다.

경상남도 사천시와 고성군을 중심으로 2016년 발생한 Psa3의 2차감염과 급격한 확산은 Psa3에 취약한 골드키위와 레드키위의 재배 면적 증가와 맞물려 우리나라 키위 산업에 매우 커다란 위협이 되고 있다. Psa3의 확산을 저지하기 위한 노력이 범국가적인 차원에서 경주돼야만 하는 이유다.

이미 제주도에서 Psa3에 의해 대발생한 궤양병과 이번 조사에서 파악된 바처럼 경남 지역에서 2014년 시작된 Psa3에 의한 궤양병의 전염원은 Psa3에 감염된 수입산 꽃가루다. Psa3가 검역 대상 병원체로 지정된 2014년 12월 18일 이전에 수입된 미검역 꽃가루에 묻어온 Psa3가 주로 골드키위와 레드키위에 치명적인 피해를 주면서 최근 2차감염에 의해 급속하게 확산되기 시작한 것으로 추정된다.

2015년과 2016년 검역을 거친 일부 꽃가루에서 Psa3가 검출됐고, 일부 과수원에서 꽃가루 자가 채취용으로 재배하는 숫나무에서도 Psa3가 검출됐다. 농림축산검역본부에서 시행하고 있는 국경 검역은 물론이고 농촌진흥청에서 주도하고 있는 국내 방역도 보다 치밀하게 이루어져야 할 것이다. 더불어 수입에 크게 의존하던 꽃가루를 국내에서 조달할 수 있도록 청정꽃가루 생산단지 등을 통해서 건전한 꽃가루를 생산하고 꽃가루 품질을 보증할 수 있도록 꽃가루 등록제를 시행하는 것도 Psa3의 2차감염 확산을 차단시키는 데 크게 기여하리라 생각한다.

돌이켜보면 필자는 1988년부터 무려 30년 가까이 키위나무 궤양병을 비롯해서 키위에 발생하는 질병의 진단 및 방제에 관한 40여 편의 연구 논문을 발표했고, 연구 결과가 국내외에서 실용적으로 이용되고 있는 점을 높이 평가해서 2014년 한국식물병리학회에서 시상하는 '학술상' 수상자로 선정됐다. 자신의 연구 업적을 칭송해주기를 바라면서 연구를 하는 것은 아니지만,

식물병리학을 전공하는 800여 명의 회원 중에서 매년 한 명에게 시상하는 학술상을 수상한 것은 식물병리학자로서 갖는 가장 큰 영광이 아닐 수 없다.

필자는 2014년 10월 24일 부산에 있는 부경대학교에서 개최된 한국식물병리학회 추계학술발표회에서 학술상 시상식이 끝나고 나서 한 시간 동안 학술상 수상기념 특강을 했다. '키위 궤양병균과의 전쟁'이라는 제목으로 20여 년 동안 키위 생산자들이 재배 현장에서 겪고 있는 가장 큰 애로 사항인 궤양병균과의 전쟁을 통해 키위 재배 농민들과 더불어 어떻게 무슨 연구를 수행해왔는지 많은 회원들에게 차분하게 설명한 영광스러운 시간이었다.

그리고 학술상 수상기념 강연 원고를 준비하면서 지나온 연구 기록과 함께 키위 질병에 대한 자료들을 모아 정리해서 2914년 11월에 《키위 궤양병과의 전쟁》이라는 한국식물병리학회 학술상 수상기념 회고록을 출간했다.

2014년 한국식물병리학회 학술상

키위나무 궤양병의 예방

키위 과수원에 키위나무 궤양병균이 정착하기 전에 예방하는 것이
가장 효율적인 궤양병 방제 방법이다

키위 재배에 적합한 장소에 과수원을 조성하거나 키위에 치명적인 동해 발
생을 사전에 예방하고 키위나무를 건강하게 재배함으로써 궤양병균 정착에
적합한 조건을 회피할 수 있도록 과수원을 관리하면 궤양병 발생을 예방할
수 있다. 아열대 과수인 키위나무는 저온과 강풍에 취약하기 때문에 동해, 냉
해, 서리 등 겨울과 봄철에 발생하는 저온 피해와 여름과 가을철에 발생하는
태풍 피해가 발생하지 않는 재배 적지를 선정해 과수원을 조성하고 키위나
무를 건강하게 재배하는 것이 궤양병 발생과 피해를 회피할 수 있는 최선책
이다.

　국내 주요 키위 재배지에는 키위나무 궤양병균이 만연돼 있기 때문에, 이
미 조성된 키위 과수원에서 궤양병이 발생하지 않았더라도 동해가 발생하면
상처를 통해 궤양병균의 침입과 감염을 일으킬 가능성이 높다. 따라서 겨울
철 키위나무 주간부 보호, 방상팬(防霜 fan) 설치, 비가림 시설, 방풍 시설 등
으로 동해를 예방해야 궤양병 발생과 피해를 최소화할 수 있다.

　명거배수, 심토파쇄, 유기질 비료 사용, 수형 개선 등으로 키위나무를 건강
하게 키워 궤양병에 대한 저항성을 증진시킴으로써 궤양병 피해를 경감시킬
수 있다. 그리고 비가림 시설, 파풍망과 방풍림 설치, 접목용 칼과 전정기구
소독, 건전한 꽃가루 사용, 농기계 바퀴 소독, 신발 소독 등으로 궤양병균의
전파 수단을 차단시키면 궤양병을 효과적으로 예방할 수 있다.

키위나무 궤양병의 방제

키위 과수원에 키위나무 궤양병균이 정착한 후에는 조기 진단,
침입 차단, 약제 살포 등을 병행해 종합적으로 방제해야 한다

키위나무 궤양병은 일단 발생하면 치료가 쉽지 않기 때문에 발병 초기에 정
확하게 진단하고 빨리 적절한 방제 조치를 취해야 피해를 경감시킬 수 있다.
키위나무에서 궤양병의 병징 또는 표징이 계절별로 매우 특이적으로 발현되
지만, 병징과 표징만으로 궤양병 여부를 판단하는 육안진단에는 한계가 있다.
  필자 등이 개발한 키위나무 궤양병 진단 전용 분자마커를 이용해 발병 전
에도 감염이 의심되는 증상을 조기에 정확하게 진단하고, 농가에서 채취한
꽃가루의 궤양병균 감염 여부도 진단한다.
  궤양병균의 전염원은 감염된 키위나무에서 병환부를 비롯해 잠복 부위, 폐
원돼 방치한 과수원, 전정한 가지, 병들어 베어낸 뿌리, 병든 낙엽, 병든 꽃봉
오리, 감염된 대목이나 접수, 오염된 꽃가루, 오염된 토양 등 매우 다양한데,
전염원을 신속하게 제거하는 것이 궤양병의 병환을 차단시키는 시발점이다.
  키위나무에서 궤양병균은 전정에 의해 가지에 생긴 상처, 태풍이나 강풍에
의해 가지나 잎에 생긴 상처, 잎 표면에 부러진 분비모(trichome), 수확 후 남
은 과경지, 낙엽흔 등을 통해 침입하거나 기공, 수공, 피목, 암술 주두 등 자연
개구를 통해 침입하기 때문에 궤양병균의 침입 장소를 차단시키면 궤양병을
효과적으로 방제할 수 있다.
  키위나무 궤양병 방제용 등록 약제 중 필요한 시기에 적합한 약제를 선택
해 살포한다. 즉 동제는 전정 직후인 1월 중순부터 2월 초순 사이, 항생제인

가스가마이신 액제는 3월 중순부터 4월 초순 사이, 나머지 항생제는 4월 중순부터 5월 초순 사이에 10일 간격 4회 또는 15일 간격 3회 살포한다.

키위나무 궤양병의 내과적 치료

키위나무 궤양병에 감염된 키위나무에 항생제를 주입하는 내과적인 치료가 가능하다

초본식물에 발생하는 질병은 치료가 불가능하지만, 목본식물에 발생하는 질병은 내과적인 치료 방법인 나무주사(수간주사, trunk injection)가 오래전부터 시행돼왔고, 주지 또는 가지에 국부적으로 발병한 경우에는 상처 부위를 도려내어 치료하는 외과적 수술 방법도 시도되고 있다.

　나무주사는 통도조직 중에서 형성층 안쪽에 자리 잡아 뿌리에서 흡수한 물이 잎까지 이동하는 통로인 목부 조직에 구멍을 뚫어 약제를 투입해서 약액을 식물체 전체로 퍼지게 하는 원리를 이용한다. 키위나무에서 궤양병 치료를 위한 나무주사는 일본 가나가와시험장 우시야마(Ushiyama) 박사에 의해 중력식 나무주사 방식으로 처음 시도됐으며, 일본에서는 수간주사용 스트렙토마이신 액제와 나무주사 세트가 판매되고 있다.

　스트렙토마이신 액제 200ppm 용액을 키위나무 수관(canopy) 1㎡당 200~300㎖ 정도 주입했을 때, 병든 대부분의 주지들에서 궤양병 병징이 나타나지 않을 만큼 우수한 방제 효과를 나타내고 약해도 발생하지 않았다. 옥

시테트라사이클린과 가스가마이신을 사용한 경우에도 비슷한 방제 효과를 나타내었다.

필자는 국내에서 나무주사용 스트렙토마이신 액제가 시판되지 않기 때문에 스트렙토마이신 수화제를 물에 희석시킨 후 200ppm 농도의 상등액을 중력식 나무주사 방식으로 수관 1㎡당 200㎖ 기준으로 주입해서 궤양병이 주간부까지 감염되지 않은 키위나무들은 거의 모두 완치시켰다.

스트렙토마이신 수화제 대신에 옥시테트라사이클린·스트렙토마이신황산염 입상수용제를 사용하면 물에 잘 용해가 돼 사용하기가 편리하고 스트렙토마이신과 대등한 치료 효과를 얻을 수 있기 때문에, 나무주사 약제로 실용화가 가능하다.

필자는 궤양병을 치료하기 위해 수관 면적이 20㎡ 정도가 되는 5년생 정도의 키위나무에 주당 4리터의 약제를 주간부 10~30㎝ 높이에 주지 방향으로 각각 2리터씩 주입해 가장 높은 궤양병 치료 효과를 얻었다.

나무주사는 지표면에 가까운 주간부에 직경 5㎜ 정도, 깊이 1~2㎝로 구멍을 뚫어 물관부에 약제를 주입하는데, 구멍이 클수록 키위나무에 피해를 줄 수 있기 때문에 주의한다. 보통 맑은 날에는 24시간 정도면 4리터 약제가 모두 주입되며, 약제 주입 후에는 구멍에 티오파네이트 도포제나 테부코나졸 도포제를 처리해 물이나 부생균의 침입을 차단시킨다.

나무주사는 잎이 있는 동안에는 언제나 가능하지만, 약제 잔류문제 때문에 열매를 수확한 직후가 바람직하다. 만약 궤양병에 걸린 키위나무를 살릴 목적으로 잎이 나온 4월부터 수확기 사이에 나무주사를 할 경우에는 열매에 약제가 잔류할 수 있기 때문에 열매를 모두 따버리고 이듬해 수확을 도모해야 한다.

보통 2월 또는 3월에 가지나 주간부에서 궤양병 표징인 세균유출액이 관찰되기 때문에 이 시기에 치료를 목적으로 중력식 나무주사를 시도하는 농가들이 있다. 그러나 이 시기에는 잎이 없기 때문에 증산작용이 일어나지 않아 강한 수압을 지닌 수액이 상승하면서 중력식 수간주사액을 역류시켜버리기 때문에 방제 효과를 기대할 수 없다.

한편 궤양병에 심하게 감염돼 주간부에서 세균유출액이 흘러내리는 키위나무에 나무주사를 했는데, 치료 효과가 없었고 키위나무가 죽어버렸다며 나무주사를 이용한 내과적 치료 방법에 의문을 제기하고 무료로 컨설팅을 해준 필자에게 오히려 분풀이하는 농가들이 있었다. 이러한 키위나무는 궤양병균에 의해 이미 주간부에 있는 통도조직이 파괴된 상태이기 때문에 나무에 약제가 제대로 주입되지 않고 파괴된 물관부를 통해 약제가 이동하지도 못해 치료가 되지 않을 수밖에 없다. 인체에 발생하는 암을 비롯한 질병이 지나치게 많이 진전돼 발병 말기에 이른 경우에는 의사가 치료를 포기하는 것처럼 키위나무도 궤양병이 지나치게 많이 진전된 후에는 치료가 불가능하다.

키위나무가 궤양병에 감염된 해에 주간부에서 세균유출액이 흘러내릴 만큼 빠르게 궤양병이 진전되지는 않기 때문에, 키위나무 상태를 주기적으로 모니터링하면서 키위나무의 가지나 주지에 궤양병 증상이 나타났을 때 나무주사를 해야 치료 효과가 있고 키위나무를 회복시킬 수 있음을 명심해야 한다.

돌이켜 보면 지난 1994년부터 25년간 키위나무 궤양병 진단 및 방제 방법에 대한 영농공개강좌와 궤양병이 발생한 과수원을 직접 방문해 무료 현장컨설팅을 하면서 키위 재배 농민들에게 봉사해왔음에도 불구하고, 궤양병에 의해 폐원되는 키위 과수원이 여전히 늘고 있어 안타깝고도 아쉬운 마음이 크다.

키위나무 궤양병의 외과적 치료

키위나무 궤양병에 국부적으로 감염된 키위나무의 주지나 가지에
대한 외과적인 치료가 가능하다

키위나무의 주지나 가지에 국부적으로 궤양병 병징을 나타내는 경우에 병환
부와 주변의 잠복감염 부위를 제거하기 위해 병든 가지 또는 주지 전체를 잘
라내는 것이 보편적인 외과적 처치 방법이다. 일반적으로 가지나 주지에서
궤양병 병징이 드러난 부위보다 1~2m 정도 이상 주간부 방향으로 여유 있게
잘라내야 병징이 드러나지 않은 잠복감염 부위도 제거할 수 있다.

그렇지만 그럴 경우에 잘라낸 부위만큼 수확을 포기해야 하기 때문에, 병
든 부위만을 도려내고 약제를 처리하거나 병든 부위에 열처리를 해서 궤양
병의 진전은 차단하고 수확량은 확보하는 방안이 시도되고 있다. 이 방법은
육안으로 병징을 확인할 수 있는 병환부만 제거할 수 있고 병징이 드러나지
않은 잠복감염 부위는 비파괴적인 방법으로 확인할 수가 없기 때문에 계속
키위나무 궤양병균의 전염원으로 남아 있게 되는 한계가 있다.

결국 키위나무 궤양병균의 잠복감염 부위에서 발병이 진전돼 병징이나 표
징이 드러나면 새로운 병환부에 대한 외과적 처치를 계속 되풀이해야 하므
로 시간과 노력이 많이 소요되지만 완치될 가능성은 희박해서 권장할 만한
방법은 아니다. 더구나 궤양병균은 통도조직을 통해 키위나무 전체로 확산되
는 전신감염병이기 때문에 약제 방제를 겸하지 않으면 외과적 수술만으로는
제대로 효과를 볼 수 없다.

키위나무 궤양병의 장기적인 관리 방안

키위나무 궤양병균 집단 모니터링, 새로운 방제제 개발,
저항성 품종 육성, 발생 예찰 모델 개발, 방역 업무체계의 일원화 등이
필요하다

현재 우리나라에는 기존에 분포해온 Psa2에 이어 2006년부터 Psa3가 중국
에서 묘목을 통해 국내로 유입됐고, 2014년 전후에 꽃가루를 통해 뉴질랜드
와 중국에서 Psa3가 국내로 유입돼 Psa2와 Psa3가 혼재돼 있다. 아직까지는
어느 과수원에서도 Psa2와 Psa3가 함께 검출된 적이 없지만, Psa2와 Psa3
균주들이 만나 새로운 종류(biovar)의 Psa를 출현시킬 가능성을 배제할 수
없다.

또한 2014년 경상남도 사천시에 발생한 Psa3의 기원은 국외에서 반입된
묘목일 가능성이 높지만 아직까지 밝혀지지 않았다. 따라서 거시적으로 Psa
집단의 동태를 모니터링하는 것이 맞춤형 키위나무 궤양병 방제 전략을 수
립하는 데 유용할 것으로 판단된다.

Psa에 대해 유해한 화학물질을 사용하는 약제 방제는 효과가 빠르고 뚜렷
하며 사용하기에 간편하게 제품화돼 있기 때문에 농가에서 가장 보편적으
로 이용하고 있는 식물병 방제 방법이다. 그러나 약제 방제는 화학 약제의
연용에 따른 약제저항성균의 출현, 약제 잔류, 생태계 오염 및 파괴 등의 부
작용 문제가 필연적으로 뒤따른다. 따라서 키위나무 궤양병 방제용 약제인
동제와 항생제를 대체할 수 있는 새로운 방제제 개발이 필요하다.

화학 약제의 단점을 보완할 수 있는 유력한 대안으로 바실러스 서브틸리스

(*Bacillus subtilis*), 슈도모나스 플루오레센스(*Pseudomonas fluorescens*), 판토애 아글로메란스(*Pantoea agglomerans*) 등의 길항미생물을 키위나무 궤양병 방제에 사용하려는 미생물적 방제에 대한 연구가 심도 있게 수행되고 있다. 박테리오파지를 키위나무 궤양병 방제에 활용하기 위해 Psa에 특이적이면서 환경 스트레스에 강한 박테리오파지들이 선발돼 실용화를 위한 연구에도 박차를 가하고 있다. 실용화될 경우에 이상적인 키위나무 궤양병 방제제이지만, 선발된 박테리오파지의 제형화, 처리 방법 등에 대한 기초연구가 선행돼야 할 것이다.

키위나무 궤양병을 일으키는 Psa는 이미 여러 개의 생리형(biovar)이 보고됐을 만큼 매우 변이가 심한 세균이다. 최근 전 세계적으로 급속하게 확산되면서 피해를 초래하고 있는 Psa3는 중국에서 기원하지만, 다양한 유전적 분화가 계속 일어나고 있어서 장기적으로 키위나무 궤양병에 대한 안정적인 대응책을 마련하기 위해서 Psa의 유전적 변이와 병원성 기작 등에 대한 이해가 더 필요하다.

키위나무 궤양병은 상업적으로 재배되고 있는 골드키위와 레드키위 품종들과 그린키위 품종들뿐만 아니라 야생 다래에도 발생한다. 그러나 Psa3에 의한 궤양병은 호트16A를 비롯해 홍양, 제시골드, 해금, 옐로우킹, 엔자레드, 엔자골드, 골든옐로우 등 골드키위와 레드키위 품종에서 많이 발생됐을 뿐만 아니라 주간부에서도 궤양병 병징이 생길 만큼 발병이 심한 편이었다.

헤이워드, 대흥, 메가그린 등 그린키위 품종과 토종다래 계통인 스키니그린에서도 발생했지만, 주간부에서는 궤양병 병징이 발생하지 않고 주로 잎이나 결과지에서 궤양병 병징이 관찰됐다. Psa2에 의한 궤양병은 헤이워드를 비롯해 호트16A와 홍양에서 상대적으로 발생과 피해가 많은 편이었으나, 나머지 품종들에서는 발생이 경미해서 Psa3와는 차이를 보였다.

저항성 품종이 궤양병을 예방하는 장기적인 차원에서 가장 이상적인 방법의 하나일 수 있기 때문에 분자생물학의 발달에 힘입어 Psa의 전체 게놈(genome)이 해독되고 키위의 드래프트 게놈(draft genome)이 보고되면서 Psa에 대한 저항성 품종 육성도 신기원을 맞을 수 있을 것으로 예상된다. 그러나 키위나무 궤양병에 저항성이면서 상업적으로 유용한 신품종을 육성하기 위해서는 많은 시간과 노력이 필요하므로 여러 해가 소요될 것으로 전망된다.

기후변화에 따라 자주 발생하고 있는 기상이변에 능동적으로 대처할 수 있는 키위나무 궤양병 예찰 모델 개발도 궤양병을 예방하는 장기적인 차원에서 수행돼야 할 시급한 과제다.

외래 병해충의 국내 유입과 확산이 급증하고 있는 실정이고, 2011년부터 국내에서 발생하기 시작한 Psa3의 국내 유입 및 2차감염에 의한 급속한 확산에 대한 현행 관계 기관의 대응 사례를 보면, 국경 검역을 담당하는 농림축산검역본부와 국내 방역을 담당하는 농촌진흥청으로 이원화돼 있는 방역 업무 체계의 일원화가 절실하다.

최근 코로나19 팬데믹 때문에 질병관리본부의 중요성이 부각되면서 질병관리청으로 승격됐다. 동물과 식물의 질병도 질병관리청과 대등한 기관을 신설해서 능동적이고도 선제적으로 대응하는 것이 미래지향적인 방향이라고 생각한다.

키위나무 질병 진단 및 처방 보급

키위나무 질병 진단 및 처방을 오프라인으로 보급하기 위해
2013년 전남농업마이스터대학에 참다래과정을 개설했고,
온라인 컨설팅을 위해 2014년 참다래기술공감 밴드를 개설했다

키위는 제주도를 비롯하여 전남과 경남 남해안 지역에서 주로 재배되고 있다. 키위 과수원에서 발생하는 질병을 진단하고 처방해주는 컨설팅을 하고 특강을 다니다 보니 단편적인 교육보다는 전문적인 교육이 필요함을 실감했다. 키위에 관한 마이스터(meister, 전문농업경영인)를 양성하고 그 마이스터들이 전문 지식을 주위 농가로 전

마이스터대학 강의

파하면 전체적인 수준이 높아져 수입 키위에 대응하는 경쟁력도 향상될 것이기 때문이다.

이러한 추세에 따라 농림수산식품부에서 2009년부터 광역지자체에 '농업마이스터대학'을 설립해 운영하기 시작했다. 2년 과정으로 운영되는데, 학생들이 학기마다 15주 동안 매주 하루씩 8시간 강의를 듣거나 실습을 하는 체제를 갖추고 있다. 전남이 전국 키위 재배 면적의 절반 이

마이스터대학 현장 실습

상을 차지하고 있어서 응당 키위에 관한 마이스터를 양성하는 참다래 전공이 개설돼 있을 법한데 경남과 제주도에서는 개설돼 있으나 전남에는 개설되지 않고 있었다.

2013년 2월에 '전남농업마이스터대학 원예학과 참다래 전공'을 개설했다. 키위에 관한 전문 지식과 현장 경험이 풍부한 전남농업기술원 과수연구소 조윤섭 박사를 영입해서 현장컨설팅을 전담시키는 계획 아래 24명이 입학했다. 1주일에 하루씩 교육을 받아야 하지만 그만큼 값어치 있는 지식과 경험을 쌓을 수 있도록 훌륭한 강사를 전국에서 초빙하고 과수원마다 현장컨설팅을 실시해 충분하게 보상받도록 했다.

한 학기가 끝나면서 학생들의 반응이 달라지기 시작했다. 그저 그러려니 하면서 이런저런 연유로 마이스터대학에 등록했었는데 지금까지 시·군청이나 농업기술센터 또는 농협에서 받아왔던 교육과는 차원이 다르고 깊이가 있어 너무 많이 도움이 된다는 것을 깨닫기 시작했다. 1기생이 졸업하고 2015년에 2기생 24명에 이어 2017년에 3기생 24명이 입학하고 졸업했다. 졸업생 중에서 2018년 유명석 대표에 이어 2019년에는 이연옥 대표가 마이스터 자격을 취득했다. 2019년 2월에도 4기생 24명이 입학했지만 안타깝게도 순천대학교 총장에 취임하면서 더 이상 주임교수를 맡을 수 없게 됐다. 그렇지만 직접 또는 간접적으로 만나는 기회가 가끔씩 있기에 아쉬움을 달랠 수 있어 다행이다.

SNS가 활성화되면서 2012년부터 페이스북을 통해 키위 질병을 알리는 노력을 시도했지만 안타깝게도 키위 재배자들 중에는 페이스북을 하는 사람이 적어 별 효과가 없었다. 그러다가 농림축산식품부 SNS컨설팅 시범사업에 참여했다. 키위를 비롯해 배, 단감, 버섯, 한우, 양돈 등 여섯 품목에 대해 2014년

6월 1일자로 밴드를 운영하는데, 키위는 '참다래 기술공감'이라는 이름으로 밴드를 개설했다. 그 후 농식품기술 SNS컨설팅 지원사업은 30개 품목으로 늘어났고 4만여 회원이 참여하는 사업으로 확대됐으며 필자는 초대 운영위원장을 맡아 사업 규모를 키우는 데 기여했다.

'참다래 기술공감' 밴드를 통해서 나름 기대했던 효과를 얻었다. 온라인으로 답변하는 데 시간이 걸리지만 직접 과수원까지 왕진을 가는 횟수는 대폭 줄일 수 있어 대단히 효율적이었다. 그러나 얼굴을 맞대고 대화하는 게 아니고 글로써 의견을 나누다보니 불필요한 논쟁도 생겼다. 더구나 일부 가입자들이 특정 상품을 홍보하거나 종교적인 글을 게시해 불협화음을 일으키는 경우도 생겼다. 이처럼 역기능이 나타나기도 했지만 순기능이 더 많은 것이 사실이었다. 단시간 내에 정보를 파급시킬 수 있는 것은 밴드의 가장 큰 장점이었다. 2014년에 제주도에서 처음 출현한 키위 궤양병균 신균주 Psa3 검출 소식을 매우 빠르게 재배자들에게 전파할 수 있었고 필요한 정보도 공유할 수 있었다.

아직 완전하게 실명이 사용되지 않고 있어서 역기능이 나타나기도 했지만 순기능을 살리면 '참다래 기술공감' 밴드는 농가와 농가 또는 연구자와 농가 사이에 필요한 기술정보를 단시간 내에 파급시켜 키위 재배기술을 향상시키고 키위 산업을 중흥시키는 데 커다란 기여를 하리라 전망된다. 2020년 9월 12일 '참다래 기술공감' 밴드가 개설된 지 6년이 지난 지금 밴드 가입자는 1,200명에 이르고 있다.

참고문헌 및 자료

책

고영진. 2014. 키위 궤양병과의 전쟁. 도서출판합동.

고영진 등. 2006. 식물병리학. 월드사이언스.

신현동. 2015. 곰팡이가 없으면 지구도 없다. 지오북.

안경전. 2020. 생존의 비밀. 상생출판.

양창술. 1980. 식물의 병. 전파과학사.

이종규 등. 2017. 신고 수목병리학. 향문사.

정후섭 등. 1995. 식물균병학연구. 도서출판 한림원.

조용섭 등. 2002. 식물세균병학. 서울대학교출판부.

한국균학회. 1998. 균학개론. 월드사이언스.

Ainsworth, G. C. 1981. Introduction to the History of Plant Pathology. Cambridge University Press.

Schumann, G. L. 1991. Plant Diseases: Their Biology and Social Impact. APS Press.

Schumann, G. L. & D'Arcy, C. J. 2010. Essential Plant Pathology. APS Press.

이순구, 황의홍. 1997. 역사적인 식물병의 대발생과 식물병 역학(Epidemiology)의 학문 발전. 식물병연구 3:18-35.

조영찬 등. 2020. 우리나라 벼 품종개발 변천사 및 성과. Korean J. Breed. Sci. Special Issue:58-72.

Carvalho, C. R. et al. 2011. Cryptosexuality and the genetic diversity paradox in coffee rust, *Hemileia vastatrix*. PLoS ONE 6(11)/e26387.

Choi, G. H. & Nuss, D. L. 1992. Hypovirulence of chestnut blight fungus conferred by an infectious viral cDNA. Science 257:80-803.

Fry, W. E. et al. 1993. Historical and recent migrations of *Phytophthora infestans* : Chronology, pathways, and implications. Plant Disease 77:653-661.

Gómez-Alpizar, L. et al. 2007. An Andean origin of *Phytophthora infestans* inferred from mitochondrial and nuclear gene genealogies. PNAS 104:3306-3311.

Kim, G. H. et al. 2017. Occurrence and epidemics of bacterial canker of kiwifruit in Korea. Plant Pathol J. 33: 351-361.

Kim, G. H. et al. 2020. Genomic analyses of *Pseudomonas syringae* pv. *actinidiae* isolated in Korea suggest the transfer of the bacterial pathogen via kiwifruit pollen. J. Medical Microbiology 69:132-138.

Koeppel, D. 2005. Can this fruit be saved? Popular Science 2005. 6. 19.

Koh, Y. J. et al. 1994. Migrations and displacements of *Phytophthora infestans* populations in East Asian countries. Phytopathology 84:922-927.

Mazzaglia, A. et al. 2012. *Pseudomonas syringae* pv. *actinidiae* (PSA) Isolates from recent bacterial canker of kiwifruit outbreaks belong to the same genetic lineage. PLoS ONE 7(5)/e36518.

Robin, C. & Heiniger, U. 2001. Chestnut blight in Europe: Diversity of *Cryphonectria parasitica*, hypovirulence and biocontrol. Forest Snow and Landscape Research 76:361-367.

Swaminathan, M. S. 2009. Plant scientist who transformed global food production. Nature 461:894.

Takikawa Y. et al. 1989. *Pseudomonas syringae* pv. *actinidiae* pv. nov.: The causal bacterium of canker of kiwifruit in Japan. Ann. Phytopath. Soc. Japan 55: 437-444.

기타   오창식 등. 2018. 과수 화상병 외국사례분석을 통해 예찰방제 사업 방향설정을 위한 연구용역. 농촌진흥청.

웹 사이트   국립산림과학원: https://nifos.forest.go.kr

금성출판사: https://dic.kumsung.co.kr

농촌진흥청: http://www.rda.go.kr

산림청: http://www.forest.go.kr

Wikipedia: https://ko.wikipedia.org

Wikipedia: https://en.wikipedia.org

The American Phytopathological Society: https://www.apsnet.org

Encyclopedia Britannica: https://www.britannica.com

Microbewiki: https://microbewiki.kenyon.edu

선사시대부터 인류를 위협해온 식물병

에피데믹과 팬데믹

초판 1쇄 발행일 2020년 10월 29일
초판 2쇄 발행일 2021년 8월 5일

지은이   고영진
펴낸이   이성희
책임편집   하승봉
기획·제작   김명신 김재완 이혜인
디자인   박종희
교정   서동환
인쇄   삼보아트

펴낸곳   농민신문사
출판등록   제25100-2017-000077호
주소   서울시 서대문구 독립문로 59
홈페이지   http://www.nongmin.com
전화   02-3703-6136
팩스   02-3703-6213

이 도서의 국립중앙도서관 출판예정도서목록(CIP)은 서지정보유통지원시스템 홈페이지(http://seoji.nl.go.kr)와
국가자료종합목록시스템(http://www.nl.go.kr/kolisnet)에서 이용하실 수 있습니다.
(CIP제어번호 : CIP2020042719)